U0142946

財務管理與Python實現

黃子倫 著

五南圖書出版公司 印行

序言

在金融科技時代,程式設計能力是一項核心技能,培養計算思維亦是重要課題。傳統的財務管理教科書,主要皆以財務計算機或 Excel 來演示計算過程。因應社會對 AI 人才的需求,配合大學教學改革的趨勢,本書將傳統商管用教科書結合 Python 編程進行重編改寫。旨在培養學生使用 Python 程式解決財務管理專業問題的能力,同時提升學生的計算思維和創新能力。

市面上雖多有教導 Python 應用於商管領域的書,內容大多僅涉及財務管理部分章節,且多偏向技術層面,未若像專業教科書一樣能系統性地介紹。專業特色以及學生基礎的差異是教學當中必須要考慮的問題。在學習過程中,倘若又缺少程式設計在財會領域的應用場景,商學院學生便發出「跟自己所學專業有什麼關係」質疑。例如:在電腦專業教育中,Recursive 是演算法中一個很重要的觀念。教師往往會用河內塔的經典案例說明。但若用來教商學院的學生,學生可能會有疑惑:「Recursive 跟我財會、經管、金融專業有何關係?」、「我學河內塔作些什麼?」導致學生對程式設計沒有感覺,學習動力不足。

本書循序漸進,由淺入深,強調前後知識遷移。在財務管理中,我們經常得做很多的計算。第壹章「把 Python 當作計算機使用」便是教大家用 Python 來完成財務計算,並熟悉 print() 輸出完整的資訊、控制小數點和百分比的輸出格式。第貳章「基本理財問題」更提供生活中的一些基本理財問題,讓大家了解用 Python 解題的潛能。

前兩章是基礎的內容,隨後逐漸系統性地講解 Python 語法並結合財務管理的知識點應用。如第參章「基本價值觀念——複利過程」便是圍繞在 Python 的循環結構,教大家繪製現金流量時間序列線、複利過程。在第參章的基礎上,**第肆章「基本價值觀念——折現過程」**剖析逆序循環結構,並繪製折現過程。**第伍章「貨幣價值的公式與函數」**講解 Python 中的函數、匿名函數的基本語法,並在 Python 中實現複利現值、複利終值、年金現值,與年金終值的函數。**第陸章「現值與終值係數」**藉查詢複利現值係數、複利終值係數、年金現值係數,與年金終值係數的例子,說明 Python 中條件判斷 if-elif-else 和 match-case 語法。**第柒章「係數表」**的重點是巢狀迴圈的語法,並示範如何用來建構複利現值係數表、複利終值係數表、年金現值係數表,與年金終值係數表。至此,講解了 Python 基礎語法。

在財務管理中,我們也會推導公式,進行求解。第捌章「符號運算」便是告訴大家如何用 sympy 模組來完成符號計算。而第玖章「方程式求解」則教大家運用 scipy 模組來進行方程式求解。

財務管理的估值觀念離不開現金流。第壹拾章「現金流的數據結構」便是探討如何運用 Python 中的列表、字串和字典結構來儲存現金流量。該章節也是後面債券、股票、淨現值的計算基礎。

隨後的章節便參考大學普遍使用財務管理的教材,如 Stephen A. Ross 所著的《公司理財》、Jonathan Berk 和 Peter DeMarzo 合著的《公司金融》。這些教材,也是筆者在教學過程中採用過的。本書在編寫時,也有用 Python 去解教材中範例題目和習題。讀者可系統性得到完整用 Python 去實現傳統財務管理教材中知識的方法。

第壹拾壹章「債券」用 Python 進行平息債券、零息債券、到期一次還本付息債券的估價、理解到期殖利率的求解方法。第壹拾貳章「股票」用 Python 掌握零增長型股票、固定增長型股票以及非固定增長型股票估價。第壹拾參章「報酬與風險」用 Python 計算各類報酬與風險。

接下來兩章涉及投資組合的觀念。第壹拾肆章「二項資產的投資組合」以二項資產的投資組合為例用 Python 計算投資組合的報酬率和風險、繪製投資組合的效率前緣、解投資組合分散風險的機制。第壹拾伍章「多項資產的投資組合」進一步用向量和共變異數矩陣的表示方法,用 Python 求解有效投資組合的權重。投資組合之後,第壹拾陸章「資本資產定價模型」用 Python 計算系統風險和風險溢酬、描繪資本市場線和證券市場線。

接下來的章節焦點圍繞在資本預算,第壹拾柒章「資本預算的基本方法」用 Python 來實現會計收益率法、投資回收期法、折現投資回收期法。第壹拾捌章「淨現值法」利用 Python 程式碼來計算淨現值、繪淨現值曲線。第壹拾玖章「獲利指數法」利用 Python 來計算獲利指數。第貳拾章「內含報酬率法」利用 numpy 和 scipy 來計算內含報酬率、解內含報酬率法的局限、掌握修正內含報酬率法的計算。第貳拾壹章「情境分析」利用 Python 進行情境分析用來衡量投資計畫風險。

編寫本書之前，筆者已在大學教了七、八年的財務管理課程。配合教學改革的趨勢，筆者嘗試將課堂上所講解的例題，一一用 Python 進行求解。整理建設好相關材料後，在學院的支持下開設了「財務管理與 Python 實現」課程。由於事務繁忙，本書也經過兩年多的時間才完成編寫工作。有人說：「人工智能讓機器越來像越像人類，人類越來像越像機器。」願讀者在追求知識的同時，不忘人性中本有的良善，多多陪伴家人。

筆者就讀國立中山大學時，雙主修資訊工程和財務管理。這本結合 Python 和財務管理的書，可算不辜負一生所學。誠摯感謝當年教我財務管理的郭修仁老師，是他激發我對財務管理的興趣，支撐我到博士畢業。也謝謝支持我的家人，諒解我因為工作不能時常陪伴。最後也感謝五南出版社，給我能出版的機會。

黃子倫

2023 年 7 月 20 日

Contents

Contents

Contents

Contents

Chapter

01

把 Python 當作計算機使用

學習目標

🔔 掌握 Python 程式語言中的基本運算。

🔔 在 Python 之中運用 print() 輸出完整的資訊。

🔔 控制小數點和百分比的輸出格式。

🔔 懂得使用變數和模組。

🔔 把 Python 當作計算機來完成財務計算。

一、四則演算

本小節主要講解 Python 程式語言中的基本運算。在財務管理中，我們經常得做很多的計算。Python 官方提供的解釋器本身容量很小，不到 30MB，十分輕便。它安裝容易，使用也容易。本節將告訴大家如何把 Python 當成計算機，來完成財務管理諸多計算。

算術基本運算規則包含了加、減、乘、除四則演算。在乘除的基礎上，又有了次方計算處理。以下透過財務管理中的計算實例，來講解如何用 Python 進行加、減、乘、除四則計算。

(一) 加法

在 Python 之中，加法的計算符號正如同數學上的計算符號一樣，也是「+」。以下用會計恆等式來介紹加法。我們知道在資產負債表中，左邊的資產總額會等於右邊的負債加上股東權益。也就是「資產＝負債＋股東權益」。現在假如一家公司的資產負債表有負債 40 萬、股東權益 60 萬，則該公司有多少資產？這很簡單，40+60=100。我們只要在 Python 中，輸入 40+60，然後輕按 Enter 鍵。便能看到螢幕出現結果 100。我們便可知道該公司有資產100 萬。

行	程式碼	說明
01	40 + 60	# 螢幕輸出結果 100

(二) 減法

在 Python 之中，減法的計算符號也正如同數學上的計算符號一樣，是「−」。以下用營運資本來介紹減法。我們知道一家公司的營運資本為該公司的流動資產跟流動負債兩者的差距，也就是「營運資本＝流動資產－流動負債」。現在假定一家公司的資產負債表有流動資產 50 萬、流動負債 20 萬，則該公司有多少營運資本？很簡單，50 − 20 = 30。我們只要在 Python 中，輸入 50-20，然後輕按 Enter 鍵。便能看到螢幕出現結果 30。我們便可知道該公司有營運資本 30 萬。

行	程式碼	說明
01	50 − 20	# 螢幕輸出結果 30

(三) 乘法

接下來，我們來看乘法。乘法的計算符號稍微特別一點，它和數學上的計算符號不一樣。在 Python 中，乘法的運算符號是星號「*」，而不是「×」。初學者需要小心注意這點。以下用公司市值來介紹 Python 中的乘法計算。我們知道一家公司的市值爲其流通在外股數除上股價。也就是「公司市值 = 流通在外股數 * 股價」。假定一家公司有流通在外股數 100 萬股、每股股價 20 元，則該公司市值爲何？很簡單，但仍要注意，我們手寫計算時，是 100×20=2,000。而在 Python 中，需要將 × 號替換爲星號「*」。所以，在 Python 中，我們得輸入 100*20，然後按 Enter 鍵。便能看到螢幕出現結果 2000。我們便可知道該公司的市值爲 2,000 萬。

行	程式碼	說明
01	100*20	# 螢幕輸出結果 2000

(四) 除法

在 Python 中，除法運算稍微比其他計算符號來得複雜一些。這主要是因爲除法運算涉及到三種運算符號：/、// 和 %。一般的除法運算用 /，Python 會把兩數字進行相除。必須特別強調的是，相除的結果爲浮點數的數據類型（float）。先前我們看到的都是整數類型（int）。Python 還有複數（complex）的數據類型。

在財務報表分析中，我們經常會計算很多財務指標。而這些財務指標又大多往往是兩個會計科目相除的結果。因而除法的應用很廣泛。以下，我們來練習計算資產負債率。資產負債率即一家公司的總負債除以該公司的總資產。也就是「資產負債率 = 總負債 / 總資產」。假定一家公司的資產負債表有負債 40 萬、總資產 100 萬，則該公司的資產負債率爲何？很簡單，40/100=0.4。在 Python 之中，我們只要輸入 40/100，然後再按下 Enter 鍵，便能看到螢幕顯示結果 0.4。

行	程式碼	說明
01	40 / 100	# 螢幕輸出結果 0.4

除法（/）會回傳 float 型別的數值。Python 還有其他兩種除法運算符號。如果要拿到整

數結果，可以使用運算子 //，將可得到去除所有小數點部分的結果。該操作被稱做「floor division」。舉一個例子來說明。假設投資人小明有 516 元，想購買某公司一股 20 元的股票。則小明可以購買該公司多少股份？我們只要在 Python 之中，輸入「516//20」，畫面就會看到 25。

行	程式碼	說明
01	516 // 20	# 螢幕輸出結果 25

這表示小明可以購買該公司股票 25 股。這 25 股股票總價值 500 元。小明剩下的 16 元不足買一股 25 元的股票。那麼，如何透過計算得知小明剩下多少錢呢？計算餘數可以使用運算子 %。我們在 Python 中輸入「516%20」，螢幕會顯示結果 16。表示小明買完該公司股票後，剩下 16 元。

行	程式碼	說明
01	516 % 20	# 螢幕輸出結果 16

(五) 冪次

接下來的主題是冪次（powers）。這部分的內容稍微困難一點。冪次可以使用「**」運算子。在財務管理之中，冪次運算常出現在很多應用。例如：貨幣的時間價值是資產估價的重要基礎，一般採用複利來做計算。計算過程中，都有涉及到冪次運算。底下舉一個例子來說明。

小明在銀行存入 1 元，假設定存利率每年 10%，一年計算一次利息，採用複利方式計算。則小明 3 年後的存款本利和將為何？我們在手寫計算時，公式如下：

$$(1 + 10\%)^3 = 1.331$$

而在 Python 之中，我們得輸入如下的指令：

行	程式碼	說明
01	(1+0.1)**3	# 螢幕輸出結果 1.3310000000000004

　　1.1 的 3 次方，在 Python 中表示為「1.1**3」。也因為冪次運算的運算子「**」用了二個符號，看起來較為複雜。輸入時需要小心，避免輸入錯誤。此外，在 Python 中，計算符號「%」用以求除法的餘數，並不是用作百分比符號。所以 10% 在 Python 中得用 0.1 來表示才行。

　　底下舉另一個例子。假設現在存入銀行 7,835 元，5 年後將取得本利和 10,000 元，利率是多少？在手寫計算時，式子如下：

$$\sqrt[5]{\frac{10000}{7835}} - 1 = 5\%$$

我們知道

$$\sqrt[5]{\frac{10000}{7835}} - 1 = \left(\frac{10000}{7835}\right)^{\frac{1}{5}} - 1$$

所以，在 Python 中，我們輸入以下指令：

行	程式碼	說明
01	(10000/7835)**(1/5)-1	# 螢幕輸出結果 0.05000701325459089

　　在這些範例中，整數數字（如 1、2、3、10）為 int 型態，而數字帶有小數點部分的（如 0.4、2.8）為 float 型態。在之後的教學中將看到更多數字相關的型態。

(六) 運算符號總結

運算	運算符號	示例	輸出結果
加法	+	40 + 60	100
減法	-	50 - 20	30
乘法	*	100*20	2000
除法	/	40 / 100	0.4
	//	516 // 20	25
	%	516 % 20	16
冪次	**	(1+0.1)**3	1.3310000000000004

二、有意義的輸出

在上一節中，我們單純地把 Python 當作計算機來使用，只要輸入一些數學式子，Python 便會返回計算結果。在很多情況下，我們不僅想看到數字，還想看到其他資訊。完整的資訊更能幫助我們理解。因此，本小節主要講解如何在 Python 之中運用 print() 輸出完整的資訊。

(一) print()

在 Python 中，**print()** 函數是用於在控制台或終端輸出信息的內建函數。它接受一個或多個參數作爲輸入，並將其打印在螢幕上。我們首先以上一節「資產 = 負債 + 股東權益」的例子來介紹。一家公司的資產負債表有負債 40 萬、股東權益 60 萬，經過計算，則該公司有 100 萬資產。

現在我們想輸出完整的資訊「該公司有 100 萬資產。」這一句話當中，100 是數字，其他則是字符。要記得，Python 中，不同類型的資料類型不能夠混著使用，得先做類型轉換。

要輸出完整的「該公司有 100 萬資產。」最簡單的方法便是在 print() 中，用逗號分開不同類型的資料。我們輸入以下代碼：

行	程式碼	說明
01	print(" 該公司有資產 ",100," 萬。")	# 螢幕輸出結果該公司有資產 100 萬。

螢幕會產生結果如下：

該公司有資產 100 萬。

注意，這種方式會讓數字前後出現空格。而正常的中文輸出較不會出現空格，所以這不是一種理想的方式。以下用另一種方式。先將數值 100 透過 str() 函數轉換爲字符串。我們輸入以下代碼：

行	程式碼	說明
01	print(" 該公司有資產 "+str(100)+" 萬。")	# 該公司有資產 100 萬。

這種方式便不會出現前例中的空格符號，較爲理想一點。這種方式，數字 100 轉換爲一個字串。print() 裡邊全都是字串。其中的「+」號爲連接字符串用，並非數學中的加法運算。

(二) 標準格式化輸出

下面的輸出方法，則是程式語言中最常見到的一種標準格式化輸出。輸入以下語句：

行	程式碼	說明
01	print(" 該公司有資產 %d 萬。" % (100))	# 該公司有資產 100 萬。

可以看到相同的輸出效果，一樣是「該公司有 100 萬資產。」如前面所述，100 是數字，而且還是整數。其中的「%d」就是用來輸出整數類型的數值的。而要輸出的值則放在字符串後面，且中間需要有「%」。

如果一個句子裡面有多個輸出數值，則在字符串內，每一個數值都用一個 %d，而字符串後面的數值則放在一個元組（tuple）的數據類型當中。

例如：這句話「公司有資產 100 萬，負債 40 萬，股東權益 60 萬」。這句話中，有三個整數類型的數值，用 %d 替換。於是，字符串變更成「" 公司有資產 %d 萬，負債 %d 萬，股東權益 %d 萬 "」。而 100、40、60 三個數值則用一個元組（tuple）的數據類型存放，即 (100, 40, 60) 的形式。再用 % 接著前面的字符串。具體來說，就是輸入以下的指令：

行	程式碼
01	print(" 公司有資產 %d 萬，負債 %d 萬，股東權益 %d 萬。" % (100, 40, 60))

螢幕會產生如下結果：

公司有資產 100 萬，負債 40 萬，股東權益 60 萬。

以上，便是程式語言中最常見到的一種標準格式化輸出。

(三) format() 方法

然後，在此基礎上，Python 爲字符串提供了 format 方法，用法很相似。如以下語句：

行	程式碼	說明
01	print(" 該公司有資產 {} 萬。".format(100))	# 該公司有資產 100 萬。

簡單來說，原本要輸出的數值改用大括號「{}」。而要輸出的值則放在字符串後面，應用 format 方法。輸出結果如下：

該公司有資產 100 萬。

而當一個句子裡面有多個輸出數值，則在字符串內，每一個數值都用一個 {}。如輸入以下的指令：

行	程式碼
01	print(" 公司有資產 {} 萬，負債 {} 萬，股東權益 {} 萬。".format(100, 40, 60))

螢幕會產生如下結果：

公司有資產 100 萬，負債 40 萬，股東權益 60 萬。

使用 Python 提供的字符串 format 方法還有一個好處，那就是可以控制後面數值的輸出順序。例如：現在想要把股東權益放到負債前面，成為「公司有資產 100 萬，股東權益 60 萬，負債 40 萬。」。在不影響後面元組（tuple）的數據結構之情況下，也就是不改變 (100, 40, 60)，可用以下語句：

行	程式碼
01	print(" 公司有資產 {0} 萬，股東權益 {2} 萬，負債 {1} 萬。".format(100, 40, 60))

得到輸出結果如下：

公司有資產 100 萬，股東權益 60 萬，負債 40 萬。

　　其中，程式碼大括號 {} 的 0、1、2 表示為索引值（index）。強調一下，在編程的世界中，通常從 0 開始計數的。所以 (100, 40, 60) 之中，第一個數值 100 的索引值是 0，第二個數值 40 的索引值是 1，第三個數值 60 的索引值是 2。憑藉調整索引值，即可在不影響元組（tuple）數據結構的情況下，改變控制後面數值的輸出順序。

　　原先的語句：

行	程式碼
01	print(" 公司有資產 {} 萬，負債 {} 萬，股東權益 {} 萬。".format(100, 40, 60))

　　其實和下面是相通的：

行	程式碼
01	print(" 公司有資產 {0} 萬，負債 {1} 萬，股東權益 {2} 萬。".format(100, 40, 60))

　　千萬要記得索引值是從 0 開始計數。如果輸入以下語句：

行	程式碼
01	print(" 公司有資產 {1} 萬，負債 {2} 萬，股東權益 {3} 萬。".format(100, 40, 60))

　　則會出現 IndexError，輸出結果如下：

```
-------------------------------------------------------------

IndexError   Traceback (most recent call last)

Input In [6], in <cell line: 1>()

----> 1 print(" 公司有資產 {1} 萬，負債 {2} 萬，股東權益 {3} 萬。".format(100, 40, 60))


IndexError: Replacement index 3 out of range for positional args tuple
```

　　上面的訊息明確跟你說索引值 3 超出範圍。

(四) 格式化字串 f-string

接下來，是 Python 中較新的一種格式化輸出方式，稱爲「f-string」。它也是由 format 方法演變而來。之所以稱爲 f-string，是有別於傳統的字符串。它需要在字符串前面加上「f」。在 Python 中，單行文字一般是用單引號或者雙引號包圍住，而 f-string 多了一個 f。

如前面的例子，「該公司有 100 萬資產。」假如想用 f-string 輸出，則我們輸入以下語句：

行	程式碼	說明
01	print(f" 該公司有資產 {100} 萬。")	# 該公司有資產 100 萬。

正如這個例子所示，f-string 和 format 方法很類似，但更爲簡潔。用 f 替代 format，原先放在後面的數值直接放在大括號內。解讀上更爲容易。故，本書推薦使用 f-string 來進行格式化輸出。

(五) 輸出方法總結

本小節簡單地回顧一下 Python 之中的輸出方法。現在，我們可以用所學到的，對整數類型的數值進行輸出。我們就來完成上一節的範例。

釋例 1
假定一家公司的資產負債表有流動資產 50 萬、流動負債 20 萬，則該公司有多少營運資本？

行	程式碼	說明
01	50-20	# 結果輸出 30
02	print(" 該公司有營運資本 ",50-20," 萬。")	# 結果輸出：該公司有營運資本 30 萬。
03	print(" 該公司有營運資本 %d 萬。" % (50-20))	# 結果輸出：該公司有營運資本 30 萬。
04	print(" 該公司有營運資本 {} 萬。".format(50-20))	# 結果輸出：該公司有營運資本 30 萬。
05	print(f" 該公司有營運資本 {50-20} 萬。")	# 結果輸出：該公司有營運資本 30 萬。

釋例 2
假定一家公司有流通在外股數 100 萬股、每股股價 20 元，則該公司市值為何？

行	程式碼	說明
01	100*20	# 結果輸出 2000
02	print(" 該公司市值為 ",100*20," 萬。")	# 結果輸出：該公司市值為 2000 萬。
03	print(" 該公司市值為 %d 萬。" % (100*20))	# 結果輸出：該公司市值為 2000 萬。
04	print(" 該公司市值為 {} 萬。".format(100*20))	# 結果輸出：該公司市值為 2000 萬。
05	print(f" 該公司市值為 {100*20} 萬。")	# 結果輸出：該公司市值為 2000 萬。

三、小數點的格式輸出

　　在上一節中，我們已經學會對整數類型的數值進行輸出。而除了整數之外，浮點數（float）類型的數據是財務管理中更常遇到的。所謂浮點數便是帶有小數點的數值，能讓我們更精確地表達數字。在財務管理中，時常得對小數點進行四捨五入。本小節就來告訴大家如何在 Python 中，控制小數點位數的輸出。

　　我們延續之前計算除法時的釋例。一家公司的資產負債表有負債 40 萬、總資產 100 萬，透過計算，我們已經知道該公司的資產負債率為 0.4。若想要在 Python 中輸出該訊息，我們可以鍵入以下語句：

行	程式碼	說明
01	print(" 該公司資產負債率為 ",40/100,"。")	# 該公司資產負債率為 0.4。

(一) 標準格式化輸出

　　和前面所介紹的一樣，該方式的缺點是數字前後會出現空格。我們可以改用 Python 中的標準格式化輸出，如下：

行	程式碼	說明
01	print(" 該公司資產負債率為 %f。" % (40/100))	# 該公司資產負債率為 0.400000。

得到輸出結果如下：

該公司資產負債率為 0.400000。

需要注意，0.4，帶有小數點。凡是帶有小數點的數值便是浮點數。在 Python 中輸出浮點數應該用「%f」。如果用「%d」則會得到如下結果：

行	程式碼	說明
01	print(" 該公司資產負債率為 %d。" % (40/100))	# 該公司資產負債率為 0。

因為「%d」是輸出整數，0.4 四捨五入到整數為 0，所以得到「該公司資產負債率為 0。」的訊息。然而在前例中，「%f」輸出六位數，有時稍微多了一點。大多情況下，會取到小數點第二或第四位。在 Python 中，我們可以以下語句來達到這要求：

行	程式碼	說明
01	print(" 該公司資產負債率為 %.2f。" % (40/100))	# 該公司資產負債率為 0.40。
02	print(" 該公司資產負債率為 %.4f。" % (40/100))	# 該公司資產負債率為 0.4000。

(二) format() 方法

此外，我們也可以 Python 提供的字符串 format 方法來輸出和控制小數點位數。如以下語句：

行	程式碼	說明
01	print(" 該公司資產負債率為 {}。".format(40/100))	# 該公司資產負債率為 0.4。
02	print(" 該公司資產負債率為 {:.2f}。".format(40/100))	# 該公司資產負債率為 0.40。
03	print(" 該公司資產負債率為 {:.4f}。".format(40/100))	# 該公司資產負債率為 0.4000。

而底下是 f-string 的用法：

行	程式碼	說明
01	print(f" 該公司資產負債率為 {40/100}。")	# 該公司資產負債率為 0.4。
02	print(f" 該公司資產負債率為 {40/100:.2f}。")	# 該公司資產負債率為 0.40。
03	print(f" 該公司資產負債率為 {40/100:.4f}。")	# 該公司資產負債率為 0.4000。

(三) 格式化字串 f-string

相較之下，f-string 的語法顯得更加簡潔。最後，我們再以前面的例子來練習控制小數點位數。

釋例 3
小明在銀行存入 1 元，假設定存利率每年 10%，一年計算一次利息，採用複利方式計算。則小明 3 年後的存款本利和將爲何？

行	程式碼
01	(1+0.1)**3
02	print("3 年後的存款本利和爲 %.4f 元。" % (1+0.1)**3)
03	print("3 年後的存款本利和爲 {:.4f} 元。".format((1+0.1)**3))
04	print(f"3 年後的存款本利和爲 {(1+0.1)**3:.4f} 元。")

其中第 1 行語句輸出結果爲 1.3310000000000004。其餘三行語句輸出結果皆爲「3 年後的存款本利和爲 1.3310 元。」。

四、百分比形式（%）輸出

財務報表分析中很多財務指標其實是用百分比（%）的形式來呈現。如前例，該公司資產負債率更常以 40% 來呈現。然而，百分比（%）符號已經在 Python 中有其他用途了，如我們知道 % 可以用於除法計算中來求餘數。本小節主要講解如何用 Python 去實現百分比（%）的形式輸出。

總結起來，可以用底下語句：

行	程式碼	說明
01	print(" 該公司資產負債率為 "+str(40/100*100)+"%。")	# 該公司資產負債率為 40.0%。
02	print(" 該公司資產負債率為 %.2f%%。" % (40/100*100))	# 該公司資產負債率為 40.00%。
03	print(" 該公司資產負債率為 {:.2%}。".format(40/100))	# 該公司資產負債率為 40.00%。
04	print(f" 該公司資產負債率為 {40/100:.2%}。")	# 該公司資產負債率為 40.00%。

其中第 2 行語句為標準格式化輸出。百分比（%）符號已經指定其他用途了。所以要輸出符號 % 時，需要兩個 % 符號連在一起，也就是「%%」。「%%」會輸出一個 % 符號。

較為正規的寫法是其中第 3 和第 4 語句。前者用 Python 提供的字符串 format 方法，而後者用 f-string。兩者皆在大括號 {} 內用 % 來告訴電腦，輸出百分比（%）符號。相較之下，f-string 的語法較簡潔。

五、Python 中的變數

(一) 變數

在 Python 中，變數是用於儲存數據值的標識符。變數可以看作是對數據的命名，以便在程式中引用和操作這些數據。而變數賦值是將值指派給變數的過程。通過變數賦值，我們可以在程式中儲存和操作數據。本小節的主題圍繞在變數宣告與賦值語句上。在前面的章節中，我們已經懂得 Python 中的計算表達形式和輸出。而在編程中，變數的宣告與使用也扮演著重要的角色。尤其是，在很多地方，恰當地去使用變量能更好地維護代碼。所以，本小節旨在幫大家回顧 Python 的賦值語句。

(二) 變數命名規則

首先是變量的命名規則。

1. 變數名由字母、數字和底線組成

這意味著變數名稱只能包含：大寫和小寫字母（A-Z 和 a-z）、數字（0-9）和底線（_）。變數名不能包含空格或其他特殊字符，如 @、#、$ 等。

2. 變數名必須以字母或底線開頭

Python 中的變量名稱只能以字母或底線（_）開頭，後面跟字母、數字或底線的任意序列。

3. 變數名區分大小寫

此外，Python 會區分大小寫。是什麼意思呢？就是大寫的變量和小寫的變量，兩者不同。例如：在 Python 中會視「X」和「x」為兩個不一樣的變量。同樣地，變量「ABC」也不同於「Abc」、「abc」等。

(三) 變數宣告和賦值

在 Python 中，變數的宣告和賦值是同時進行的。使用等號（=）將一個值賦給一個變數。Python 是一種動態類型語言，這意味著變數的類型是根據賦予它的值自動確定的。同一個變數可以在不同的地方引用不同類型的數據。在前面的例子中，我們還沒有使用過變數。現在，我們在之前的基礎上，加入使用變數。

釋例 4
假定一家公司的資產負債表有負債 40 萬、股東權益 60 萬，則該公司有多少資產？

我們先為負債宣告一個變量，命名為 liability，用等號（=）將值設為 40，如下行代碼：

行	程式碼
01	liability = 40

變量名稱可以隨使用者習慣來命名。不一定要取名為 liability。也可以命名為 debt。不過，仍建議取較有意義的名字。同樣地，我們先為**股東權益**宣告一個變量，命名為 equity，用等號（=）將值設為 60，如下行代碼：

行	程式碼
01	equity = 60

以上就是所謂的賦值語句。Python 會在記憶體分派一個空間來儲放資料，以供之後存取。下行代碼便是去讀取兩個變數的值，然後做相加。

行	程式碼
01	liability + equity

結果輸出為 100。也可以為資產宣告一個變量，命名為 asset，然後用等號（＝）將 liability + equity 的計算結果儲存在 asset 之中，如下行代碼：

行	程式碼
01	asset = liability + equity
02	print(f" 該公司有資產 {asset} 萬。")

結果輸出為「該公司有資產 100 萬。」其中第 2 行代碼，用 print() 函數輸出變量 asset 的值。使用變數後，便可以反覆使用該代碼來計算資產總額。只要將變數的數值改一下，就能得到不同的結果。完整的代碼如下：

行	程式碼
01	liability = 40
02	equity = 60
03	asset = liability + equity
04	print(f" 該公司有資產 {asset} 萬。")

輸出結果如下：

該公司有資產 100 萬。

釋例 5

假定一家公司的資產負債表有流動資產 50 萬、流動負債 20 萬，則該公司有多少營運資本？

程式碼如下：

行	程式碼
01	current_asset = 50
02	current_liability = 20
03	working_capital = current_asset - current_liability
04	print(f" 該公司有營運資本 {working_capital} 萬。")

在這個範例中，代碼第 1 行，我們先為流動資產宣告一個變量，命名為 current_asset，用等號（＝）將值設為 50。在第 2 行，為流動負債宣告一個名為 current_liability 的變量，並將值設為 20。第 3 行，計算 current_asset - current_liability。其結果儲放在營運資本的變量中。第 4 行輸出結果，如下：

> 該公司有營運資本 30 萬。

釋例 6

假定一家公司有流通在外股數 100 萬股、每股股價 20 元，則該公司市值為何？

用 Python 實現的程式碼如下：

行	程式碼
01	shares = 100
02	price = 20
03	market_value = shares*price
04	print(f" 該公司市值為 {market_value} 萬。")

在這個例子當中，代碼第 1 行，我們先為流通在外股數宣告一個變量，命名為 shares，用等號（＝）將值設為 100。在第 2 行，為股價宣告一個名為 price 的變量，並將值設為 20。第 3 行，計算 shares*price。其結果儲放在市值的變量 market_value 中。第 4 行輸出結果，如下：

> 該公司市值為 2000 萬。

釋例 7

假定一家公司的資產負債表有負債 40 萬、總資產 100 萬，則該公司的資產負債率為何？

在這個例子當中，我們先為負債宣告一個變量，命名為 liability，用等號（＝）將值設為 40。然後，為資產宣告一個名為 asset 的變量，並將值設為 100。接著，計算 liability/asset。其結果儲放在資產負債率的變量 debt_ratio 中。最後輸出結果。用 Python 實現的程式碼如下：

行	程式碼
01	liability = 40
02	asset = 100
03	debt_ratio = liability/asset
04	print(f" 該公司資產負債率為 {debt_ratio:.2%}。")

得到如下的輸出結果：

該公司資產負債率為 40.00%。

釋例 8

假設小明有 516 元，某公司股票一股 20 元。則小明可以購買該公司多少股份？

程式碼實現如下：

行	程式碼
01	money = 516
02	price = 20
03	shares = money // price
04	print(f" 小明可以購買該公司股票 {shares} 股。")
05	print(f" 小明剩餘 {money % price} 元。")

在這個範例中，代碼第 1 行，我們先為小明持有的錢宣告一個變量，命名為 money，用等號（＝）將值設為 516。在第 2 行，為股價宣告一個名為 price 的變量，並將值設為 20。第 3 行，計算 money // price。其結果儲放在變量 shares 中。第 4 行輸出小明所買到的該公司股份，第 5 行輸出小明剩餘的錢。

輸出結果如下：

小明可以購買該公司股票 25 股。
小明剩餘 16 元。

釋例 9
小明在銀行存入 1 元，假設定存利率每年 10%，一年計算一次利息，採用複利方式計算。則小明 3 年後的存款本利和將為何？

程式碼如下：

行	程式碼
01	r = 0.1
02	n = 3
03	PV = 1
04	FV = PV*(1+r)**n
05	print(f"3 年後的存款本利和為 {FV:.4f} 元。")

在這個例子當中，代碼第 1 行，我們先為利率宣告一個變量，命名為 r，用等號（＝）將值設為 0.1。在第 2 行，為期數宣告一個名為 n 的變量，並將值設為 3。第 3 行，為在銀行存入的錢宣告一個名為 PV 的變量，並將值設為 1。第 4 行，計算 3 年後的存款本利和。其結果儲放在市值的變量 FV 中。第 5 行輸出結果，如下：

3 年後的存款本利和為 1.3310 元。

釋例 10
假設現在存入銀行 7,835 元，5 年後將取得本利和 10,000 元，利率是多少？

用 Python 實現的程式碼如下：

行	程式碼
01	PV = 7835
02	FV = 10000
03	n = 5
04	r = (FV/PV)**(1/n)-1
05	print(f" 利率為 {r:.2%}。")

在這個例子當中，代碼第 1 行，我們先為在銀行存入的錢宣告一個名為 PV 的變量，並將值設為 7835。在第 2 行，為 5 年後的存款本利和宣告一個名為 FV 的變量，並將值設為 10000。第 3 行為期數宣告一個名為 n 的變量，並將值設為 5。第 4 行，計算利率，其結果儲放在變量 r 中。第 5 行輸出結果，如下：

利率為 5.00%。

六、模組的使用

(一) 說明

我們都知道 Python 的功能十分強大。這些功能很多來自特定的模組。所謂「模組（Module）」，本質上就是一個包含 Python 代碼的檔案，或者目錄，裡面放著諸多功能相近的函數，以便在程式中進行重複使用。

在使用模組之前，需要使用 import 關鍵字將其引入到程式中。一旦模組被引入，可以使用模組中定義的函式、變數和類等。通過模組名加上點操作符（.）來訪問模組中的內容。

(二) math 的模組

math 模組是 Python 中的一個內建模組，提供了許多數學相關的功能。它包含了許多數學函數和常數，可以用於數字計算、數學運算和數學問題的處理。要了解更多關於 math 模組的功能和使用方法，可以參考 Python 官方文檔或其他相關的 Python 教學資源。

(三) 使用範例

我們在做財務管理的計算時，有時會得用到一些數學函數。Python 把很多數學函數都放在一個名為「math」的模組中。本小節講解如何引用 Python 模組。我們來看下面的例題。

1. 例題

釋例 11

已知利率為 10%，存款本金為 6,830 元，到期本利和為 10,000 元，存款期應當是多少年？

這道題目的解題過程如下：

$$10000 = 6830(1 + 10\%)^n$$

$$1.1^n = 10000/6830 = 1.4641$$

$$\ln(1.1)^n = \ln(1.4641)$$

$$n = \frac{\ln(1.4641)}{\ln(1.1)} = 4$$

2. 用 Python 實現

我們可知道解題過程中會用到對數（log）。對數函數放在 Python 中的 math 模組。我們可以用關鍵字 import 來導入。如以下程式碼：

行	程式碼	說明
01	import math	# 導入 Python 中的 math 模組。

在這個例子中，使用 import math 將 Python 內建的 math 模組引入到程式中。導入後，我們便可用 math.log() 來計算對數值。如以下程式碼：

行	程式碼	說明
01	n = math.log(10000/6830) / math.log(1+0.1)	# 計算年數
02	print(f"{n:.2f} 年。")	# 結果輸出：4.00 年。

這種導入方式，會導入 math 模組中所有函數，但都得在函數前面加上「math.」。

3. 從模組中匯入特定內容

有時，可能只需要使用模組中的一部分內容，而不是全部匯入。使用 from 關鍵字可以選擇性地從模組中匯入特定的函式、變數或類等。如果我們只用其中的 log 函數，也可以用以下的方式。

行	程式碼	說明
01	from math import log	# 導入 math 模組中的 log 函數。

這時候，可以直接用 log 函數。前面不用再加上「math.」。如以下代碼：

行	程式碼	說明
01	n = log(10000/6830) / log(1+0.1)	# 計算年數
02	print(f"{n:.2f} 年。")	# 結果輸出：4.00 年。

而下面的導入方式，會導入 math 模組中所有函數，但不用在函數前面加上「math.」。

行	程式碼	說明
01	from math import *	# 導入 math 模組中的所有函數。

🔔 重點整理

- Python 程式語言中的算術基本運算規則包含了加（+）、減（-）、乘（*）、除（/、//、%）四則演算和冪次（**）。
- 除法運算涉及到三種運算符號：/、// 和 %。
- 在 Python 中可用 print() 進行標準格式化輸出。
- 在 Python 中還可用 format() 方法和 f-string 格式化字串調整小數點、百分比的格式。
- 變數命名規則
  1. 變數名由字母、數字和底線組成。
  2. 變數名必須以字母或底線開頭。
  3. 變數名區分大小寫。
- 在 Python 中需要使用 import 關鍵字將其引入到程式中。
- Python 內建的 math 模組，提供了許多數學相關的功能。
- 模組的使用語法
  1. import 模組
  2. from 模組 import 功能
  3. from 模組 import *
  4. import 模組 as 別名
  5. from 模組 import 功能 as 別名

🖥 核心程式碼

■ 運算符號

運算	程式碼
7 + 3	7 + 3
7 − 3	7 - 3
7 × 3	7 * 3
7 ÷ 3	7 / 3
	7 // 3
	7 % 3
7^3	7 ** 3
$\sqrt[3]{7}$	7 ** (1/3)

■ 小數點的格式輸出

以下皆輸出該公司資產負債率為 0.40。

方法	程式碼
標準格式化輸出	print(" 該公司資產負債率為 %.2f。" % (40/100))
format ()	print(" 該公司資產負債率為 {:.2f}。".format(40/100))
f-string	print(f" 該公司資產負債率為 {40/100:.2f}。")

■ 百分比形式（%）輸出

以下皆輸出該公司資產負債率為 40.0%。

方法	程式碼
標準格式化輸出	print(" 該公司資產負債率為 %.2f%%。" % (40/100*100))
format ()	print(" 該公司資產負債率為 {:.2%}。".format(40/100))
f-string	print(f" 該公司資產負債率為 {40/100:.2%}。")

■ 變數賦值

方法	程式碼
一般賦值	Asset = 100
解包賦值	Liability, Equity = 40, 60
鏈式賦值	Liability = Debt = 40

基本理財問題

🔔 用 Python 來處理生活中的一些基本理財問題。

🔔 理解 Python 的循環結構。

🔔 用 Python 求解未知數。

一、生活中的理財問題

　　本小節主要告訴大家如何應用 Python 來處理生活中的一些基本理財問題。都是我們從小遇到過的,即使還沒有接受過財務管理專業的訓練,大家也能輕易回答。由此培養財務上的感覺。

(一) 簡單計算

釋例 1
假設銀行定存利率 10%,大雄今年年初拿到紅包 1,000 元,打算存下來。請問明年大雄將有多少錢?

　　這道例題十分容易。計算過程如下:

$$1000 \times (1 + 10\%) = 1100$$

　　我們可以輕易用 Python 來實現。程式碼如下:

行	程式碼	說明
01	1000*(1+0.1)	# 螢幕輸出結果 1100

釋例 2
承上題,若存 2 年,大雄將有多少錢?

　　這道例題也相當容易。可以在上道例題的基礎上,接著計算。過程如下:

$$1100 \times (1 + 10\%) = 1210$$

　　其中的 1100 是從而來。所以可以表示成:

$$1000 \times (1 + 10\%) \times (1 + 10\%) = 1210$$

　　也就是

$$1000 \times (1 + 10\%)^2 = 1210$$

如果用 Python 來實現，程式碼如下：

行	程式碼	說明
01	1100*(1+0.1)	# 結果輸出 1210.0
02	1000*(1+0.1)*(1+0.1)	# 結果輸出 1210.0
03	1000*(1+0.1)**2	# 結果輸出 1210.0

(二) 循環結構

在 Python 中，循環結構是一種控制程式執行流程的結構，它允許重複執行一段程式碼多次。Python 提供了兩種主要的循環結構：for 迴圈和 while 迴圈。在用 Python 處理生活中的一些基本理財問題時也常用到。

釋例 3
承上題，大雄需存多久，才能存到 1,400 元？

這道例題也是我們生活當中常會遇到的。我們還小的時候，總會爲了購買一件較貴的玩具，把父母給我們的錢存下來。同時，會想知道，得存多久才能買到？

從前面的例子，我們已經漸漸發現到規律。可以一步步推算下去：

$$1100 \times (1 + 10\%) = 1210.00$$
$$1210 \times (1 + 10\%) = 1331.00$$
$$1331 \times (1 + 10\%) = 1464.10$$

便可以知道大雄需存 4 年，才能存到 1,400 元。這種方式，稱爲「逐步法」。我們在 Python 中，可以搭配循環結構來完成。程式碼如下：

行	程式碼
01	for n in range(5):
02	print(1000*(1+0.1)**n)

畫面會看得到輸出結果如下：

```
1000.0
1100.0
1210.0000000000002
1331.0000000000005
1464.1000000000004
```

1. 理解循環結構

為了方便理解循環結構，具體來說，我們可先定義兩個新變量：

行	程式碼	說明
01 02	money = 1000 r = 0.1	# money 表示為大雄的銀行款額 #r 為利率

其中，表示 money 為大雄的銀行款額，r 為利率。這樣一來，我們便可計算出利息。

行	程式碼	說明
03	interest = money*r	# interest 為利息

如此，經過一年，原本存的 1,000 元本金，加上利息 100 元，大雄的銀行款額便有 1,100元。我們可以用以下代碼來表達這觀點：

行	程式碼	說明
04 05	money = money + interest print(f" 大雄銀行款額有 {money} 元。")	# money 表示為大雄的銀行款額

結果會輸出：

```
大雄銀行款額有 1100.0 元。
```

再執行一下如下同樣的代碼：

行	程式碼	說明
01	interest = money*r	# interest 為利息
02	money = money + interest	# money 表示為大雄的銀行款額
03	print(f" 大雄銀行款額有 {money} 元。")	

結果會輸出：

大雄銀行款額有 1210.0 元。

這時候，我們知道，再過一年，大雄的銀行款額便有 1,210 元。再執行一下同樣的代碼，結果會輸出：

大雄銀行款額有 1331.0 元。

再執行一次，結果會輸出：

大雄銀行款額有 1464.1 元。

我們一共重複了這些代碼 4 次，由此可以知道大雄存了 4 年，才能存到 1,400 元。因為我們重複了這些代碼，重複的東西可以交給循環結構。程式碼實現如下：

行	程式碼	說明
01	money = 1000	# 宣告變量 money
02	r = 0.1	# 宣告變量 r
03	for n in range(4):	#for 循環結構
04	interest = money*r	
05	money = money + interest	
06	print(f" 大雄銀行款額有 {money} 元。")	

結果輸出如下：

大雄銀行款額有 1100.0 元。

大雄銀行款額有 1210.0 元。

大雄銀行款額有 1331.0 元。

大雄銀行款額有 1464.1 元。

修改一下代碼，解讀性會更高。

行	程式碼	說明
01	money = 1000	# 宣告變量 money
02	r = 0.1	# 宣告變量 r
03	for n in range(4):	#for 循環結構
04	interest = money*r	
05	money = money + interest	
06	print(f"{n+1} 年後，大雄銀行款額會有 {money} 元。")	

結果輸出如下：

---

1 年後，大雄銀行款額會有 1100.0 元。

2 年後，大雄銀行款額會有 1210.0 元。

3 年後，大雄銀行款額會有 1331.0 元。

4 年後，大雄銀行款額會有 1464.1 元。

---

2. 函數 range()

程式碼中用到函數 range()。由於我們一開始不知道是什麼時候，重複的次數應該大一些。比如可以把 range() 設為 range(100)。結果輸出如下：

---

1 年後，大雄銀行款額會有 1100.0 元。

2 年後，大雄銀行款額會有 1210.0 元。

3 年後，大雄銀行款額會有 1331.0 元。

4 年後，大雄銀行款額會有 1464.1 元。

5 年後，大雄銀行款額會有 1610.51 元。

6 年後，大雄銀行款額會有 1771.561 元。

7 年後，大雄銀行款額會有 1948.7170999999998 元。

8 年後，大雄銀行款額會有 2143.5888099999997 元。

9 年後，大雄銀行款額會有 2357.947691 元。

………

3. break 語法

這樣一來的話，螢幕會看到畫面輸出很多的文字訊息。不過，在大多的情況下，我們只關心需存多久，才能存到錢？比較不會在意存到錢後的事情。我們可以用 break 語法來跳出循環結構。程式碼實現如下：

行	程式碼	說明
01	money = 1000	# 宣告變量 money
02	r = 0.1	# 宣告變量 r
03	for n in range(100):	#for 循環結構
04	interest = money*r	
05	money = money + interest	
06	print(f"{n+1} 年後，大雄銀行款額會有 {money} 元。")	
07	if money > 1400:	
08	break	

其中，代碼第 7 行用來判斷是否大雄銀行款額已經有 1,400 元？當條件成立的時候，則跳出循環結構。結果輸出如下：

1 年後，大雄銀行款額會有 1100.0 元。

2 年後，大雄銀行款額會有 1210.0 元。

3 年後，大雄銀行款額會有 1331.0 元。

4 年後，大雄銀行款額會有 1464.1 元。

如果我們就只關心是哪一年存到錢？簡單修改調整一下代碼，便可以得到我們想要的效果。程式碼實現如下：

行	程式碼	說明
01	money = 1000	# 宣告變量 money
02	r = 0.1	# 宣告變量 r
03	for n in range(100):	#for 循環結構
04	interest = money*r	
05	money = money + interest	
06	if money > 1400:	
07	print(f"{n+1} 年後，大雄銀行款額會有 {money} 元。")	
08	break	

結果輸出如下：

4 年後，大雄銀行款額會有 1464.1 元。

4. while 循環結構

除了使用 for 循環結構之外，也還可用 while 循環結構。其實較為規範的寫法如下：

行	程式碼	說明
01	money = 1000	# 宣告變量 money
02	r = 0.1	# 宣告變量 r
03	t = 0	# 宣告變量 t
04	while money < 1400:	#while 循環結構
05	money = money*(1+0.1)	
06	t=t+1	
07	print(f" 大雄存到第 {t} 年時，會有 {money:.2f} 元。")	# 輸出結果

在代碼第 1 行，我們宣告一個變量 money 表示大雄的財富。在第 2 行指派變量 r，儲放利率的值 0.1。第 3 行中的 t 表示期數。第 4 行到第 6 行是主要的算行。

題目問大雄需存多久，才能存到 1,400 元。所以當大雄的財富未到 1,400 元，便反覆地在 while 迴圈中計算。直到超過 1,400 元才跳出迴圈，停止計算。螢幕會輸出結果如下：

大雄存到第 4 年時，會有 1464.10 元。

二、解未知數

(一) 計算範例

釋例 4
大雄一年後想買遙控汽車，價格 1,000 元。請問現在需存多少錢方能買到？

　　這道例題跟前面相似。令 X 為大雄需存的錢，依照題意，可列出下面公式進行推導：

$$X \times (1 + 10\%) = 1000$$

　　解題過程如下：

$$X = \frac{1000}{1 + 10\%} = \frac{1000}{1.1} = 909$$

(二) 在 Python 中實現

　　在 Python 中，我們輸入下列指令，便可看到螢幕顯示結果「909.090909090909」。

行	程式碼	說明
01	1000/(1+0.1)	# 螢幕輸出結果 909.090909090909

1.scipy 模組

　　在 Python 中，我們可以借助 scipy 模組中的 optimize.root 方法來解題。該方法可以用來解方程式的根（root）。所謂的根，就是令方程式為 0 的解。

　　由上，我們知道：

$$X = \frac{1000}{1 + 10\%}$$

　　該式子相當於方程式：

$$X - \frac{1000}{1 + 10\%} = 0$$

我們得先在 Python 中，定義成函數。程式碼實現如下：

行	程式碼	說明
01	from scipy import optimize	# 導入 scipy 模組中的 optimize 函數。
02		
03	r=0.1	# 宣告變量 r
04	def f(x):	# 定義函數
05	return x*(1.1) -1000	
06	root = optimize.root(f, x0=1)	
07	root.x	# 輸出結果 array([909.09090909])

2. sympy 模組

此外，既然是解代數。我們也可以借助 sympy 模組來解題。程式碼如下：

行	程式碼	說明
01	import sympy as sym	# 導入 sympy 模組，並取別名 sym
02	x=sym.Symbol('x')	# 宣告變量
03	f=x*1.1-1000	# 定義函數
04		
05	print(sym.solve(f,x))	# 可求解直接給出解向量

螢幕會輸出結果如下：

```
[909.090909090909]
```

其中第二行在設定變量。而第三行，便是在定義方程式。第五行中的 sym.solve(f,x) 就是在找根。

我們也可以用 sympy 模組中的 solveset 方法來解題，效果一樣。程式碼如下：

行	程式碼	說明
01	from sympy import solveset	# 導入 sympy 模組中的 solveset 函數。
02	solveset(x*1.1-1000, x)	# 輸出結果 [909.09090909]

(三) 其他範例

釋例 5
大雄今年年初拿到紅包 1,000 元，打算存下來。假設銀行利率，前 2 年 10%，後 3 年 15%，請問大雄 5 年後將有多少錢？

這道例題因為利率前後有變動，看起來稍微複雜一點。只要靜下心慢慢分析，問題可以輕鬆解決。解題過程如下：

$$1000 \times (1 + 10\%)^2 \times (1 + 15\%)^3 = 1840.2588$$

在 Python 實現的程式碼如下：

行	程式碼	說明
01	1000*(1.1)**2*1.15**3	# 輸出結果 1840.25875

大雄 5 年後將有 1,840.25875 元。

釋例 6
假設銀行定存利率 10%，半年計算一次，請問明年大雄將有多少錢？

銀行報的利率叫做「名目利率」。但實際上，是每半年以 5% 計算一次。這個 5% 便稱為「期間利率」。是由 10%/2=5% 而來。半年計算一次，一年便計算兩次。經過了兩期，故期數為 2。

解題過程如下：

$$1000 \times \left(1 + \frac{10\%}{2}\right)^2 = 1102.5$$

程式碼如下：

行	程式碼	說明
01	1000*(1+0.1/2)**2	# 輸出結果 1102.5

而關於名目利率、期間利率和有效利率的實現的程式碼如下：

行	程式碼	說明
01	print(f' 名目利率 {0.1 :.4f}')	# 名目利率
02	print(f' 期間利率 {0.1/2 :.4f}')	# 期間利率
03	print(f' 有效利率 {(1+0.1/2)**2 -1:.4f}')	# 有效利率

螢幕會輸出結果如下：

名目利率 0.1000

期間利率 0.0500

有效利率 0.1025

釋例 7

大雄的母親 2 年前幫大雄存了 10,000 元，定存 10 年。設銀行利率 4%。請問，今年大雄存了紅包錢 1,000 元，利率同為 4%，則大雄 8 年後共有多少錢？

這道例題看起來稍微複雜一點，只要靜下來分析，問題一樣可迎刃而解。由題目可知，大雄有兩筆錢。

第一筆：母親 2 年前存的 10,000 元。

第二筆：大雄今年存的 1,000 元。

題目問大雄 8 年後共有多少錢？第一筆母親 2 年前存的 10,000 元，8 年後，也就是前後經過 10 年，故會變為 14,802.4428 元。計算過程如下：

$$10000 \times (1 + 4\%)^{10} = 14802.4428$$

第二筆大雄今年存的 1,000 元，8 年後會變為 1,368.5691 元。計算過程如下：

$$1000 \times (1+4\%)^{8} = 1368.5691$$

兩筆錢相加便可得到答案。程式碼實現如下：

行	程式碼	說明
01	10000*(1+0.04)**10 + 1000*(1+0.04)**8	# 輸出結果 16171.011899588719

三、單一金額的未來價值

(一) 說明

　　單一金額的未來價值是指當前一筆金額，在經過一段時間後，根據利率或投資收益率的計算，得到的未來價值。計算單一金額的未來價值涉及以下三個主要因素：

1. 初始金額（或現值）：指當前的金額。
2. 時間：指經過的時間期限。
3. 利率（或投資收益率）：指用於計算未來價值的年化利率或收益率。

　　未來價值的計算對於個人和企業在投資和財務決策中非常重要。它可以幫助評估投資的回報，進行資金規劃，以及做出未來的經濟決策。請注意，在計算未來價值時，需要確保利率和時間的單位一致（例如：如果時間是以年爲單位，那麼利率也應以年化的形式提供）。

(二) 計算範例

釋例 8
某人目前在銀行存入 $5,000，年利率固定爲 2%，則其 3 年後的存款金額爲何？

計算過程如下：

$$5000 \times (1 + 2\%)^3 = 16171.01$$

用 Python 來實現的程式碼如下：

行	程式碼	說明
01	5000*(1+0.02)**3	# 輸出結果 16171.011899588719

3 年後的存款金額爲 16,171.011899588719 元。

釋例 9
一家公司 2025 年銷貨額是 $1 億，如果銷貨成長率為 8%，則 10 年後（即 2035 年）的銷貨額是多少？

計算過程如下：

$$1 \times (1 + 8\%)^{10} = 2.1589$$

Python 的程式碼如下：

行	程式碼	說明
01	1*(1+0.08)**10	# 輸出結果 2.158924997272788

該公司 10 年後的銷貨額會是 2.1589 億元。

釋例 10
$1 以每年 5% 成長，100 年後的價值為何？如果成長率是 10%，則終值變為多少？

$1 以每年 5% 成長，100 年後會變為 $131.5013。計算過程如下：

$$1 \times (1 + 5\%)^{100} = 131.5013$$

如果 $1 以每年 10% 成長，100 年後會變為 $13,780.6123。計算過程如下：

$$1 \times (1 + 10\%)^{100} = 13780.6123$$

可見 5% 的差距，經過 100 年後會有這麼明顯的差異。

程式碼實現如下：

行	程式碼	說明
01	1*(1+0.05)**100	# 輸出結果 131.50125784630401
02	1*(1+0.10)**100	# 輸出結果 13780.61233982238

四、單一金額的現在價值

(一) 說明

　　單一金額的現在價值是指未來一筆金額，在考慮時間價值的情況下，通過折現或貼現的計算，得到的當前的價值。計算金額的現在價值涉及以下主要因素：

1. 未來金額：指未來所預期的金額。
2. 時間：指距離未來收到金額的時間長度。
3. 利率（或貼現率）：指用於折現計算的年化利率或貼現率。

　　單一金額的現在價值計算可用於評估投資回報、現金流量估算、項目評估等方面。通過將未來金額折現到當前，可以更準確地評估其價值和影響。這有助於做出明智的財務和投資決策。

(二) 計算範例

釋例 11
若年利率固定為 3%，某人希望 5 年後有 \$100,000 收入，則目前應存入的金額為何？

　　這道例題十分容易。令 X 為目前應存入的錢，依照題意，可列出下面公式進行推導：

$$X \times (1 + 3\%)^5 = 100000$$

　　解題過程如下：

$$X = \frac{100000}{(1 + 3\%)^5} = 100000 \times (1 + 3\%)^{-5}$$

　　我們可以輕易用 Python 來求解。程式碼如下：

行	程式碼	說明
01	100000*(1+0.03)**-5	# 輸出結果 86260.87843841639

　　目前應存入 86,260.8784 元，則 5 年後，在年利率固定為 3% 情況下，會有 \$100,000 收入。

🔔 重點整理

■Python 提供了兩種主要的循環結構：for 迴圈和 while 迴圈。

■可以用 break 語法來跳出循環結構。

■在 Python 中，我們可以借助 scipy 模組和 sympy 模組來解題。

■單一金額的未來價值是指當前一筆金額，在經過一段時間後，根據利率或投資收益率的計算，得到的未來價值。

■單一金額的現在價值是指未來一筆金額，在考慮時間價值的情況下，通過折現或貼現的計算，得到的當前的價值。

03

基本價值觀念——
複利過程

△ 理解財務管理中的基本價值觀念。

△ 掌握逐步法和 Python 的循環結構。

△ 運用 Python 繪製現金流量時間序列線。

△ 運用 Python 繪製複利過程。

一、基本價值觀念

　　貨幣的時間價值是指財務管理中一個重要的概念，它表明在不同時間點上的相同金額的貨幣具有不同的價值。這是因為在時間推移中，貨幣的價值受到多種因素的影響，包括通脹、利率和投資機會成本等。

　　貨幣的時間價值對財務管理和投資決策具有重要影響。這個概念在現金流量評估、資本預算、財務規劃和投資評估等方面都非常重要。財務管理者必須考慮到時間價值，進行現金流量的折現計算，確定投資回報率，並選擇最具價值的投資機會。

二、逐步法

　　利率反映了時間價值的概念，因為貨幣可以透過儲蓄或投資以獲得收益。通常情況下，隨著時間的推移，貨幣的價值應該增加，因為可以通過儲蓄或投資增加了貨幣的數量。

　　定存利率是銀行提供給客戶的存款所獲得的利息收益率，它會影響到存款的未來價值和購買力。銀行的定存利率通常是固定的。這時，我們便可以去推算今年存入的錢，經過一年、二年後，本利和會變為多少錢？這種方式就叫做「**逐步法**」。例如下面這個例子。

釋例 1
假定利率為 10%，今天存入 1,000 元，4 年後存款有多少錢？

利率為 10%，

今天存入 1,000 元，1 年後存款會變為 1000×(1 + 10%) = 1,100 元。

1,100 元的存款，再經過 1 年後會變為 1100×(1 + 10%) = 1,210 元。

1,210 元的存款，再經過 1 年後會變為 1210×(1 + 10%) = 1,331 元。

1,331 元的存款，再經過 1 年後會變為 1331×(1 + 10%) = 1,464.1 元。

這種一步步推算的方式就叫做「逐步法」。複利的終值公式便是這樣子得到的。如

$$1000 \times (1 + 10\%) = 1000 \times (1 + 10\%)^1 = 1100$$

$$1100 \times (1 + 10\%) \times (1 + 10\%) = 1000 \times (1 + 10\%)^2 = 1210$$

$$1100 \times (1 + 10\%) \times (1 + 10\%) \times (1 + 10\%) = 1000 \times (1 + 10\%)^3 = 1331$$

$$1100 \times (1 + 10\%) \times (1 + 10\%) \times (1 + 10\%) \times (1 + 10\%) = 1000 \times (1 + 10\%)^4 = 1464.1$$

如果要往後去算第 n 年的本利和，只要用式子 $1000 \times (1 + 10\%)^n$ 去算即可。

我們可以輕易用 Python 來實現。程式碼如下：

行	程式碼	說明
01	print(f"{1} 年後存款有 {1000*(1+0.1)**1:.2f} 元。")	# 結果輸出 1100.00
02	print(f"{2} 年後存款有 {1000*(1+0.1)**2:.2f} 元。")	# 結果輸出 1210.00
03	print(f"{3} 年後存款有 {1000*(1+0.1)**3:.2f} 元。")	# 結果輸出 1331.00
04	print(f"{4} 年後存款有 {1000*(1+0.1)**4:.2f} 元。")	# 結果輸出 1464.10

畫面會看到輸出結果如下：

```
1 年後存款有 1100.00 元。
2 年後存款有 1210.00 元。
3 年後存款有 1331.00 元。
4 年後存款有 1464.10 元。
```

三、for 循環結構

Python 的 for 循環結構用於遍歷序列（如列表、字串、範圍等）中的元素，或者用於執行固定次數的循環。使用 for 循環，可以輕鬆地遍歷序列中的元素，執行特定的程式碼塊。這使得處理重複性任務和迭代操作變得更加簡單和有效。

for 循環結構的一般格式如下：

語法	說明
for \<variable\> in \<sequence\>: 　\<statements\>	for 變量 in 序列： 　　代碼塊（一行語句或多行代碼）

該語法能遍歷序列（sequence）中每一個元素，逐一地將序列中的元素儲放在變量（variable）中。故循環結束時，如果不加任何條件，該變量在遍歷完通常會儲放序列中最後一個元素。

序列（sequence）可以爲很多形式。當我們需要遍歷一個數列，也就是一個數字序列時，可以使用 Python 內置的 range() 函數。range() 函數的格式如下：

range(start, stop[, step])

其中：

- start：計數從 start 開始。默認是從 0 開始。例如：range(5) 等價於 range(0, 5)。
- stop：計數到 stop 結束，但不包括 stop。例如：range(0, 5)，會從 0 開始輸出 0, 1, 2, 3, 4，但不包括 5。
- step：步長，默認爲 1。例如：range(0, 5) 等價於 range(0, 5, 1)。
- range() 返回的是一個可迭代物件。

在 Python 中，逐步法可以搭配循環結構來實現。因爲這些程式碼是有規律的：只有期數在改變。所以，期數就是一個變量，會改變的量。通過循環結構可以一步一步增加該變量的值。Python 最爲常用的循環結構便是 for。在上一道題中，我們可以使用 range() 函數來遍歷固定次數，程式碼實現如下：

行	程式碼	說明
01	for n in range(5):	#for 循環結構
02	print(f"{n} 年後存款有 {1000*(1+0.1)**n:.2f} 元。")	# 輸出存款

輸出結果如下：

```
0 年後存款有 1000.00 元。
1 年後存款有 1100.00 元。
2 年後存款有 1210.00 元。
3 年後存款有 1331.00 元。
4 年後存款有 1464.10 元。
```

我們可以看到輸出結果和剛才的完全一樣。但程式碼更爲簡潔。其中在代碼第 1 行就是利用 for 循環結構。裡面的變量是期數。它在每一次的循環中都會增加 1。range(5) 控制 n 在 0 到 4 之間變化，共改變 5 次。第 2 行代碼就是輸出這 5 期的存款變化。

四、對齊方法

　　for 循環結構搭配 print() 函數還讓我們能產生猶如表格的輸出。如下面的程式碼：

行	程式碼	說明
01	print(" 時間 \t 本利和 ")	# 輸出欄位標題
02	for n in range(5):	#for 循環結構
03	print(f" 第 {n} 年 \t{1000*(1+0.1)**n:.2f} 元 ")	# 輸出關鍵訊息

　　輸出結果如下：

```
時間     本利和
第 0 年    1000.00 元
第 1 年    1100.00 元
第 2 年    1210.00 元
第 3 年    1331.00 元
第 4 年    1464.10 元
```

　　其中在代碼第 1 行就是欄位標題。告訴使用者第一欄是時間，第二欄是本利和。兩欄位之間用「\t」來分隔。「\t」就是「tab」的意思，tabulate 的簡稱。憑藉這種表格式的輸出方式，我們可更清楚每一年的本利和是多少。

　　Python 也提供了一些關於字符串的對齊方法，包括了靠右對齊、靠左對齊、還有置中對齊。

(一) 靠右對齊（rjust）

　　程式碼如下：

行	程式碼	說明
01	print(" 時間 ".rjust(3)+"\t"+" 本利和 ".rjust(6))	# 輸出欄位標題
02	for n in range(5):	#for 循環結構
03	print(f" 第 {n} 年 \t{1000*(1+0.1)**n:.2f} 元 ")	# 輸出關鍵訊息

輸出結果如下：

時間	本利和
第 0 年	1000.00 元
第 1 年	1100.00 元
第 2 年	1210.00 元
第 3 年	1331.00 元
第 4 年	1464.10 元

(二) 靠左對齊（ljust）

程式碼如下：

行	程式碼	說明
01	print(" 時間 ".ljust(3)+"\t"+" 本利和 ".ljust(6))	# 輸出欄位標題
02	for n in range(5):	#for 循環結構
03	print(f" 第 {n} 年 \t{1000*(1+0.1)**n:.2f} 元 ")	# 輸出關鍵訊息

輸出結果如下：

時間	本利和
第 0 年	1000.00 元
第 1 年	1100.00 元
第 2 年	1210.00 元
第 3 年	1331.00 元
第 4 年	1464.10 元

(三) 置中對齊（center）

程式碼如下：

行	程式碼	說明
01 02 03	print(" 時間 ".center(3)+"\t"+" 本利和 ".center(6)) for n in range(5): print(f" 第 {n} 年 \t{1000*(1+0.1)**n:.2f} 元 ")	# 輸出欄位標題 #for 循環結構 # 輸出關鍵訊息

輸出結果如下：

```
時間     本利和
第 0 年   1000.00 元
第 1 年   1100.00 元
第 2 年   1210.00 元
第 3 年   1331.00 元
第 4 年   1464.10 元
```

五、現金流量時間序列線

(一) 說明

現金流量時間序列線（Cash Flow Timeline）是一種以時間為軸的圖表，用於展示資產或投資計畫的現金流量在不同時間點的變化。它是財務分析中的一個重要工具，可以幫助我們視覺化和理解現金流量的變動情況。是財務分析報告和投資提案中常用的圖表之一。

在現金流量時間序列線中，橫軸表示時間，可以是年分、月分、季度等。縱軸表示現金流量的金額，可以是正值或負值。正值代表現金流入（收入或收益），負值代表現金流出（支出或成本）。

當我們掌握了循環結構，和字符串的對齊方法，還有 Python 中的格式化輸出方法後，我們還可以做很多輸出變化。其中一個例子就是來製作現金流量時間序列線。

(二) 繪製步驟

接下來，就讓我們一步步由簡到繁地來繪製現金流量時間序列線。

1. 第一步

我們先簡單地輸出每一期的現金流量。程式碼如下：

行	程式碼	說明
01	for n in range(5):	#for 循環結構
02	print(f"{1000*(1+0.1)**n:.2f}", end=' '*4)	# 輸出關鍵訊息

輸出結果如下：

1000.00	1100.00	1210.00	1331.00	1464.10

其中在代碼第 2 行，是利用 print() 函數中的 end 參數。讓彼此各期的現金流量間隔 4 格空白。

2. 第二步

接下來，我們補上序列線，還有每一期的期數資訊。程式碼如下：

行	程式碼	說明
01	for n in range(5):	#for 循環結構
02	print(f"{1000*(1+0.1)**n:.2f}", end=' '*4)	# 輸出每一期的現金流量
03	print()	# 換行
04	for n in range(5):	#for 循環結構
05	print(f"{'+':-^7}", end='-'*4)	# 繪製時間序列線
06	print(">")	
07	for n in range(5):	#for 循環結構
08	print(f"{n:^7}", end=' '*4)	# 輸出每一期的期數資訊

其中在代碼第 1 行到第 2 行是前面我們做過的。代碼第 3 行用來進行換行。第 4 行到第 6 行用來繪製時間序列線。第 7 行、第 8 行用來輸出每一期的期數資訊。輸出結果如下：

```
    1000.00      1100.00      1210.00      1331.00      1464.10
---+----------+----------+----------+----------+------->
    0            1            2            3            4
```

圖 3-1

3. 第三步

在前面的基礎上，我們加上額外資訊，用以告訴用戶這些數字所代表的意思。程式碼實現如下：

行	程式碼	說明
01	print("FV".ljust(10),end="")	
02	for n in range(5):	#for 循環結構
03	print(f"{1000*(1+0.1)**n:.2f}", end=' '*4)	# 輸出每一期的現金流量
04	print()	# 換行
05	print(" ".ljust(10),end="")	
06	for n in range(5):	#for 循環結構
07	print(f"{'+':-^7}", end='-'*4)	# 繪製時間序列線
08	print(">")	
09	print("period".ljust(10),end="")	
10	for n in range(5):	#for 循環結構
11	print(f"{n:^7}", end=' '*4)	# 輸出每一期的期數資訊

其中，代碼第 1 行、第 5 行和第 9 行是我們新加進來的。其餘代碼都是來自前面的基礎。代碼第 1 行輸出 FV，用以告訴用戶時間序列線上方的這些數字是終值。第 5 行代碼輸出空格，是為了對齊的設置。代碼第 9 行輸出 period，用以告訴用戶時間序列線下方的這些數字是期數。

輸出結果如下：

```
FV          1000.00      1100.00      1210.00      1331.00      1464.10
         ---+----------+----------+----------+----------+------->
period      0            1            2            3            4
```

圖 3-2

(三) 應用 pandas 模組

在這樣的基礎上，我們如果拿開中間的時間序列線，就會產生一個橫向的表格。程式碼如下：

行	程式碼	說明
01	print("FV".ljust(10),end="")	
02	for n in range(5):	#for 循環結構
03	print(f"{1000*(1+0.1)**n:.2f}", end=' '*4)	# 輸出每一期的現金流量
04	print()	# 換行
05		
06	print("period".ljust(10),end="")	
07	for n in range(5):	#for 循環結構
08	print(f"{n:^7}", end=' '*4)	# 輸出每一期的期數資訊

輸出結果如下：

```
FV        1000.00     1100.00     1210.00     1331.00     1464.10
period       0           1           2           3           4
```

圖 3-3

當然，如果應用 pandas 模組中的 DataFrame 會有更好的顯示效果。程式碼實現如下：

行	程式碼
01	from pandas import DataFrame
02	
03	CashFlow =[1000*(1+0.1)**n for n in range(5)]
04	d = DataFrame(columns=range(len(CashFlow)))
05	d.loc['Cash Flows']=CashFlow
06	
07	d

輸出結果如下：

	0	1	2	3	4
Cash Flows	1000.0	1100.0	1210.0	1331.0	1464.1

圖 3-4

(四) 應用 matplotlib 模組

我們也可以活用 matplotlib 模組中的 quiver 方法來繪製現金流量時間序列線。quiver 方法原先是設計來繪製向量場的。當我們融會貫通就可拿來應用在不同的領域上面。以下程式碼便是在 Python 如何用 quiver 來實現現金流量時間序列線：

行	程式碼
01	import matplotlib.pyplot as plt
02	
03	plt.xlim(-1,5)
04	plt.ylim(-1,1)
05	plt.axis('off')
06	
07	plt.text(-1, 0.1, "Cash Flow", ha='center',weight="bold", color="black",fontsize =12)
08	plt.text(-1, -0.15, "Period", ha='center',weight="bold", color="black",fontsize =12)
09	
10	r = 0.1
11	pv = 1000
12	for i in range(5):
13	plt.quiver(i,0,1, 0, angles='xy',scale_units='xy',scale=1)
14	plt.text(i, -0.15, str(i), ha='center',weight="normal", color="b",fontsize =12)
15	plt.text(i, 0.1, pv, ha='center',weight="normal", color="b",fontsize =12)
16	pv = round(pv*(1+r),4)

由於不是正規用法，涉及的知識點較多，這裡不多做描述。請讀者自行參考。

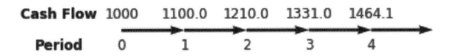

圖 3-5

六、複利過程

(一) 複利的意義

　　複利指的是在投資或儲蓄過程中，每當計息期結束，所獲得的利息被加入到本金中，形成新的本金。下一個計息期的利息將基於新的本金計算，這樣的過程使得每個計息期的利息都可以產生新的利息，形成資金的成長循環。換句話說，利息或回報不僅基於初始本金計算，還基於每個計息期結束時的新本金計算。

　　利息再投資這樣的過程可以使資金增長更快速。隨著時間的推移，利息的累積效果導致資金呈指數級增長。這意味著相同的本金在複利下可以產生比單利更高的回報。

(二) 用 Python 繪製出複利過程

1. matplotlib 模組

　　在前面的章節中，我們已經知道如何用 for 循環結構，和 Python 中的格式化輸出方法輸出每一期的本利和。前面我們所輸出的都是文字訊息。很多時候，我們會想用圖表來呈現。本小節便來告訴大家如何利用 matplotlib 來繪製複利過程。

　　matplotlib 是第三方提供的模組。還沒有安裝的讀者，可以在 Window 作業系統裡面的命令提示符窗口，輸入 pip install matplotlib 來安裝。使用 matplotlib 模組時，記得要先用 import 導入。我們主要用 matplotlib 模組中的 pyplot 方法。習慣上，我們常用以下語句：

行	程式碼
01	import matplotlib.pyplot as plt

　　這是因為「matplotlib.pyplot」很長，一般會用別名 plt 來代替。

　　底下的代碼用來實現繪製複利過程。

行	程式碼
01	import matplotlib.pyplot as plt
02	
03	CashFlow =[1000*(1+0.1)**n for n in range(5)]
04	x = range(len(CashFlow))
05	plt.plot(x, CashFlow, "ro--")

行	程式碼
06	
07	for x1, y1 in zip(x, CashFlow):
08	plt.text(x1, y1-20, str(round(y1)), ha='center', va='top', fontsize=10)
09	
10	plt.show()

其中，在第 3 行是用列表生成式生成的現金流量，我們之後會再詳細說明用法。第 5 行程式碼，是 matplotlib 模組中最主要的繪圖指令。函數後面的 "ro--" 是在告訴 Python 用紅色（red）的圓圈符號「●」繪製各點。繪圖結果如下：

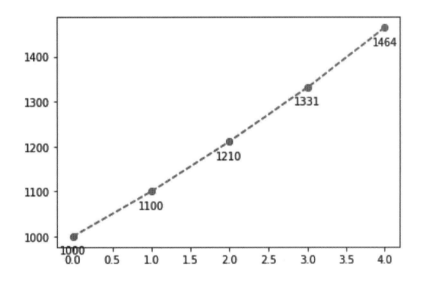

圖 3-6

2. numpy 模組

matplotlib 模組和 numpy 模組能很好地相互配合。底下的程式碼是用 numpy 模組中的 arange() 方法來產生期數。有點類式 Python 中的 range()。產生的期數放在變量 t 中。主要作為圖中的橫軸。其中第 1 行程式碼是在導入 numpy 模組。一般會用別名 np 來使用 numpy。

行	程式碼
01	import numpy as np
02	
03	t = np.arange(10)
04	t

輸出結果如下：

```
array([0, 1, 2, 3, 4, 5, 6, 7, 8, 9])
```

很多時候，我們會想比較不同利率下的複利過程。以下是用 Python 實現的程式碼，用以比較 1 塊錢在利率為 0、0.05、0.10 和 0.20 情況下的變化過程。

行	程式碼
01	import matplotlib.pyplot as plt
02	for r in [0, 0.05, 0.10, 0.20]:
03	plt.plot(t, (1+r)**t)
04	plt.text(4, (1+r)**4, f"r = {r:.2f}")
05	plt.show()

其中，在第 2 行是透過 for 循環結構來遍歷 0、0.05、0.10 和 0.20 下的不同利率。第 3 行程式碼進行繪製，而第 4 行程式碼輸出利率訊息。

繪圖結果如下：

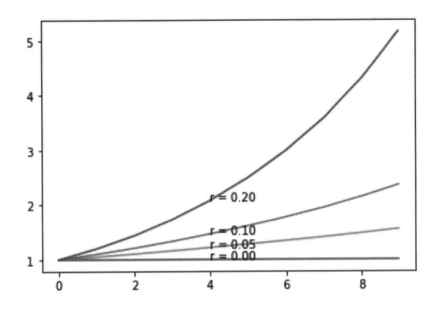

圖 3-7

🔔 重點整理

■ 在不同時間點上的相同金額的貨幣具有不同的價值，財務管理者必須考慮到時間價值。

■ Python 的 for 循環結構用於遍歷列表、字串等序列結構中的元素，或者搭配 range() 函數用於執行固定次數的循環。

■ for 循環結構搭配 print() 函數的對齊方法還讓我們能產生猶如表格的輸出。

■ 現金流量時間序列線可以幫助我們視覺化和理解現金流量的變動情況。

■ 可以活用 matplotlib 模組中的 quiver 方法來繪製現金流量時間序列線。

■ 複利過程使得每個計息期的利息都可以產生新的利息，形成資金的成長循環。

Chapter

04

基本價值觀念——折現過程

學習目標

♤ 理解財務管理中的折現觀念。

♤ 掌握 Python 中的逆序循環結構。

♤ 運用 Python 繪製折現過程。

一、折現的意義

由於貨幣的時間價值，同樣金額的錢在不同時間點的價值是不同的。通常情況下，人們更偏好即時的現金流量而非未來的現金流量。在財務管理中，折現是一種計算未來現金流量在當前價值的過程，將未來的現金流量按照特定的折現率，轉換為當前價值。這是因為未來的現金流量在當前時點的價值比起未來時點的價值要低。

折現考慮到時間價值的概念，在財務管理中是非常重要。有助於財務管理者評估價值、計算回報率、評估投資風險，以便進行合理的投資和決策。而用於將未來現金流量調整為當前價值所使用的利率或回報率便是**折現率**。在財務管理中被廣泛應用。例如：計算淨現值（NPV）時，需要使用折現率將未來現金流量折現為當前價值。選擇適當的折現率非常重要，因為它會對計算結果產生重要影響。如果折現率過高，將導致未來現金流量的現值下降，反之則增加。折現率的選擇應該考慮到投資風險、市場利率、項目特性以及投資者的要求等因素。

存在銀行的錢，通常是以固定利率來計算利息。在上一章，我們學會用逐步法去推算今年存入的本，未來本利和會變為多少？同樣地，我們也可以用逐步法來反推未來的錢，其現在的價值為何？在這一章，我們便要用上一章所學到的方法來實現折現過程。

二、逐步法反推

在現金流量時間序列線上的每一個數字，在固定利率的情況下，只要乘上（1 + 利率）便可以得到相鄰右邊的數字。同理，線上的每一個數字，在固定利率的情況下，只要除以（1 + 利率）便可以得到相鄰左邊的數字。我們先來看看下面這個例子。

釋例 1

如果利率為 10%，當前一筆存款在 4 年後的本利和為 1,464.1 元，那麼當前存款的本金應該如何計算？

利率為 10%，

4 年後的 1,464.1 元，前一年的存款是 1464.1 ÷ (1 + 10%) = 1,331 元。

3 年後的 1,331 元，前一年的存款是 1331 ÷ (1 + 10%) = 1,210 元。

2 年後的 1,210 元，前一年的存款是 $1210 \div (1 + 10\%) = 1,100$ 元。

1 年後的 1,100 元，今天的存款是 $1100 \div (1 + 10\%) = 1,000$ 元。

這種推算便是在利用逐步法進行反推。複利的現值公式便是這樣子得到的。如

$$1000 = 1100 \div (1 + 10\%) = 1210 \div (1 + 10\%) \div (1 + 10\%)$$
$$= 1331 \div (1 + 10\%) \div (1 + 10\%) \div (1 + 10\%)$$
$$= 1464.1 \div (1 + 10\%) \div (1 + 10\%) \div (1 + 10\%) \div (1 + 10\%)$$

即

$$1000 = 1464.1 \div (1 + 10\%)^4 = 1464.1 \times (1 + 10\%)^{-4}$$

或者，也可以是

$$1000 = 1464.1 \times (1 + 10\%)^{-4}$$

所以，如果要往前去算 1,464.1 元在 n 年前的本利和，只要用式子 $1464.1 \div (1 + 10\%)^n$ 或 $1464.1 \times (1 + 10\%)^{-n}$ 去算即可。

我們可以輕易用 Python 來實現。程式碼如下：

行	程式碼
01	print(f"{4} 年後存款有 {1464.1*(1+0.1)**-0:.2f} 元。")
02	print(f"{3} 年後存款有 {1464.1*(1+0.1)**-1:.2f} 元。")
03	print(f"{2} 年後存款有 {1464.1*(1+0.1)**-2:.2f} 元。")
04	print(f"{1} 年後存款有 {1464.1*(1+0.1)**-3:.2f} 元。")
05	print(f"{0} 年後存款有 {1464.1*(1+0.1)**-4:.2f} 元。")

畫面會看到輸出結果如下：

```
4 年後存款有 1464.10 元。
3 年後存款有 1331.00 元。
2 年後存款有 1210.00 元。
1 年後存款有 1100.00 元。
0 年後存款有 1000.00 元。
```

三、逆序循環結構

在上一章,我們已經學會在 Python 中用逐步法搭配循環結構來列舉現金流量時間序列線上的每一個數字。只要是這些數字是有規律的,便可以通過循環結構可以一步一步地改變變量的值。在這個例子中,會改變的量仍然是期數。不過必須注意,因為這邊是反推,實現程式碼時得要有一些變更。程式碼實現如下:

行	程式碼	說明
01	for n in range(5):	#for 循環結構
02	print(f"{4-n} 年後存款有 {1464.1*(1+0.1)**-n:.2f} 元。")	# 輸出存款

其中在代碼第 1 行就是利用 for 循環結構。裡面的變量是期數。它在每一次的循環中都會增加 1。range(5) 控制 n 在 0 到 4 之間變化。它會產生從 0 開始到 4 的數字,共改變 5 次。第 2 行代碼就是輸出這 5 期的存款變化。因為是從 0 到 4,然而我們是逆序。須用「{4-n}年後」來進行反推。

輸出結果如下:

```
4 年後存款有 1464.10 元。
3 年後存款有 1331.00 元。
2 年後存款有 1210.00 元。
1 年後存款有 1100.00 元。
0 年後存款有 1000.00 元。
```

我們可以看到輸出結果和剛才的完全一樣,但程式碼更為簡潔。

我們也可以在 range() 函數中去做設定。控制它的起點、終點、還有步長。語法格式如下:

```
range( 起點 , 終點 , 步長 )
```

需要特別注意的地方是：range() 函數在輸出時，是從起點開始，有包括起點；但沒有包括終點，所以並不會輸出終點的數值。此外，當步長為 -1 時，range() 函數會逆序輸出。所以，如果我們要逆序輸出成：4、3、2、1、0 時，range() 函數得設成 range(4,-1,-1)。程式碼實現如下：

行	程式碼	說明
01	for n in range(4,-1,-1):	#for 循環結構
02	print(f"{n} 年後存款有 {1464.1*(1+0.1)**-(4-n):.2f} 元。")	# 輸出存款

輸出結果如下：

```
4 年後存款有 1464.10 元。
3 年後存款有 1331.00 元。
2 年後存款有 1210.00 元。
1 年後存款有 1100.00 元。
0 年後存款有 1000.00 元。
```

可以看到輸出結果和剛才的完全一樣。

四、折現過程

(一) 用 Python 繪製出折現過程

在前面的章節中，我們已經知道如何用 for 循環結構，和 Python 中的格式化輸出方法輸出每一期的本利和，不論是順序或者是逆序。前面所輸出的都是文字訊息。接下來，我們會用圖表來呈現。本小節便來告訴大家如何利用 matplotlib 來繪製折現過程。我們仍然用剛才的範例來說明。底下的代碼用來實現繪製折現過程。

行	程式碼
01	import matplotlib.pyplot as plt
02	
03	CashFlow =[1464.1*(1+0.1)**-n for n in range(5)]
04	x = range(len(CashFlow))
05	plt.plot(x, CashFlow, "ro--")
06	
07	for x1, y1 in zip(x, CashFlow):
08	plt.text(x1, y1-20, str(round(y1)), ha='center', va='top', fontsize=10)
09	
10	plt.show()

因為 matplotlib 是第三方提供的模組。在第 1 行程式碼中，先用 import 導入。我們主要用 matplotlib 模組中的 pyplot 方法。因為「matplotlib.pyplot」很長，一般會用別名 plt 來代替。第 3 行是用列表生成式生成的現金流量，之後會再詳細說明用法。第 5 行程式碼，是 matplotlib 模組中最主要的繪圖指令。函數後面的 "ro--" 是在告訴 Python 用紅色（red）的圓圈符號「●」繪製各點。繪圖結果如下：

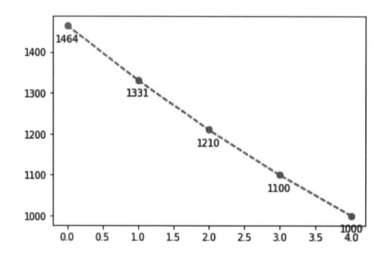

圖 4-1

圖中的橫軸表示「n 年前」。如在 1.0 的位置，表示「1 年前的本利和為 1331」。

(二) 用 Python 比較折現過程

　　很多時候，我們會想比較不同利率下的折現過程。以下是用 Python 實現的程式碼，用以比較 1 塊錢在利率為 0、0.05、0.10 和 0.20 情況下的變化過程。為了更好地來解讀程式碼，我們可以先將現值公式定義成函數，程式碼實現如下：

行	程式碼
01	def PVF(r, n):
02	return 1/((1+r)**n)

　　接下來，我們用 numpy 模組中的 arange() 方法來產生期數以作為圖中的橫軸。程式碼如下：

行	程式碼
01	import numpy as np
02	t = np.arange(10)

　　其中第 1 行程式碼是在導入 numpy 模組，並用別名 np 來使用 numpy。np.arange(10) 會產生 array([0, 1, 2, 3, 4, 5, 6, 7, 8, 9])。這讓我們能觀察 0 到 9 期的折現過程變化。

　　接下來，利用 matplotlib 來繪製折現過程。

行	程式碼
01	import matplotlib.pyplot as plt
02	for r in [0, 0.05, 0.10, 0.20]:
03	plt.plot(t, PVF(r,t), label=f"r = {r}")
04	plt.text(4, PVF(r,4), f"r = {r:.2f}")
05	plt.legend()
06	plt.show()

其中，在第 2 行是透過 for 循環結構來遍歷 0、0.05、0.10 和 0.20 下的不同利率。第 3 行程式碼進行繪製，而第 4 行程式碼輸出利率訊息。繪圖結果如下：

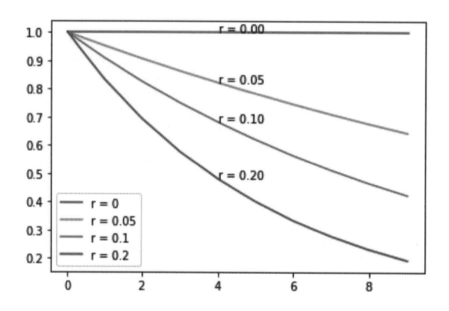

圖 4-2

🔔 重點整理

■ 由於貨幣的時間價值，人們更偏好即時的現金流量而非未來的現金流量。

■ 折現是一種計算未來現金流量在當前價值的過程。

05

貨幣價值的公式與函數

學習目標

- 複習財務管理中的貨幣價值公式。
- 掌握 Python 中的函數、匿名函數的基本語法。
- 在 Python 中實現複利現值、複利終值、年金現值,與年金終值的函數。
- 運用 Python 計算複利現值、複利終值、年金現值,與年金終值。

本章節我們會先複習一下財務管理中的貨幣價值公式，包括複利現值、複利終值、年金現值，與年金終值的計算。然後，我們會學習如何在 Python 中利用函數去定義這些公式。

一、貨幣的時間價值計算

本小節會先舉例子來告訴大家，如何在 Python 中計算複利現值、複利終值、年金現值，與年金終值。

(一) 複利終值

1. 公式

在前面的章節，我們已經學習到複利終值的計算。在財務管理中，複利終值的公式如下：

$$FV = PV \times (1 + r)^n$$

其中，FV 表示終值，PV 為現值，r 是利率，n 是期數。該公式有四個參數，只要知道其中的三個，剩下的一個便可以計算求出。

2. 計算範例

釋例 1
假定利率為 10%，今天存入 1,000 元，4 年後存款有多少錢？

由題意，我們知道現值為 1,000 元，利率是 10%，期數為 4 年。把 PV、r、n 代入公式，便可以計算求出公式中剩下的終值 FV。計算如下：

$$FV = 1000 \times (1 + 10\%)^4 = 1464.1$$

3. 用 Python 來實現

我們可以輕易用 Python 來實現。程式碼如下：

行	程式碼	說明
01	PV = 1000	# 設定現值 PV
02	r = 0.10	# 設定利率 r
03	n = 4	# 設定期數 n
04	FV = PV*(1+r)**n	
05	FV	# 結果輸出 1464.1000000000004

也可以利用先前學的做更有意義的輸出。

行	程式碼	說明
01	print(f"{n} 年後存款有 {FV:.2f} 元。")	# 結果輸出 4 年後存款有 1464.10 元。

(二) 複利現值

1. 公式

複利現值的公式如下：

$$PV = FV \times (1 + r)^{-n}$$

只要把 FV、r、n 代入該公式，便可以計算求出現值 PV。

2. 計算範例

釋例 2

如果利率為 10%，當前一筆存款在 4 年後的本利和為 1,464.1 元，那麼當前存款的本金應該如何計算？

由題意，我們知道終值為 1,464.1 元，利率是 10%，期數為 4 年。把它們代入公式，便可以計算求出公式中剩下的現值 PV。計算如下：

$$PV = 1464.1 \times (1 + 10\%)^{-4} = 1000$$

3. 用 Python 來實現

我們可以把 Python 當成計算機來計算。命令如下：

行	程式碼	說明
01	PV = 1464.10*(1+0.1)**-4	
02	print(f" 現值為 {PV:.4f} 元。")	# 結果輸出現值為 1000.0000 元。

也可以宣告變量去記錄公式中的參數。方便日後維護。程式碼實現如下：

行	程式碼	說明
01	FV = 1464.10	
02	r = 0.10	
03	n = 4	
04	PV = FV*(1+r)**-n	
05	print(f" 現值為 {PV:.4f} 元。")	# 結果輸出現值為 1000.0000 元。

(三) 年金終值

1. 公式

在財務管理中，年金終值的公式如下：

$$FVA_n = A \times \frac{(1+r)^n - 1}{r}$$

其中，A 為每一期年金的金額，r 是利率，n 是年金的筆數，FVA_n 表示 n 筆年金的終值。該公式有四個參數，只要知道其中的三個，剩下的一個便可以計算求出。

2. 計算範例

釋例 3

假設銀行利率為 5%，從本年起連續 3 年，每年年末在銀行存入 10,000 元。那麼，3 年後將獲得的本利和是多少？

由題意，我們知道每一期存入的金額為 10,000 元，故公式中的 A 為 10000。利率 r 是 5%，期數為 3 年，所以有 3 筆年金，n 為 3。把 A、r、n 代入公式，便可以計算求出公式中剩下的年金終值 FAV_n。計算如下：

$$FVA_n = 10000 \times \frac{(1+5\%)^3 - 1}{5\%} = 31525$$

3. 用 Python 來實現

我們可以輕易用 Python 來實現。程式碼如下：

行	程式碼	說明
01	A = 1000	
02	r = 0.05	
03	n = 3	
04	FVAn = A*((1+r)**n - 1)/r	
05	FVAn	# 結果輸出 3152.5000000000023

(四) 年金現值

1. 公式

在財務管理中，年金現值的公式如下：

$$PVA_n = A \times \frac{1 - (1+r)^{-n}}{r}$$

其中，A 為每一期年金的金額，r 是利率，n 是年金的筆數，PVA_n 表示 n 筆年金的現值。該公式有四個參數，只要知道其中的三個，剩下的一個便可以計算求出。

2. 計算範例

釋例 4
假設銀行利率為 5%，大雄希望在未來 3 年的每年年末都收到 1 筆 10,000 元的現金，那麼大雄現在需要在銀行存入多少錢？

　　由題意，經過分析後，我們知道每一期收到的金額為 10,000 元，故公式中的 A 為 10000。利率 r 是 5%，期數為 3 年，所以有 3 筆年金，n 為 3。把 A、r、n 代入公式，便可以計算求出公式中剩下的年金現值 PVA_n。計算如下：

$$PVA_n = 10000 \times \frac{1 - (1 + 5\%)^{-3}}{5\%} = 27232.48$$

3. 用 Python 來實現

我們可以輕易用 Python 來實現。程式碼如下：

行	程式碼	說明
01	A = 10000	
02	r = 0.05	
03	n = 3	
04	PVAn = A*(1 - (1+r)**-n)/r	
05	PVAn	# 結果輸出 27232.480293704797

　　也可以利用先前學的做更有意義的輸出。

行	程式碼	說明
01	print(f" 現值為 {PVAn:.4f} 元。")	# 結果輸出現值為 27232.4803 元。

(五) 公式整理

　　從前面的說明，我們用表格總結整理一下這些財務管理中的貨幣價值公式：

	現值	終值
複利	$PV = FV \times (1+r)^{-n}$	$FV = PV \times (1+r)^{n}$
普通年金	$PVA_n = A \times \dfrac{1 - (1+r)^{-n}}{r}$	$FVA_n = A \times \dfrac{(1+r)^{n} - 1}{r}$

二、函數

(一) 函數的基本語法

在 Python 中，函數是一個用於執行特定任務的可重複使用的程式碼區塊。函數可以接收輸入參數並返回結果。以下是 Python 中函數的基本語法：

```
def 函數名稱 ( 參數 1, 參數 2, ...):
    # 函數的程式碼區塊
    # 可以包含多行程式碼
    # 返回結果（選用）
    return 結果
```

函數定義以 def 關鍵字開頭，接著是函數的名稱，後面是括號中的參數列表。參數是可選的，可以根據函數的需要來指定。在函數的程式碼區塊中，可以執行各種操作、計算和邏輯處理。如果需要，可以使用 return 關鍵字返回結果。

在前小節中，我們已經複習了財務管理中的貨幣價值公式。本小節我們將學習如何在 Python 中利用函數去定義這些公式。原理很簡單，僅需將計算所用的表達式放入函數當中即可。

(二) 複利終值函數

先前我們學到複利終值的公式為 $FV = PV \times (1 + r)^n$。只要知道三個參數：現值 PV、利率 r 和期數 n，便可以計算求出終值 FV。在 Python 中，實現這公式相當簡單，定義成函數也很容易。

在 Python 中定義函數會用到關鍵字「def」。我們在 def 函數後面，空一格後，先進行命名。我們取名為 FV。

```
def FV
```

接下來，我們用括號「()」，並在括號內放入三個參數：PV、r 和 n。分別代表現值、利率和期數。

```
def FV(PV, r, n)
```

然後在函數結尾加上冒號「:」。

```
def FV(PV, r, n):
```

接著在冒號後換行、進行縮排，輸入 Python 中的關鍵字「return」。

```
def FV(PV, r, n):
    return
```

然後在 return 後面，空一格後，放入計算所用的表達式：

```
def FV(PV, r, n):
    return PV*(1+r)**n
```

這樣便定義好我們的複利終值公式。用 Python 來實現的完整程式碼如下：

行	程式碼	說明
01	def FV(PV, r, n):	
02	return PV*(1+r)**n	
03		
04	FV(1000, 0.10, 4)	# 結果輸出 1464.1000000000004

其中程式碼第 4 行便是在呼喚我們定義好的複利終值函數。若現值爲 1,000 元，利率是 10%，期數爲 4 年，便依序把它們放入括號內，便可以計算求出複利終值 FV。計算結果跟我們上一節算的一樣。

函數定義好後，可反覆使用，對不同的複利終值計算，只要改一下參數，便可求得解答。

(三) 複利現值函數

我們知道複利現值的公式為 $PV = FV \times (1 + r)^{-n}$。只要知道三個參數：終值 FV、利率 r 和期數 n，便可以計算求出現值 PV。在 def 關鍵字後面，空一格後，先進行命名。我們取名為 PV。然後加上括號「()」，並在括號內放入三個參數：FV、r 和 n。分別代表終值、利率和期數。接下來，在函數結尾加上冒號「:」。換行、進行縮排，輸入 Python 中的關鍵字「return」。空一格後，放入計算所用的表達式。這樣便定義好我們的複利現值公式。程式碼如下：

行	程式碼	說明
01	def PV(FV, r, n):	
02	return FV*(1+r)**-n	
03		
04	PV(1464.10, 0.10, 4)	# 結果輸出 999.9999999999997

其中程式碼第 1 行和第 2 行便是我們定義好的複利現值函數。第 4 行進行呼喚。若終值為 1,464.10 元，利率是 10%，期數為 4 年，依序把它們放入括號內，便可以計算求出複利現值 FV。計算結果跟我們上一節算的一樣。

(四) 年金終值函數

在財務管理中，年金終值的公式為 $FVA_n = A \times \dfrac{(1+r)^n - 1}{r}$。只要知道每一期年金的金額 A，利率 r 和期數 n，便可以計算求出年金終值 FVA_n。我們在 def 關鍵字後面，空一格後，命名函數為 FVAn。然後加上括號「()」，並在括號內放入三個參數：A、r 和 n。分別代表每一期年金的金額、利率和期數。接下來，在函數結尾加上冒號「:」。換行、進行縮排，輸入 Python 中的關鍵字「return」。空一格後，放入計算所用的表達式。這樣便定義好我們的年金終值公式。

程式碼如下：

行	程式碼	說明
01	def FVAn(A, r, n):	
02	return A*((1+r)**n - 1)/r	
03		
04	FVAn (10000, 0.05, 3)	# 結果輸出 31525.000000000025

其中程式碼第 1 行和第 2 行便是我們定義好的年金終值函數。第 4 行進行呼喚。若每一期年金的金額為 10,000 元，利率是 5%，期數為 3 年，依序把它們放入括號內，便可以計算求出年金終值 FVAn。計算結果跟我們上一節算的一樣。

(五) 年金現值函數

在財務管理中，年金現值的公式為 $PVA_n = A \times \dfrac{1 - (1+r)^{-n}}{r}$。只要知道每一期年金的金額 A，利率 r 和期數 n，便可以計算求出年金現值 PVA_n。我們在 def 關鍵字後面，空一格後，命名函數為 PVAn。然後加上括號「()」，並在括號內放入三個參數：A、r 和 n。分別代表每一期年金的金額、利率和期數。接下來，在函數結尾加上冒號「:」。換行、進行縮排，輸入 Python 中的關鍵字「return」。空一格後，放入計算所用的表達式。這樣便定義好我們的年金現值公式。程式碼如下：

行	程式碼	說明
01	def PVAn(A, r, n):	
02	return A*(1 - (1+r)**-n)/r	
03		
04	PVAn (10000, 0.05, 3)	# 結果輸出 27232.480293704797

其中程式碼第 1 行和第 2 行便是我們定義好的年金現值函數。第 4 行進行呼喚。若每一期年金的金額為 10,000 元，利率是 5%，期數為 3 年，依序把它們放入括號內，便可以計算求出年金現值 PVAn。計算結果跟我們上一節算的一樣。

三、匿名函數

(一) 匿名函數的基本語法

Python 中的匿名函數，也稱為 Lambda 函數，是一種簡潔的函數表示法，它可以在不使用 def 關鍵字定義函數的情況下創建一個函數。匿名函數通常用於需要一個簡單的函數來執行特定任務的場景。以下是 Python 中匿名函數的基本語法：

> lambda 參數 1, 參數 2, ... : 表達式

語法中，**lambda** 是 Python 中用於定義匿名函數的關鍵字，後面是參數列表，冒號（:）之後是一個單行的表達式。這個表達式是匿名函數的主體，它執行特定的任務並返回結果。

在前小節中，我們已經學習如何在 Python 中利用函數去定義這些公式。這些公式其實都很簡短。在 Python 中，我們又可以用匿名函數來定義公式。本小節將告訴大家如何一步步地來實現。

(二) 複利終值函數

在 Python 中定義函數會用到關鍵字「lambda」。匿名函數，顧名思義，就是不用名稱。也就是說，我們可以不用為函數進行命名。但一般情況下，通常會用到賦值語句，我們會宣告一個新變量，用於儲放定義好的函數。記得，在 Python 中所有東西都是物件（Object）。函數也是一個物件，所以可以指派給變量。我們通常以函數名稱來命名該變量。

例如：我們現在要定義複利終值的函數。我們知道複利終值的公式為 $FV = PV \times (1 + r)^n$。我們先宣告一個新變量，取名為 FV，後面加等號「=」。

> FV =

然後加上關鍵字「lambda」：

> FV = lambda

我們知道複利終值的公式，只要知道三個參數：現值 PV、利率 r 和期數 n，便可以計算求出終值 FV。接下來，就在後面放上 PV、r 和 n：

FV = lambda PV, r, n

然後在函數結尾加上冒號「:」。

FV = lambda PV, r, n:

接著在冒號後面，輸入計算所用的表達式：

FV = lambda PV, r, n: PV*(1+r)**n

這樣便在 Python 中，以匿名函數的形式，定義好我們的複利終值公式。用 Python 來實現的完整程式碼如下：

行	程式碼	說明
01	FV = lambda PV, r, n : PV*(1+r)**n	
02	FV(1000, 0.10, 4)	# 結果輸出 1464.1000000000004

其中程式碼第 2 行便是在呼喚我們定義好的複利終值函數。若現值為 1,000 元，利率是 10%，期數為 4 年，依序把它們放入括號內，便可以計算求出複利終值 FV。計算結果跟我們之前算的一樣。

行	程式碼	說明
01	for n in range(5):	
02	print("{:.2f}".format(FV(1000,0.10,n)),end=' '*4)	

輸出結果如下：

1000.00	1100.00	1210.00	1331.00	1464.10

(三) 複利現值函數

　　同理，複利現值的公式為 $PV = FV \times (1 + r)^{-n}$。我們先宣告一個新變量，取名為 PV，後面加等號「=」。然後加上關鍵字「lambda」和 FV、r 和 n，分別代表終值、利率和期數。接下來，在結尾處加上冒號「:」。放入計算所用的表達式。這樣便以匿名函數的形式，定義好我們的複利現值公式。程式碼如下：

行	程式碼	說明
01	PV = lambda FV, r, n : FV*(1+r)**-n	
02	PV(1464.10, 0.10, 4)	# 結果輸出 999.9999999999997

　　其中程式碼第 1 行便是我們定義好的複利現值函數。第 2 行進行呼喚。若終值為 1,464.10 元，利率是 10%，期數為 4 年，依序把它們放入括號內，便可以計算求出複利現值 FV。計算結果跟我們之前算的一樣。

(四) 年金終值函數

　　在財務管理中，年金終值的公式為 $FVA_n = A \times \dfrac{(1+r)^n - 1}{r}$。我們先以 FVAn 來命名一個新變量。後面加等號「=」。然後加上關鍵字「lambda」和三個參數：A、r 和 n。分別代表每一期年金的金額、利率和期數。接下來，在結尾加上冒號「:」。放入計算所用的表達式。這樣便以匿名函數的形式，定義好我們的年金終值公式。程式碼如下：

行	程式碼	說明
01	FVAn = lambda A, r, n : A*((1+r)**n - 1)/r	
02	FVAn (10000, 0.05, 3)	# 結果輸出 31525.000000000025

　　其中程式碼第 1 行便是我們定義好的年金終值函數。第 2 行進行呼喚。若每一期年金的金額為 10,000 元，利率是 5%，期數為 3 年，依序把它們放入括號內，便可以計算求出年金終值 FVAn。計算結果跟我們之前算的一樣。

(五) 年金現值函數

年金現值的公式為 $PVA_n = A \times \dfrac{1 - (1+r)^{-n}}{r}$。只要知道每一期年金的金額 A，利率 r 和期數 n，便可以計算求出年金現值。我們先宣告一個新變量，取名為 PVAn，後面加等號「=」。然後加上關鍵字「lambda」和三個參數：A、r 和 n。分別代表每一期年金的金額、利率和期數。接下來，在結尾處加上冒號「:」。放入計算所用的表達式。這樣便以匿名函數的形式，定義好我們的年金現值公式。程式碼如下：

行	程式碼	說明
01	PVAn = lambda A, r, n : A*(1 - (1+r)**-n)/r	
02	PVAn (10000, 0.05, 3)	# 結果輸出 27232.480293704797

其中程式碼第 1 行便是我們定義好的年金現值函數。第 2 行進行呼喚。若每一期年金的金額為 10,000 元，利率是 5%，期數為 3 年，依序把它們放入括號內，便可以計算求出年金現值 PVAn。計算結果跟我們之前算的一樣。

四、其他財務函數

財務管理中和貨幣的時間價值最有關的主要公式便是複利現值、複利終值、年金現值，與年金終值的計算。從中又衍生出其他公式。例如：我們先前學到複利終值的公式為 $FV = PV \times (1 + r)^n$。該公式有四個參數，只要知道其中的三個，剩下的一個便可以計算求出。我們已經學會在 Python 中利用計算複利現值、複利終值。本小節將介紹從中衍生的部分公式，並且講解如何在 Python 中利用函數去定義這些公式。

(一) 期數

由複利終值的公式，我們可以推導出期數 n 和其他參數的關係式：

$$n = \frac{\log\dfrac{FV_n}{PV_0}}{\log(1+r)}$$

我們可知道推導過程中會用到對數（log）。對數函數放在 Python 中的 math 模組。我們可以用關鍵字 import 來導入。如以下程式碼：

行	程式碼	說明
02	import math	# 導入 Python 中的 math 模組。

導入後，我們便可用 math.log() 來計算對數值。程式碼實現如下：

行	程式碼	說明
01	import math	# 導入 Python 中的 math 模組。
02		
03	def nper(FV, PV, r):	
04	return math.log(FV/PV) / math.log(1+r)	
05	nper (10000, 6830, 0.1)	# 結果輸出 4.0002066955920945

其中程式碼第 3 行和第 4 行便是我們定義好的求期數 n 的函數。我們在 def 關鍵字後面，空一格後，命名函數為 nper。第 5 行進行呼喚。若利率為 10%，存款本金為 6,830 元，到期本利和為 10,000 元，存款期應當是 4 年。計算結果跟我們之前算的一樣。

我們也可以用匿名函數的形式，來定義該公式。程式碼如下：

行	程式碼	說明
01	import math	# 導入 Python 中的 math 模組。
02		
03	nper= lambda FV, PV, r : math.log(FV/PV) / math.log(1+r)	
04	nper (10000, 6830, 0.1)	# 結果輸出 4.0002066955920945

其中程式碼第 3 行便是我們以匿名函數的形式定義好的函數。計算結果一樣。

(二) 利率

由複利終值的公式，我們可以推導出利率 r 和其他參數的關係式：

$$r = \sqrt[n]{\frac{FV_n}{PV_0}} - 1$$

Python 的程式碼實現如下：

行	程式碼	說明
01	def rate(FV, PV, n):	
02	return(FV/PV)**(1/n)-1	
03	rate(10000, 7835, 5)	# 結果輸出 0.05000701325459089

其中程式碼第 1 行和第 2 行便是我們定義好的求利率 r 的函數。我們在 def 關鍵字後面，空一格後，命名函數爲 rate。

若每一期年金的金額爲 10,000 元，利率是 5%，期數爲 3 年，依序把它們放入括號內，便可以計算求出年金現值 PVAn。計算結果跟我們上一節算的一樣。第 3 行進行呼喚。若存款本金爲 7,835 元，5 年後到期本利和爲 10,000 元，利率應當爲 5%。

我們也可以用匿名函數的形式，來定義該公式。程式碼如下：

行	程式碼	說明
01	rate = lambda FV, PV, n : (FV/PV)**(1/n)-1	
02	rate(10000, 7835, 5)	# 結果輸出 0.05000701325459089

其中程式碼第 1 行便是我們以匿名函數的形式定義好的函數。計算結果一樣。

(三) 有效年利率

1. 定義

有效年利率（Effective Annual Interest Rate）是指在一年期間內，考慮了複利的情況下，將不同期間的利率（例如：每年、每半年、每季度或每月）轉換爲等效的年利率。有效年利率是用來比較不同貸款或投資的眞實成本或回報率的指標。在進行財務決策時，了解並計算有效年利率可以幫助我們更準確地評估和比較不同的選擇，以做出最佳的財務決策。

2. 公式

有效年利率的公式如下：

$$EAR = \left(1 + \frac{r}{m}\right)^n - 1$$

在該公式中，只要知道兩個參數：年利率 r 和一年計息次數 n，便可以計算求出有效年利率。

3. 用 Python 來實現

在 Python 中，實現這公式相當簡單，定義成函數也很容易。Python 的程式碼實現如下：

行	程式碼	說明
01	def EAR(r,m):	
02	return (1+r/m)**m - 1	
03	EAR(0.18,12)	# 結果輸出 0.19561817146153393

其中程式碼第 1 行和第 2 行便是我們定義好的求有效年利率的函數。我們在 def 關鍵字後面，空一格後，命名函數爲 EAR。第 3 行進行呼喚。若年利率 18%，每個月計算一次，計算求出的有效年利率約爲 19.56%。

我們也可以用匿名函數的形式，來定義該公式。程式碼如下：

行	程式碼	說明
01	EAR = lambda r,m：(1+r/m)**m - 1	
02	EAR(0.18,12)	# 結果輸出 0.19561817146153393

其中程式碼第 1 行便是我們定義好的有效年利率函數。第 2 行進行呼喚。計算結果跟我們之前算的一樣。

(四) 永續年金

1. 定義

永續年金是一種特殊的年金形式，其特點是在無限期間內持續支付固定金額的現金流。

2. 公式

在財務管理中，永續年金的公式由年金現值公式衍生而來。我們知道年金現值的公式爲

$$PVA_n = A \times \frac{1 - (1+r)^{-n}}{r}$$

當期數 n 趨近於無窮大時，年金現值公式就變成永續年金的公式。

$$PVA_{\infty} = \frac{A}{r}$$

這是因為當期數 n 趨近於無窮大時，$(1 + r)^{-n}$ 會趨近於零。故後項沒了，只留下 $\frac{A}{r}$。

3. 用 Python 來實現

在 Python 中，實現這公式相當簡單，定義成函數也很容易。Python 的程式碼實現如下：

行	程式碼	說明
01	def PVA(A, r):	
02	return A/r	
03	PVA (1000, 0.05)	# 結果輸出 20000.0

其中程式碼第 1 行和第 2 行便是我們定義好的永續年金的函數。第 3 行進行呼喚。若每一期年金的金額為 1,000 元，利率是 5%，一直支付下去，計算出來的現值為 20,000。

我們也可以用匿名函數的形式，來定義該公式。程式碼如下：

行	程式碼	說明
01	PVA = lambda A, r : A/r	
02	PVA (1000, 0.05)	# 結果輸出 20000.0

其中程式碼第 1 行便是我們定義好的永續年金函數。第 2 行進行呼喚。計算結果跟我們之前算的一樣。

🔔 重點整理

■ 在 Python 中函數是一個用於執行特定任務的可重複使用的程式碼區塊。

■ Python 中的匿名函數，也稱為 Lambda 函數，是一種簡潔的函數表示法。

💻 核心程式碼

■ 公式和函數程式碼整理

	公式	函數	lambda 函數
終值	$FV_n = PV_0(1+r)^n$	def FV(PV, r, n): 　　return PV*(1+r)**n	FV = lambda PV, r, n : PV*(1+r)**n
現值	$PV_0 = FV_n(1+r)^{-n}$	def PV(FV, r, n): 　　return FV*(1+r)**-n	PV = lambda FV, r, n : FV*(1+r)**-n
年金終值	$FVA_n = A \times \dfrac{(1+r)^n - 1}{r}$	def FVAn(A, r, n): 　　return A*((1+r)**n - 1)/r	FVAn = lambda A, r, n : A*((1+r)**n - 1)/r
年金現值	$PVA_n = A \times \dfrac{1-(1+r)^{-n}}{r}$	def PVAn(A, r, n): 　　return A*(1 - (1+r)**-n)/r	PVAn = lambda A, r, n : A*(1 - (1+r)**-n)/r
永續年金	$PVA_n = \dfrac{A}{r}$	def PV(A, r): 　　return A/r	PV = lambda A, r : A/r
利率	$r = \sqrt[n]{\dfrac{FV_n}{PV_0}} - 1$	def rate(FV, PV, n): 　　return(FV/PV)**(1/n)-1	rate= lambda FV, PV, n : (FV/PV)**(1/n)-1
期數	$n = \dfrac{\log \dfrac{FV_n}{PV_0}}{\log(1+r)}$	def nper(FV, PV, r): 　　return math.log(FV/PV) / math.log(1+r)	nper= lambda FV, PV, r : math.log(FV/PV) / math. log(1+r)

■ 有效年利率相關公式和函數程式碼整理

	公式	函數	lambda 函數
有效年利率	$EAR = \left(1+\dfrac{r}{m}\right)^m - 1$	def EAR(r,m): 　　return (1+r/m)**m - 1	EAR = lambda r, m : (1+r/m)**m - 1
期間利率 I	$r_m = \dfrac{r}{m}$	def rm(r,m): 　　return r/m	rm = lambda r, m : r/m
期間利率 II	$r_m = (1+EAR)^{\frac{1}{m}} - 1$	def rm(EAR, m): 　　return (1 + EAR)**(1/m) - 1	rm = lambda EAR, m : (1 + EAR)**(1/m) - 1

■ 運用 sympy

	Step1：宣告參數	Step2：定義公式	Step3：求值
有效年利率	import sympy as sym m = sym.Symbol('m') r = sym.Symbol('r')	EAR = (1+r/m)**m - 1 EAR	EAR.evalf(subs={r:0.18,m:12})

現值與終值係數

學習目標

🔔 複習複利現值係數、複利終值係數、年金現值係數,與年金終值係數。

🔔 掌握 Python 中條件判斷 if-elif-else 和 match-case 語法。

🔔 運用 Python 建構查詢函數。

上一章節我們學會如何在 Python 中利用函數去定義財務管理中的貨幣價值公式。而教科書很多時候是藉由查詢係數或因子的方式來完成相關計算。在這一章將延續上一章節所學，建構並計算複利現值係數、複利終值係數、年金現值係數，與年金終值係數。

一、係數

(一) 複利終值係數

1. 公式
在財務管理中，複利終值的公式如下：

$$FV = PV \times (1 + r)^n$$

而其中的 $(1 + r)^n$ 便是「複利終值係數」，或者稱為「複利終值因子」。只要把現值乘上複利終值係數便可得到終值。複利終值係數一般是通過查表找到。由公式可知道，複利終值係數其實是利率 r 和期數 n 的函數。查表時，通過利率 r 和期數 n 即可在複利終值係數表找到對應的複利終值係數。

2. 用 Python 來實現
我們可以輕易用 Python 來實現。複利終值係數的計算表達式如下：

行	程式碼
01	FVF = (1+r)**n

也可以在 Python 中，定義該公式成函數，程式碼實現如下：

行	程式碼
01	def FVF(r, n):
02	return (1+r)**n

也能在 Python 中，以匿名函數的形式去定義：

行	程式碼
01	FVF = lambda r, n : (1+r)**n

(二) 複利現值係數

1. 公式

在財務管理中，複利現值的公式如下：

$$PV = FV \times (1 + r)^{-n}$$

而其中的 $(1 + r)^{-n}$ 便是「複利現值係數」，或者稱爲「複利現值因子」。只要把終值乘上複利現值係數便可得到現值。複利現值係數一般也是通過查表找到。由公式可知道，複利現值係數是利率 r 和期數 n 的函數。查表時，通過利率 r 和期數 n 即可在複利現值係數表找到對應的複利現值係數。

用 Python 來實現的複利現值係數的計算表達式如下：

行	程式碼
01	PVF = PV*(1+r)**-n

2. 用 Python 來實現

也可以在 Python 中，定義該公式成函數，程式碼實現如下：

行	程式碼
01	def PVF(r, n):
02	return (1+r)**-n

也能在 Python 中，以匿名函數的形式去定義：

行	程式碼
01	PVF = lambda r, n : FV*(1+r)**-n

(三) 年金終值係數

1. 公式

在財務管理中，年金終值的公式如下：

$$FVA_n = A \times \frac{(1+r)^n - 1}{r}$$

而其中的 $\frac{(1+r)^n - 1}{r}$ 便是「年金終值係數」，或者稱為「年金終值因子」。只要把年金乘上年金終值係數便可得到這些年金的終值。年金終值係數一般是通過查表找到。由公式可知道，年金終值係數是利率 r 和期數 n 的函數。查表時，通過利率 r 和期數 n 即可在年金終值係數表找到對應的年金終值係數。

2. 用 Python 來實現

用 Python 來實現的年金終值係數的計算表達式如下：

行	程式碼
01	FVAF = ((1+r)**n - 1)/r

也可以在 Python 中，定義該公式成函數，程式碼實現如下：

行	程式碼
01	def FVAF(r, n):
02	return ((1+r)**n - 1)/r

也能在 Python 中，以匿名函數的形式去定義：

行	程式碼
01	FVAF = lambda r, n : ((1+r)**n - 1)/r

(四) 年金現值係數

1. 公式

在財務管理中，年金現值的公式如下：

$$PVA_n = A \times \frac{1 - (1+r)^{-n}}{r}$$

而其中的 $\frac{1 - (1+r)^{-n}}{r}$ 便是「年金現值係數」，或者稱為「年金現值因子」。只要把年金乘上年金現值係數便可得到這些年金的現值。年金現值係數一般是通過查表找到。由公式可知道，年金現值係數是利率 r 和期數 n 的函數。查表時，通過利率 r 和期數 n 即可在年金現值係數表找到對應的年金現值係數。

2. 用 Python 來實現

用 Python 來實現的年金現值係數的計算表達式如下：

行	程式碼
01	PVAF = (1 - (1+r)**-n)/r

也可以在 Python 中，定義該公式成函數，程式碼實現如下：

行	程式碼
01	def PVAF(r, n):
02	return (1 - (1+r)**-n)/r

也能在 Python 中，以匿名函數的形式去定義：

行	程式碼
01	PVAF = lambda r, n : (1 - (1+r)**-n)/r

二、程式碼整理

(一) 函數

下表是複利現值係數、複利終值係數、年金現值係數,與年金終值係數以函數來實現的代碼整理:

係數	公式	函數
複利終值係數	$FVF = (1+r)^n$	```def FVF(r, n):``` ``` return (1+r)**n```
複利現值係數	$PVF = (1+r)^{-n}$	```def PVF(r, n):``` ``` return (1+r)**-n```
年金終值係數	$FVAF = \dfrac{(1+r)^n - 1}{r}$	```def FVAF(r, n):``` ``` return ((1+r)**n - 1)/r```
年金現值係數	$PVAF = \dfrac{1 - (1+r)^{-n}}{r}$	```def PVAF(r, n):``` ``` return (1 - (1+r)**-n)/r```

(二) 匿名函數

下表是這些係數以匿名函數來實現的代碼整理:

係數	公式	lambda 函數
複利終值係數	$FVF = (1+r)^n$	FVF = lambda r, n : (1+r)**n
複利現值係數	$PVF = (1+r)^{-n}$	PVF = lambda r, n : FV*(1+r)**-n
年金終值係數	$FVAF = \dfrac{(1+r)^n - 1}{r}$	FVAF = lambda r, n : ((1+r)**n - 1)/r
年金現值係數	$PVAF = \dfrac{1 - (1+r)^{-n}}{r}$	PVAF = lambda r, n : (1 - (1+r)**-n)/r

三、建構查詢函數

經過綜合整理比較，我們可以知道這些係數都是利率 r 和期數 n 的函數。因此，我們可以設計一個函數，讓使用者按照他的需要去決定該計算複利現值係數、複利終值係數、年金現值係數，還是年金終值係數。具體來說，使用者需輸入至少三個參數：利率 r、期數 n 與所要查尋的表格 table。例如：使用者輸入，r = 0.1、n = 3、table='F/P'，該函數便會計算利率 10%、期數 3 的複利終值係數；又例如：當使用者輸入，r = 0.1、n = 3、table='P/A'，該函數便會計算利率 10%、期數 3 的年金現值係數。為了實現這功能，我們會用到 Python 中條件判斷的語法。

(一) 條件判斷的語法

在 Python 中，條件判斷語法用於根據特定條件的真假情況來執行不同的程式碼塊。Python 提供了幾種條件判斷的語法結構，包括 if、elif 和 else。以下是 Python 中條件判斷的基本語法：

```
if 條件 1:
    # 當條件 1 為 True 時執行的程式碼塊
elif 條件 2:
    # 當條件 1 為 False 且條件 2 為 True 時執行的程式碼塊
else:
    # 當所有條件都為 False 時執行的程式碼塊
```

語法中，if、elif 和 else 都是關鍵字。

1. **if** 後面是條件表達式。如果結果為 True，則執行對應的程式碼塊。如果結果為 False，則跳過該程式碼塊。

2. **elif** 是 else if 的縮寫，可以用於添加更多的條件判斷。當上一個條件為 False 且此條件為 True 時，執行對應的程式碼塊。可以根據需要使用多個 elif。

3. **else** 則是用於在所有條件都為 False 時執行的程式碼塊。它是可選的，用於處理沒有符合前面條件的情況。

(二) 用 Python 來實現

1. if-elif-else 語法

建構查詢函數的程式碼實現如下：

行	程式碼
01	def factor(table, r, n):
02	"""
03	1. table 表示所查詢的表格，若值為
04	'F/P': 複利終值係數表
05	'P/F': 複利現值係數表
06	'F/A': 年金終值係數表
07	'P/A': 年金現值係數表
08	2. r 為利率
09	3. n 為期數
10	"""
11	result = 1
12	if table == 'F/P':
13	result = (1+r)**n
14	elif table == 'P/F':
15	result = (1+r)**-n
16	elif table == 'F/A':
17	result = ((1+r)**n - 1)/r
18	elif table == 'P/A':
19	result = (1 - (1+r)**-n)/r
20	else:
21	pass
22	return result

其中程式碼第 1 行便是我們要定義的函數。在關鍵字「def」後面，空一格後，先進行命名。我們取名為 factor。接下來，我們用括號「()」，並在括號內放入三個參數：table、r 和 n。分別代表所要查尋的表格、利率和期數。

程式碼第 2 行和第 10 行，皆為三個雙引號「"""」。在這之間的代碼，也就是第 2 行到第 10 行為對這函數的說明，便於使用者來使用該函數。這段說明是字符串的形式，故用三個雙引號「"""」包著。

由該說明我們知道，當使用者輸入「'F/P'」時，函數會計算複利終值係數；當使用者輸入「P/F」時，函數會計算複利現值係數；當使用者輸入「F/A」時，函數會計算年金終值係數；當使用者輸入「P/A」時，函數會計算年金現值係數。

　　程式碼從第 12 行到第 22 行是 Python 中條件判斷的語句。當使用者輸入「F/P」時，滿足第 12 行條件，Python 便會執行第 13 行程式碼，計算複利終值係數；當使用者輸入「P/F」時，滿足第 14 行條件，Python 便會執行第 15 行程式碼，計算複利現值係數；當使用者輸入「F/A」時，滿足第 16 行條件，Python 便會執行第 17 行程式碼，計算年金終值係數；當使用者輸入「P/A」時，滿足第 18 行條件，Python 便會執行第 19 行程式碼，會計算年金現值係數。

　　而當使用者輸入其他字符串時，Python 便會執行第 21 行程式碼，什麼也不做。最後，執行第 22 行程式碼，返回結果。

　　定義好我們的查詢函數後，我們可以測試該函數。

行	程式碼	說明
01	factor('F/P', 0.1, 3)	# 結果輸出 1.3310000000000004
02	factor('P/F', 0.1, 3)	# 結果輸出 0.7513148009015775
03	factor('F/A', 0.05, 3)	# 結果輸出 3.1525000000000025
04	factor('P/A', 0.05, 3)	# 結果輸出 2.7232480293704797

2. match-case 語法

　　「if-elif-else」是 Python 中最常用到的條件判斷語句。而在 Python 3.10 的版本之中，新增了「match-case」語句。以下是利用「match-case」語句實現的查詢函數。

行	程式碼
01	def factor(table, r, n):
02	"""
03	1. table 表示所查詢的表格，若值為
04	'F/P': 複利終值係數表
05	'P/F': 複利現值係數表
06	'F/A': 年金終值係數表
07	'P/A': 年金現值係數表
08	2. r 為利率
09	3. n 為期數
10	"""

行	程式碼
11	match table:
12	case 'F/P':
13	return (1+r)**n
14	case 'P/F':
15	return (1+r)**-n
16	case 'F/A':
17	return ((1+r)**n - 1)/r
18	case 'P/A':
19	return (1 - (1+r)**-n)/r
20	case _:
21	pass

　　其中程式碼第 1 行便是我們要定義的函數，取名為 factor。接下來，程式碼第 2 行到第 10 行為對這函數的說明，使用上跟前例一樣。程式碼從第 11 行到第 19 行便是 Python 中「match-case」條件判斷的語句。程式碼第 11 行用「match」來判斷使用者輸入為何？

　　當使用者輸入「'F/P'」時，滿足第 12 行條件，Python 便會執行第 13 行程式碼，計算複利終值係數；當使用者輸入「'P/F'」時，滿足第 14 行條件，Python 便會執行第 15 行程式碼，計算複利現值係數；當使用者輸入「'F/A'」時，滿足第 16 行條件，Python 便會執行第 17 行程式碼，計算年金終值係數；當使用者輸入「'P/A'」時，滿足第 18 行條件，Python 便會執行第 19 行程式碼，會計算年金現值係數。

　　而當使用者輸入其他字符串時，Python 便會執行第 21 行程式碼，什麼也不做。相較於「if-elif-else」語句，我們可以看到「match-case」語句更為簡單易懂。

　　定義好我們的查詢函數後，我們可以測試該函數。

行	程式碼	說明
01	factor('F/P', 0.1, 3)	# 結果輸出 1.3310000000000004
02	factor('P/F', 0.1, 3)	# 結果輸出 0.7513148009015775
03	factor('F/A', 0.05, 3)	# 結果輸出 3.1525000000000025
04	factor('P/A', 0.05, 3)	# 結果輸出 2.7232480293704797

　　結果跟前面一樣。

四、綜合練習

(一) 複利終值

1. 計算範例

釋例 1
假定利率爲 10%，今天存入 1,000 元，4 年後存款有多少錢？

由題意，我們知道現值爲 1,000 元，利率是 10%，期數爲 4 年。把 PV、r、n 代入公式 $FV = PV \times (1 + r)^n$，便可以計算求出公式中剩下的終值 FV。計算如下：

$$FV = 1000 \times (1 + 10\%)^4 = 1464.1$$

公式中的 $(1 + r)^n$ 被稱爲複利終值係數或 1 元的複利終值，若用符號 (F/P, r, n) 表示，(F/P, 10%, 4) 則代表利率爲 10% 的 4 期複利終值係數。可直接查詢「複利終值係數表」，該表的第一行是利率 ，第一列是計息期數，值在其縱橫相交處。通過查表，(F/P, 10%, 4) = 1.4641。此時 1,000 元在第 4 年年末的終值可以直接用複利終值係數求解：

$$FV = 1000 \times (F/P, 10\%, 4) = 1000 \times 1.4641 = 1464.1$$

2. 用 Python 來實現

我們可以輕易用 Python 來實現。程式碼如下：

行	程式碼	說明
01	PV = 1000	# 設定現值 PV
02	r = 0.10	# 設定利率 r
03	n = 4	# 設定期數 n
04	**FV = PV*factor('F/P', r, n)**	
05	FV	# 結果輸出 1464.1000000000004

(二) 複利現值

1. 計算範例

釋例 2
如果利率為 10%，當前一筆存款在 4 年後的本利和為 1,464.1 元，那麼當前存款的本金應該如何計算？

由題意，我們知道終值為 1,464.1 元，利率是 10%，期數為 4 年。把它們代入公式 $PV = FV \times (1 + r)^{-n}$，便可以計算求出公式中剩下的現值 PV。計算如下：

$$PV = 1464.1 \times (1 + 10\%)^{-4} = 1000$$

公式中的 $(1 + r)^{-n}$ 被稱為複利現值係數或 1 元的複利現值，若用符號 (P/F, r, n) 表示，(P/F, 10%, 4) 則代表利率為 10% 的 4 期複利現值係數。可直接查詢「複利現值係數表」，該表的第一行是利率 ，第一列是計息期數，值在其縱橫相交處。通過查表，(P/F, 10%, 4) = 0.6830。此時在第 4 年年末的 1,000 元的現值可以直接用複利現值係數求解：

$$PV = 1464.1 \times (P/F, 10\%, 4) = 1464.1 \times 0.6830 = 1000$$

2. 用 Python 來實現

我們可以把 Python 當成計算機，輕易去計算。命令如下：

行	程式碼	說明
01	PV = 1464.10*factor('P/F', 0.1, 4)	
02	print(f" 現值為 {PV:.4f} 元。")	# 結果輸出現值為 1000.0000 元。

也可以宣告變量去記錄公式中的參數。方便日後維護。程式碼實現如下：

行	程式碼	說明
01	FV = 1464.10	
02	r = 0.10	
03	n = 4	
04	**PV = FV*factor('P/F', r, n)**	
05	print(f" 現值為 {PV:.4f} 元。")	# 結果輸出現值為 1000.0000 元。

(三) 年金終值

1. 計算範例

釋例 3

假設銀行利率為 5%，從本年起連續 3 年，每年年末在銀行存入 10,000 元。那麼，3 年後將獲得的本利和是多少？

由題意，我們知道每一期存入的金額為 10,000 元，故公式中的 A 為 10000。利率 r 是 5%，期數為 3 年，所以有 3 筆年金，n 為 3。把 A、r、n 它們代入公式 $FVA_n = A \times \frac{(1+r)^n - 1}{r}$，便可以計算求出公式中剩下的年金終值 FVA_n。計算如下：

$$FVA_n = 10000 \times \frac{(1+5\%)^3 - 1}{5\%} = 31525$$

公式中的 $\frac{(1+r)^n - 1}{r}$ 被稱為年金終值係數，可用符號 (F/A, r, n) 表示。(F/A, 5%, 3) 則代表利率為 5% 的 3 期年金終值係數。可直接查詢「年金終值係數表」，該表的第一行是利率，第一列是年金期數，值在其縱橫相交處。通過查表，(F/A, 5%, 3) = 3.1525。此時在第 3 年年末將獲得的本利和可以直接用年金終值係數求解：

$$PV = 1000 \times (F/A, 5\%, 3) = 10000 \times 3.1525 = 31525$$

2. 用 Python 來實現

我們可以輕易用 Python 來實現。程式碼如下：

行	程式碼	說明
01	A = 1000	
02	r = 0.05	
03	n = 3	
04	FVAn = A*factor('F/A', r, n)	
05	FVAn	# 結果輸出 3152.5000000000023

(四) 年金現值

1. 計算範例

釋例 4
假設銀行利率為 5%，大雄希望在未來 3 年的每年年末都收到 1 筆 10,000 元的現金，那麼大雄現在需要在銀行存入多少錢？

在財務管理中，年金現值的公式如下：

$$PVA_n = A \times \frac{1-(1+r)^{-n}}{r}$$

由題意，經過分析後，我們知道每一期收到的金額為 10,000 元，故公式中的 A 為 10000。利率 r 是 5%，期數為 3 年，所以有 3 筆年金，n 為 3。把 A、r、n 它們代入公式，便可以計算求出公式中剩下的年金現值 PVA_n。計算如下：

$$PVA_n = 10000 \times \frac{1-(1+5\%)^{-3}}{5\%} = 27232.48$$

式中的 $\frac{1-(1+r)^{-n}}{r}$ 被稱為年金現值係數，可用符號 (P/A, r, n) 表示。(P/A, 5%, 3) 則代表利率為 5% 的 3 期年金現值係數。可直接查詢「年金現值係數表」，該表的第一行是利率，第一列是年金期數，值在其縱橫相交處。通過查表，(P/A, 5%, 3) = 2.7232。此時在銀行要存入多少錢，可以直接用年金現值係數求解：

$$PV = 1000 \times (P/A, 5\%, 3) = 10000 \times 2.7232 = 27232$$

2. 用 Python 來實現

我們可以輕易用 Python 來實現。程式碼如下：

行	程式碼	說明
01	A = 10000	
02	r = 0.05	
03	n = 3	
04	**PVAn = A*factor('P/A', r, n)**	
05	PVAn	# 結果輸出 27232.480293704797

🔔 重點整理

■ 本章複習財務管理中的複利現值係數、複利終值係數、年金現值係數，與年金終值係數。

■ 在 Python 中，條件判斷語法用於根據特定條件的真假情況來執行不同的程式碼塊。

■ 「if-elif-else」是 Python 中最常用到的條件判斷語句。

■ Python 3.10 的版本新增了「match-case」語句。

💻 核心程式碼

■ 建構查詢函數

使用 if-elif-else	使用 match

def factor(table, r, n):
　　"""
　　1. table 表示所查詢的表格，若值為
　　　'F/P': 複利終值係數表
　　　'P/F': 複利現值係數表
　　　'F/A': 年金終值係數表
　　　'P/A': 年金現值係數表
　　2. r 為利率
　　3. n 為期數
　　"""
　　result = 1
　　if table == 'F/P':
　　　　result = (1+r)**n
　　elif table == 'P/F':
　　　　result = (1+r)**-n
　　elif table == 'F/A':
　　　　result = ((1+r)**n - 1)/r
　　elif table == 'P/A':
　　　　result = (1 - (1+r)**-n)/r
　　else:
　　　　pass
　　return result
	def factor(table, r, n):
	　　"""
	　　1. table 表示所查詢的表格，若值為
	　　　'F/P': 複利終值係數表
	　　　'P/F': 複利現值係數表
	　　　'F/A': 年金終值係數表
	　　　'P/A': 年金現值係數表
	　　2. r 為利率
	　　3. n 為期數
	　　"""
	　　match table:
	　　　　case 'F/P':
	　　　　　　return (1+r)**n
	　　　　case 'P/F':
	　　　　　　return (1+r)**-n
	　　　　case 'F/A':
	　　　　　　return ((1+r)**n - 1)/r
	　　　　case 'P/A':
	　　　　　　return (1 - (1+r)**-n)/r
	　　　　case_:
	　　　　　　pass

■ 查詢

係數	表達式	程式碼
複利終值係數	(F/P, r, n)	factor('F/P' , r, n)
複利現值係數	(P/F, r, n)	factor('P/F' , r, n)
年金終值係數	(F/A, r, n)	factor('F/A' , r, n)
年金現值係數	(P/A, r, n)	factor('P/A' , r, n)

■ 公式和函數程式碼整理

	公式	函數	lambda 函數
複利終值係數	$FVF = (1+r)^n$	def FVF(r, n): 　　return (1+r)**n	FVF = lambda r, n : (1+r)**n
複利現值係數	$PVF = (1+r)^{-n}$	def PVF(r, n): 　　return (1+r)**-n	PVF = lambda r, n : FV*(1+r)**-n
年金終值係數	$FVAF = \dfrac{(1+r)^n - 1}{r}$	def FVAF(r, n): 　　return ((1+r)**n - 1)/r	FVAF = lambda r, n : ((1+r)**n - 1)/r
年金現值係數	$PVAF = \dfrac{1 - (1+r)^{-n}}{r}$	def PVAF(r, n): 　　return (1 - (1+r)**-n)/r	PVAF = lambda r, n : (1 - (1+r)**-n)/r

係數表

🔔 掌握 Python 中巢狀迴圈的語法。
🔔 運用 Python 建構複利現值係數表、複利終值係數表、年金現值係數表，與年金終值係數表。
🔔 用 pandas 模組美化表格

前面章節我們學會如何在 Python 中，建構並計算複利現值係數、複利終值係數、年金現值係數，與年金終值係數。教科書很多時候是藉由查詢係數或因子的方式來完成相關計算，書中皆有附表。在這一章，我們將學會如何在 Python 中利用巢狀迴圈來建構複利現值表、複利終值表、年金現值表，與年金終值表。

一、巢狀迴圈

(一) 說明

所謂「巢狀迴圈」，指在迴圈內部嵌套另一個迴圈的情況，就是在迴圈裡面又有迴圈，會涉及到兩個循環結構。結構語法如下面所示：

```
for i in range(n1):
    for j in range(n2):
        代碼區塊
```

這種結構可以讓我們在較高層級的迴圈中執行多個次級迴圈，從而實現更複雜的迭代和控制。第一個循環結構為「for i in range(n1):」，在每一次的循環中，又有另一個循環結構「for j in range(n2):」。第一個循環結構共有 n1 次循環，第二個循環結構有 n2 次循環，所以共有 n1 X n2 次循環去執行底下的代碼區塊。

(二) 運用範例──九九乘法表

本小節先以九九乘法表為例，來說明巢狀迴圈的應用。九九乘法表中的每一項乘法計算，格式皆為「i X j = i*j」。在這邊，被乘數是 i，乘數是 j。i 和 j 的範圍皆為 1 到 9。如果 i = 2，我們想要知道它乘上 1 到 9 的結果，Python 的實現代碼如下：

行	程式碼
01	i=2
02	for j in range(1, 10):
03	print(f"{i} X {j} ={i*j:2d}",)

畫面會輸出結果如下：

```
2 X 1 = 2
2 X 2 = 4
2 X 3 = 6
2 X 4 = 8
2 X 5 =10
2 X 6 =12
2 X 7 =14
2 X 8 =16
2 X 9 =18
```

1. 橫向輸出

我們也可以做橫向輸出。這時，j = 2，i 為 1 到 9 之間。代碼實現如下：

行	程式碼
01	i=2
02	for j in range(1, 10):
03	print(f"{i} X {j} ={i*j:2d}",)

輸出結果如下：

```
1 X 2 = 2|2 X 2 = 4|3 X 2 = 6|4 X 2 = 8|5 X 2 =10|6 X 2 =12|7 X 2 =14|8 X 2 =16|9 X 2 =18|
```

2. 九九乘法表的主體內容

結合兩者，便可以建構九九乘法表，代碼參考如下：

行	程式碼
01	for j in range(1, 10):
02	if j>1:
03	print()

行	程式碼
04	print(f"{j}", end='|')
05	
06	for i in range(1, 10):
07	print(f"{i} X {j} ={i*j:2d}", end = '| ')

在畫面會看到如下結果：

```
1|1 X 1 = 1| 2 X 1 = 2| 3 X 1 = 3| 4 X 1 = 4| 5 X 1 = 5| 6 X 1 = 6| 7 X 1 = 7| 8 X 1 = 8| 9 X 1 = 9|
2|1 X 2 = 2| 2 X 2 = 4| 3 X 2 = 6| 4 X 2 = 8| 5 X 2 =10| 6 X 2 =12| 7 X 2 =14| 8 X 2 =16| 9 X 2 =18|
3|1 X 3 = 3| 2 X 3 = 6| 3 X 3 = 9| 4 X 3 =12| 5 X 3 =15| 6 X 3 =18| 7 X 3 =21| 8 X 3 =24| 9 X 3 =27|
4|1 X 4 = 4| 2 X 4 = 8| 3 X 4 =12| 4 X 4 =16| 5 X 4 =20| 6 X 4 =24| 7 X 4 =28| 8 X 4 =32| 9 X 4 =36|
5|1 X 5 = 5| 2 X 5 =10| 3 X 5 =15| 4 X 5 =20| 5 X 5 =25| 6 X 5 =30| 7 X 5 =35| 8 X 5 =40| 9 X 5 =45|
6|1 X 6 = 6| 2 X 6 =12| 3 X 6 =18| 4 X 6 =24| 5 X 6 =30| 6 X 6 =36| 7 X 6 =42| 8 X 6 =48| 9 X 6 =54|
7|1 X 7 = 7| 2 X 7 =14| 3 X 7 =21| 4 X 7 =28| 5 X 7 =35| 6 X 7 =42| 7 X 7 =49| 8 X 7 =56| 9 X 7 =63|
8|1 X 8 = 8| 2 X 8 =16| 3 X 8 =24| 4 X 8 =32| 5 X 8 =40| 6 X 8 =48| 7 X 8 =56| 8 X 8 =64| 9 X 8 =72|
9|1 X 9 = 9| 2 X 9 =18| 3 X 9 =27| 4 X 9 =36| 5 X 9 =45| 6 X 9 =54| 7 X 9 =63| 8 X 9 =72| 9 X 9 =81|
```

圖 7-1

3. 加上欄位訊息

我們還可以為其加上欄位訊息，Python 的實現代碼如下：

行	程式碼
01	print("-" * (10*10))
02	print(f"n", end='|')
03	for i in range(1, 10):
04	print(str(i).center(9), end='| ')
05	#print(f"{i:9d}", end='| ')
06	
07	print()
08	print("-" * (10*10))
09	for j in range(1, 10):
10	if j>1:
11	print()
12	print(f"{j}", end='|')
13	
14	for i in range(1, 10):
15	print(f"{i} X {j} ={i*j:2d}", end = '| ')

畫面輸出結果如下：

```
---------------------------------------------------------------------------------------------------
n|    1     |    2     |    3     |    4     |    5     |    6     |    7     |    8     |    9     |
---------------------------------------------------------------------------------------------------
1|1 X 1 = 1| 2 X 1 = 2| 3 X 1 = 3| 4 X 1 = 4| 5 X 1 = 5| 6 X 1 = 6| 7 X 1 = 7| 8 X 1 = 8| 9 X 1 = 9|
2|1 X 2 = 2| 2 X 2 = 4| 3 X 2 = 6| 4 X 2 = 8| 5 X 2 =10| 6 X 2 =12| 7 X 2 =14| 8 X 2 =16| 9 X 2 =18|
3|1 X 3 = 3| 2 X 3 = 6| 3 X 3 = 9| 4 X 3 =12| 5 X 3 =15| 6 X 3 =18| 7 X 3 =21| 8 X 3 =24| 9 X 3 =27|
4|1 X 4 = 4| 2 X 4 = 8| 3 X 4 =12| 4 X 4 =16| 5 X 4 =20| 6 X 4 =24| 7 X 4 =28| 8 X 4 =32| 9 X 4 =36|
5|1 X 5 = 5| 2 X 5 =10| 3 X 5 =15| 4 X 5 =20| 5 X 5 =25| 6 X 5 =30| 7 X 5 =35| 8 X 5 =40| 9 X 5 =45|
6|1 X 6 = 6| 2 X 6 =12| 3 X 6 =18| 4 X 6 =24| 5 X 6 =30| 6 X 6 =36| 7 X 6 =42| 8 X 6 =48| 9 X 6 =54|
7|1 X 7 = 7| 2 X 7 =14| 3 X 7 =21| 4 X 7 =28| 5 X 7 =35| 6 X 7 =42| 7 X 7 =49| 8 X 7 =56| 9 X 7 =63|
8|1 X 8 = 8| 2 X 8 =16| 3 X 8 =24| 4 X 8 =32| 5 X 8 =40| 6 X 8 =48| 7 X 8 =56| 8 X 8 =64| 9 X 8 =72|
9|1 X 9 = 9| 2 X 9 =18| 3 X 9 =27| 4 X 9 =36| 5 X 9 =45| 6 X 9 =54| 7 X 9 =63| 8 X 9 =72| 9 X 9 =81|
```

圖 7-2

4. 用 IPython 模組美化

在 jupyter notebook 中，我們還可以利用 IPython 模組中的 display 方法輸出為網頁樣式。
實現代碼如下：

行	程式碼
01	html = ""
02	row = "<td></td>"
03	for i in range(2, 10):
04	row += f"<td>{str(i).center(9)}</td>"
05	html += f"<tr>{row}</tr>"
06	for j in range(1, 10):
07	row = f"<td>{j}</td>"
08	for i in range(2, 10):
09	row += f"<td>{i} X {j} ={i*j:2d}</td>"
10	html += f"<tr>{row}</tr>"
11	html = f"<table>{html}</table>"
12	
13	from IPython.display import display, HTML
14	display(HTML(html))

輸出結果如下：

	2	3	4	5	6	7	8	9
1	2 X 1 = 2	3 X 1 = 3	4 X 1 = 4	5 X 1 = 5	6 X 1 = 6	7 X 1 = 7	8 X 1 = 8	9 X 1 = 9
2	2 X 2 = 4	3 X 2 = 6	4 X 2 = 8	5 X 2 =10	6 X 2 =12	7 X 2 =14	8 X 2 =16	9 X 2 =18
3	2 X 3 = 6	3 X 3 = 9	4 X 3 =12	5 X 3 =15	6 X 3 =18	7 X 3 =21	8 X 3 =24	9 X 3 =27
4	2 X 4 = 8	3 X 4 =12	4 X 4 =16	5 X 4 =20	6 X 4 =24	7 X 4 =28	8 X 4 =32	9 X 4 =36
5	2 X 5 =10	3 X 5 =15	4 X 5 =20	5 X 5 =25	6 X 5 =30	7 X 5 =35	8 X 5 =40	9 X 5 =45
6	2 X 6 =12	3 X 6 =18	4 X 6 =24	5 X 6 =30	6 X 6 =36	7 X 6 =42	8 X 6 =48	9 X 6 =54
7	2 X 7 =14	3 X 7 =21	4 X 7 =28	5 X 7 =35	6 X 7 =42	7 X 7 =49	8 X 7 =56	9 X 7 =63
8	2 X 8 =16	3 X 8 =24	4 X 8 =32	5 X 8 =40	6 X 8 =48	7 X 8 =56	8 X 8 =64	9 X 8 =72
9	2 X 9 =18	3 X 9 =27	4 X 9 =36	5 X 9 =45	6 X 9 =54	7 X 9 =63	8 X 9 =72	9 X 9 =81

圖 7-3

由於涉及到 HTML 網頁語言的知識，於此就不再多做說明解釋。

二、用 Python 建構係數表

在上一小節中，我們已經學到如何利用巢狀迴圈在 Python 中建構九九乘法表。我們就是用同樣的邏輯來建構複利現值係數表、複利終值係數表、年金現值係數表，與年金終值係數表。這些表格全部都是在不同利率 r 和期數 n 下計算的結果。本小節將提供 Python 的實現代碼。

(一) 複利終值係數表

複利終值係數表實現代碼如下：

行	程式碼
01	print("r\\n",end=" |")
02	for i in range(1,11):
03	r = i
04	print("{:^6d}".format(r),end=" ")
05	print()
06	print("-"*75)
07	for i in range(1,11):
08	print("{:2d}%".format(i), end=" |")
09	for n in range(1,11):
10	r = i/100
11	FVF = (1+r)**n
12	print("{:.4f}".format(FVF), end="|")
13	print("\n",end="")

畫面輸出結果如下：

```
r\n |   1       2       3       4       5       6       7       8       9      10
-----------------------------------------------------------------------------------
 1% |1.0100|1.0201|1.0303|1.0406|1.0510|1.0615|1.0721|1.0829|1.0937|1.1046|
 2% |1.0200|1.0404|1.0612|1.0824|1.1041|1.1262|1.1487|1.1717|1.1951|1.2190|
 3% |1.0300|1.0609|1.0927|1.1255|1.1593|1.1941|1.2299|1.2668|1.3048|1.3439|
 4% |1.0400|1.0816|1.1249|1.1699|1.2167|1.2653|1.3159|1.3686|1.4233|1.4802|
 5% |1.0500|1.1025|1.1576|1.2155|1.2763|1.3401|1.4071|1.4775|1.5513|1.6289|
 6% |1.0600|1.1236|1.1910|1.2625|1.3382|1.4185|1.5036|1.5938|1.6895|1.7908|
 7% |1.0700|1.1449|1.2250|1.3108|1.4026|1.5007|1.6058|1.7182|1.8385|1.9672|
 8% |1.0800|1.1664|1.2597|1.3605|1.4693|1.5869|1.7138|1.8509|1.9990|2.1589|
 9% |1.0900|1.1881|1.2950|1.4116|1.5386|1.6771|1.8280|1.9926|2.1719|2.3674|
10% |1.1000|1.2100|1.3310|1.4641|1.6105|1.7716|1.9487|2.1436|2.3579|2.5937|
```

圖 7-4

(二) 複利現值係數表

複利現值係數表實現代碼如下：

行	程式碼
01	print(" 複利現值係數表 ")
02	print("-"*75)
03	print("r\\n",end=" |")
04	for i in range(1,11):
05	r = i
06	print("{:^5d}".format(r),end=" |")
07	print()
08	print("-"*75)
09	for i in range(1,11):
10	print("{:2d}%".format(i), end=" |")
11	for n in range(1,11):
12	r = i/100
13	PVF = (1+r)**-n
14	print("{:.4f}".format(PVF), end="|")
15	print("\n",end="")

畫面輸出結果如下：

```
複利現值係數表
---------------------------------------------------------------------------
r\n |  1   |  2   |  3   |  4   |  5   |  6   |  7   |  8   |  9   |  10  |
---------------------------------------------------------------------------
 1% |0.9901|0.9803|0.9706|0.9610|0.9515|0.9420|0.9327|0.9235|0.9143|0.9053|
 2% |0.9804|0.9612|0.9423|0.9238|0.9057|0.8880|0.8706|0.8535|0.8368|0.8203|
 3% |0.9709|0.9426|0.9151|0.8885|0.8626|0.8375|0.8131|0.7894|0.7664|0.7441|
 4% |0.9615|0.9246|0.8890|0.8548|0.8219|0.7903|0.7599|0.7307|0.7026|0.6756|
 5% |0.9524|0.9070|0.8638|0.8227|0.7835|0.7462|0.7107|0.6768|0.6446|0.6139|
 6% |0.9434|0.8900|0.8396|0.7921|0.7473|0.7050|0.6651|0.6274|0.5919|0.5584|
 7% |0.9346|0.8734|0.8163|0.7629|0.7130|0.6663|0.6227|0.5820|0.5439|0.5083|
 8% |0.9259|0.8573|0.7938|0.7350|0.6806|0.6302|0.5835|0.5403|0.5002|0.4632|
 9% |0.9174|0.8417|0.7722|0.7084|0.6499|0.5963|0.5470|0.5019|0.4604|0.4224|
10% |0.9091|0.8264|0.7513|0.6830|0.6209|0.5645|0.5132|0.4665|0.4241|0.3855|
```

圖 7-5

(三) 年金終值係數表

年金終值係數表實現代碼如下：

行	程式碼
01	print(" 年金終值係數表 ")
02	print("-"*85)
03	print("r\\n",end=" |")
04	for i in range(1,11):
05	r = i
06	print("{:^6d}".format(r),end=" |")
07	print()
08	print("-"*85)
09	for i in range(1,11):
10	print("{:2d}%".format(i), end=" |")
11	for n in range(1,11):
12	r = i/100
13	FVAF = ((1+r)**n - 1)/r
14	print("{:7.4f}".format(FVAF), end="|")
15	print("\n",end="")

畫面輸出結果如下：

```
年金終值係數表
-------------------------------------------------------------------------------------
r\n |  1   |  2   |  3   |  4   |  5   |  6   |  7   |  8   |  9   |  10  |
-------------------------------------------------------------------------------------
 1% | 1.0000| 2.0100| 3.0301| 4.0604| 5.1010| 6.1520| 7.2135| 8.2857| 9.3685|10.4622|
 2% | 1.0000| 2.0200| 3.0604| 4.1216| 5.2040| 6.3081| 7.4343| 8.5830| 9.7546|10.9497|
 3% | 1.0000| 2.0300| 3.0909| 4.1836| 5.3091| 6.4684| 7.6625| 8.8923|10.1591|11.4639|
 4% | 1.0000| 2.0400| 3.1216| 4.2465| 5.4163| 6.6330| 7.8983| 9.2142|10.5828|12.0061|
 5% | 1.0000| 2.0500| 3.1525| 4.3101| 5.5256| 6.8019| 8.1420| 9.5491|11.0266|12.5779|
 6% | 1.0000| 2.0600| 3.1836| 4.3746| 5.6371| 6.9753| 8.3938| 9.8975|11.4913|13.1808|
 7% | 1.0000| 2.0700| 3.2149| 4.4399| 5.7507| 7.1533| 8.6540|10.2598|11.9780|13.8164|
 8% | 1.0000| 2.0800| 3.2464| 4.5061| 5.8666| 7.3359| 8.9228|10.6366|12.4876|14.4866|
 9% | 1.0000| 2.0900| 3.2781| 4.5731| 5.9847| 7.5233| 9.2004|11.0285|13.0210|15.1929|
10% | 1.0000| 2.1000| 3.3100| 4.6410| 6.1051| 7.7156| 9.4872|11.4359|13.5795|15.9374|
```

圖 7-6

(四) 年金現值係數表

年金現值係數表實現代碼如下：

行	程式碼
01	print(" 年金現值係數 ")
02	print("-"*85)
03	print("r\\n",end=" |")
04	for i in range(1,11):
05	r = i
06	print("{:^6d}".format(r),end=" |")
07	print()
08	print("-"*85)
09	for i in range(1,11):
10	print("{:2d}%".format(i), end=" |")
11	for n in range(1,11):
12	r = i/100
13	PVAF = (1 - (1+r)**-n)/r
14	print("{:7.4f}".format(PVAF), end="|")
15	print("\n",end="")

畫面輸出結果如下：

年金現值係數
```
-------------------------------------------------------------------------------------
r\n |  1    |  2    |  3    |  4    |  5    |  6    |  7    |  8    |  9    |  10   |
-------------------------------------------------------------------------------------
 1% | 0.9901| 1.9704| 2.9410| 3.9020| 4.8534| 5.7955| 6.7282| 7.6517| 8.5660| 9.4713|
 2% | 0.9804| 1.9416| 2.8839| 3.8077| 4.7135| 5.6014| 6.4720| 7.3255| 8.1622| 8.9826|
 3% | 0.9709| 1.9135| 2.8286| 3.7171| 4.5797| 5.4172| 6.2303| 7.0197| 7.7861| 8.5302|
 4% | 0.9615| 1.8861| 2.7751| 3.6299| 4.4518| 5.2421| 6.0021| 6.7327| 7.4353| 8.1109|
 5% | 0.9524| 1.8594| 2.7232| 3.5460| 4.3295| 5.0757| 5.7864| 6.4632| 7.1078| 7.7217|
 6% | 0.9434| 1.8334| 2.6730| 3.4651| 4.2124| 4.9173| 5.5824| 6.2098| 6.8017| 7.3601|
 7% | 0.9346| 1.8080| 2.6243| 3.3872| 4.1002| 4.7665| 5.3893| 5.9713| 6.5152| 7.0236|
 8% | 0.9259| 1.7833| 2.5771| 3.3121| 3.9927| 4.6229| 5.2064| 5.7466| 6.2469| 6.7101|
 9% | 0.9174| 1.7591| 2.5313| 3.2397| 3.8897| 4.4859| 5.0330| 5.5348| 5.9952| 6.4177|
10% | 0.9091| 1.7355| 2.4869| 3.1699| 3.7908| 4.3553| 4.8684| 5.3349| 5.7590| 6.1446|
```

圖 7-7

三、用 pandas 建構係數表 I

第三方提供的 pandas 模組是數據分析的利器。該模組的 DataFrame 能夠產生製作優美的表格。在本小節，我們將示範如何用 pandas 模組中的 DataFrame 建構複利終值係數表、複利現值係數表、年金終值係數表，與年金現值係數表。

由於 pandas 是第三方提供的模組。還沒有安裝的讀者，可以在 Window 作業系統裡面的命令提示符窗口，輸入 pip install pandas 來安裝。使用 pandas 模組時，記得要先用 import 導入。此外，一般會取別名 pd 來代替 pandas 的調度。

行	程式碼
01	import pandas as pd

(一) 複利終值係數表

接下來，我們以複利終值係數表為例，一步一步地講解。先用 pandas 模組中的 DataFrame 製作只有一個欄位的表格。比方說，若我們想輸出期數 1 到 10 期的複利終值係數表，可以輸入下列語句：

行	程式碼
01	table = pd.DataFrame({" 期數 ":range(1, 11)})

其中的 table 如下圖：

	期數
0	1
1	2
2	3
3	4
4	5
5	6
6	7
7	8
8	9
9	10

圖 7-8

期數 1 到 10 由 range(1, 11) 產生。若我們想知道在利率 1% 的情況下，1 到 10 期的複利終值係數，可以新增一個欄位「1%」，然後用產生對應的複利終值係數。實現的語句如下：

行	程式碼
01	r = 0.01
02	n = table[' 期數 ']
03	table[f'{r*100}%']=round((1+r)**n, 4)

其中代碼第 2 行的變量 n，其值來自表格第一欄。第 3 行新增一個欄位，計算在利率 1%，1 到 10 期的複利終值係數。這時的 table 如下圖：

	期數	1.0%
0	1	1.0100
1	2	1.0201
2	3	1.0303
3	4	1.0406
4	5	1.0510
5	6	1.0615
6	7	1.0721
7	8	1.0829
8	9	1.0937
9	10	1.1046

圖 7-9

同樣地，以此類推，我們可以再新增一個欄位「2%」，實現的語句如下：

行	程式碼
01	r = 0.02
02	n = table[' 期數 ']
03	table[f'{r*100}%']=round((1+r)**n, 4)

這時的 table 如下圖：

	期數	1.0%	2.0%
0	1	1.0100	1.0200
1	2	1.0201	1.0404
2	3	1.0303	1.0612
3	4	1.0406	1.0824
4	5	1.0510	1.1041
5	6	1.0615	1.1262
6	7	1.0721	1.1487
7	8	1.0829	1.1717
8	9	1.0937	1.1951
9	10	1.1046	1.2190

圖 7-10

其實，後面同樣的步驟可以用 for 循環結構來完成。底下的代碼為用來實現複利終值係數表的完整程式碼：

行	程式碼
01	import pandas as pd
02	table = pd.DataFrame({" 期數 ":range(1, 11)})
03	for i in range(1, 11):
04	r = i/100
05	n = table[' 期數 ']
06	table[f'{i}%']=round((1+r)**n, 4)
07	table

產生的表格如下：

	期數	1%	2%	3%	4%	5%	6%	7%	8%	9%	10%
0	1	1.0100	1.0200	1.0300	1.0400	1.0500	1.0600	1.0700	1.0800	1.0900	1.1000
1	2	1.0201	1.0404	1.0609	1.0816	1.1025	1.1236	1.1449	1.1664	1.1881	1.2100
2	3	1.0303	1.0612	1.0927	1.1249	1.1576	1.1910	1.2250	1.2597	1.2950	1.3310
3	4	1.0406	1.0824	1.1255	1.1699	1.2155	1.2625	1.3108	1.3605	1.4116	1.4641
4	5	1.0510	1.1041	1.1593	1.2167	1.2763	1.3382	1.4026	1.4693	1.5386	1.6105
5	6	1.0615	1.1262	1.1941	1.2653	1.3401	1.4185	1.5007	1.5869	1.6771	1.7716
6	7	1.0721	1.1487	1.2299	1.3159	1.4071	1.5036	1.6058	1.7138	1.8280	1.9487
7	8	1.0829	1.1717	1.2668	1.3686	1.4775	1.5938	1.7182	1.8509	1.9926	2.1436
8	9	1.0937	1.1951	1.3048	1.4233	1.5513	1.6895	1.8385	1.9990	2.1719	2.3579
9	10	1.1046	1.2190	1.3439	1.4802	1.6289	1.7908	1.9672	2.1589	2.3674	2.5937

圖 7-11

(二) 複利現值係數表

我們可以跟著前面的方法，製作複利現值係數表。僅僅改變一下計算式即可。底下的代碼爲用來實現複利現值係數表的完整程式碼：

行	程式碼
01	import pandas as pd
02	table = pd.DataFrame({" 期數 ":range(1, 11)})
03	for i in range(1, 11):
04	r = i/100
05	n = table[' 期數 ']
06	table[f'{i}%']=round((1+r)**-n, 4)
07	table

產生的表格如下：

	期數	1%	2%	3%	4%	5%	6%	7%	8%	9%	10%
0	1	0.9901	0.9804	0.9709	0.9615	0.9524	0.9434	0.9346	0.9259	0.9174	0.9091
1	2	0.9803	0.9612	0.9426	0.9246	0.9070	0.8900	0.8734	0.8573	0.8417	0.8264
2	3	0.9706	0.9423	0.9151	0.8890	0.8638	0.8396	0.8163	0.7938	0.7722	0.7513
3	4	0.9610	0.9238	0.8885	0.8548	0.8227	0.7921	0.7629	0.7350	0.7084	0.6830
4	5	0.9515	0.9057	0.8626	0.8219	0.7835	0.7473	0.7130	0.6806	0.6499	0.6209
5	6	0.9420	0.8880	0.8375	0.7903	0.7462	0.7050	0.6663	0.6302	0.5963	0.5645
6	7	0.9327	0.8706	0.8131	0.7599	0.7107	0.6651	0.6227	0.5835	0.5470	0.5132
7	8	0.9235	0.8535	0.7894	0.7307	0.6768	0.6274	0.5820	0.5403	0.5019	0.4665
8	9	0.9143	0.8368	0.7664	0.7026	0.6446	0.5919	0.5439	0.5002	0.4604	0.4241
9	10	0.9053	0.8203	0.7441	0.6756	0.6139	0.5584	0.5083	0.4632	0.4224	0.3855

圖 7-12

(三) 年金終值係數表

底下的代碼為用來實現年金終值係數表的完整程式碼：

行	程式碼
01	import pandas as pd
02	table = pd.DataFrame({" 期數 ":range(1, 11)})
03	for i in range(1, 11):
04	r = i/100
05	n = table[' 期數 ']
06	table[f'{i}%']=round(((1+r)**n - 1)/r, 4)
07	table

產生的表格如下：

	期數	1%	2%	3%	4%	5%	6%	7%	8%	9%	10%
0	1	1.0000	1.0000	1.0000	1.0000	1.0000	1.0000	1.0000	1.0000	1.0000	1.0000
1	2	2.0100	2.0200	2.0300	2.0400	2.0500	2.0600	2.0700	2.0800	2.0900	2.1000
2	3	3.0301	3.0604	3.0909	3.1216	3.1525	3.1836	3.2149	3.2464	3.2781	3.3100
3	4	4.0604	4.1216	4.1836	4.2465	4.3101	4.3746	4.4399	4.5061	4.5731	4.6410
4	5	5.1010	5.2040	5.3091	5.4163	5.5256	5.6371	5.7507	5.8666	5.9847	6.1051
5	6	6.1520	6.3081	6.4684	6.6330	6.8019	6.9753	7.1533	7.3359	7.5233	7.7156
6	7	7.2135	7.4343	7.6625	7.8983	8.1420	8.3938	8.6540	8.9228	9.2004	9.4872
7	8	8.2857	8.5830	8.8923	9.2142	9.5491	9.8975	10.2598	10.6366	11.0285	11.4359
8	9	9.3685	9.7546	10.1591	10.5828	11.0266	11.4913	11.9780	12.4876	13.0210	13.5795
9	10	10.4622	10.9497	11.4639	12.0061	12.5779	13.1808	13.8164	14.4866	15.1929	15.9374

圖 7-13

(四) 年金現值係數表

底下的代碼為用來實現年金現值係數表的完整程式碼：

行	程式碼
01	import pandas as pd
02	table = pd.DataFrame({" 期數 ":range(1, 11)})
03	for i in range(1, 11):
04	r = i/100
05	n = table[' 期數 ']
06	table[f'{i}%']=round((1 - (1+r)**-n)/r, 4)
07	table

產生的表格如下：

	期數	1%	2%	3%	4%	5%	6%	7%	8%	9%	10%
0	1	0.9901	0.9804	0.9709	0.9615	0.9524	0.9434	0.9346	0.9259	0.9174	0.9091
1	2	1.9704	1.9416	1.9135	1.8861	1.8594	1.8334	1.8080	1.7833	1.7591	1.7355
2	3	2.9410	2.8839	2.8286	2.7751	2.7232	2.6730	2.6243	2.5771	2.5313	2.4869
3	4	3.9020	3.8077	3.7171	3.6299	3.5460	3.4651	3.3872	3.3121	3.2397	3.1699
4	5	4.8534	4.7135	4.5797	4.4518	4.3295	4.2124	4.1002	3.9927	3.8897	3.7908
5	6	5.7955	5.6014	5.4172	5.2421	5.0757	4.9173	4.7665	4.6229	4.4859	4.3553
6	7	6.7282	6.4720	6.2303	6.0021	5.7864	5.5824	5.3893	5.2064	5.0330	4.8684
7	8	7.6517	7.3255	7.0197	6.7327	6.4632	6.2098	5.9713	5.7466	5.5348	5.3349
8	9	8.5660	8.1622	7.7861	7.4353	7.1078	6.8017	6.5152	6.2469	5.9952	5.7590
9	10	9.4713	8.9826	8.5302	8.1109	7.7217	7.3601	7.0236	6.7101	6.4177	6.1446

圖 7-14

四、用 pandas 建構係數表 II

在上一節中，我們學會用 pandas 模組中的 DataFrame 建構複利終值係數表、複利現值係數表、年金終值係數表，與年金現值係數表。這些表格的最左欄是「期數」。如果想放「利率」，程式碼得做調整。接下來，在本小節中，我們將呈現完整的程式碼供大家參考。

(一) 複利終值係數表

底下的代碼為用來實現複利終值係數表的完整程式碼：

行	程式碼
01	import pandas as pd
02	r = [i/100 for i in range(1, 11)]
03	table = pd.DataFrame({" 利率 ":r})
04	for n in range(1, 11):
05	r = table[' 利率 ']
06	table[n]=round((1+r)**n, 4)
07	table[' 利率 '] = [f"{i}%" for i in range(1, 11)]
08	table

產生的表格如下：

	利率	1	2	3	4	5	6	7	8	9	10
0	1%	1.01	1.0201	1.0303	1.0406	1.0510	1.0615	1.0721	1.0829	1.0937	1.1046
1	2%	1.02	1.0404	1.0612	1.0824	1.1041	1.1262	1.1487	1.1717	1.1951	1.2190
2	3%	1.03	1.0609	1.0927	1.1255	1.1593	1.1941	1.2299	1.2668	1.3048	1.3439
3	4%	1.04	1.0816	1.1249	1.1699	1.2167	1.2653	1.3159	1.3686	1.4233	1.4802
4	5%	1.05	1.1025	1.1576	1.2155	1.2763	1.3401	1.4071	1.4775	1.5513	1.6289
5	6%	1.06	1.1236	1.1910	1.2625	1.3382	1.4185	1.5036	1.5938	1.6895	1.7908
6	7%	1.07	1.1449	1.2250	1.3108	1.4026	1.5007	1.6058	1.7182	1.8385	1.9672
7	8%	1.08	1.1664	1.2597	1.3605	1.4693	1.5869	1.7138	1.8509	1.9990	2.1589
8	9%	1.09	1.1881	1.2950	1.4116	1.5386	1.6771	1.8280	1.9926	2.1719	2.3674
9	10%	1.10	1.2100	1.3310	1.4641	1.6105	1.7716	1.9487	2.1436	2.3579	2.5937

圖 7-15

(二) 複利現值係數表

底下的代碼爲用來實現複利現值係數表的完整程式碼：

行	程式碼
01	import pandas as pd
02	r = [i/100 for i in range(1, 11)]
03	table = pd.DataFrame({" 利率 ":r})
04	for n in range(1, 11):
05	r = table[' 利率 ']
06	table[n]=round((1+r)**-n, 4)
07	table[' 利率 '] = [f"{i}%" for i in range(1, 11)]
08	table

產生的表格如下：

	利率	1	2	3	4	5	6	7	8	9	10
0	1%	0.9901	0.9803	0.9706	0.9610	0.9515	0.9420	0.9327	0.9235	0.9143	0.9053
1	2%	0.9804	0.9612	0.9423	0.9238	0.9057	0.8880	0.8706	0.8535	0.8368	0.8203
2	3%	0.9709	0.9426	0.9151	0.8885	0.8626	0.8375	0.8131	0.7894	0.7664	0.7441
3	4%	0.9615	0.9246	0.8890	0.8548	0.8219	0.7903	0.7599	0.7307	0.7026	0.6756
4	5%	0.9524	0.9070	0.8638	0.8227	0.7835	0.7462	0.7107	0.6768	0.6446	0.6139
5	6%	0.9434	0.8900	0.8396	0.7921	0.7473	0.7050	0.6651	0.6274	0.5919	0.5584
6	7%	0.9346	0.8734	0.8163	0.7629	0.7130	0.6663	0.6227	0.5820	0.5439	0.5083
7	8%	0.9259	0.8573	0.7938	0.7350	0.6806	0.6302	0.5835	0.5403	0.5002	0.4632
8	9%	0.9174	0.8417	0.7722	0.7084	0.6499	0.5963	0.5470	0.5019	0.4604	0.4224
9	10%	0.9091	0.8264	0.7513	0.6830	0.6209	0.5645	0.5132	0.4665	0.4241	0.3855

圖 7-16

(三) 年金終值係數表

底下的代碼為用來實現年金終值係數表的完整程式碼：

行	程式碼
01	import pandas as pd
02	r = [i/100 for i in range(1, 11)]
03	table = pd.DataFrame({" 利率 ":r})
04	for n in range(1, 11):
05	r = table[' 利率 ']
06	table[n]=round(((1+r)**n - 1)/r, 4)
07	table[' 利率 '] = [f"{i}%" for i in range(1, 11)]
08	table

產生的表格如下：

	利率	1	2	3	4	5	6	7	8	9	10
0	1%	1.0	2.01	3.0301	4.0604	5.1010	6.1520	7.2135	8.2857	9.3685	10.4622
1	2%	1.0	2.02	3.0604	4.1216	5.2040	6.3081	7.4343	8.5830	9.7546	10.9497
2	3%	1.0	2.03	3.0909	4.1836	5.3091	6.4684	7.6625	8.8923	10.1591	11.4639
3	4%	1.0	2.04	3.1216	4.2465	5.4163	6.6330	7.8983	9.2142	10.5828	12.0061
4	5%	1.0	2.05	3.1525	4.3101	5.5256	6.8019	8.1420	9.5491	11.0266	12.5779
5	6%	1.0	2.06	3.1836	4.3746	5.6371	6.9753	8.3938	9.8975	11.4913	13.1808
6	7%	1.0	2.07	3.2149	4.4399	5.7507	7.1533	8.6540	10.2598	11.9780	13.8164
7	8%	1.0	2.08	3.2464	4.5061	5.8666	7.3359	8.9228	10.6366	12.4876	14.4866
8	9%	1.0	2.09	3.2781	4.5731	5.9847	7.5233	9.2004	11.0285	13.0210	15.1929
9	10%	1.0	2.10	3.3100	4.6410	6.1051	7.7156	9.4872	11.4359	13.5795	15.9374

圖 7-17

(四) 年金現值係數表

底下的代碼為用來實現年金現值係數表的完整程式碼：

行	程式碼
01	r = [i/100 for i in range(1, 11)]
02	table = pd.DataFrame({" 利率 ":r})
03	for n in range(1, 11):
04	r = table[' 利率 ']
05	table[n]=round((1 - (1+r)**-n)/r, 4)
06	table[' 利率 '] = [f"{i}%" for i in range(1, 11)]
07	
08	table

產生的表格如下：

	利率	1	2	3	4	5	6	7	8	9	10
0	1%	0.9901	1.9704	2.9410	3.9020	4.8534	5.7955	6.7282	7.6517	8.5660	9.4713
1	2%	0.9804	1.9416	2.8839	3.8077	4.7135	5.6014	6.4720	7.3255	8.1622	8.9826
2	3%	0.9709	1.9135	2.8286	3.7171	4.5797	5.4172	6.2303	7.0197	7.7861	8.5302
3	4%	0.9615	1.8861	2.7751	3.6299	4.4518	5.2421	6.0021	6.7327	7.4353	8.1109
4	5%	0.9524	1.8594	2.7232	3.5460	4.3295	5.0757	5.7864	6.4632	7.1078	7.7217
5	6%	0.9434	1.8334	2.6730	3.4651	4.2124	4.9173	5.5824	6.2098	6.8017	7.3601
6	7%	0.9346	1.8080	2.6243	3.3872	4.1002	4.7665	5.3893	5.9713	6.5152	7.0236
7	8%	0.9259	1.7833	2.5771	3.3121	3.9927	4.6229	5.2064	5.7466	6.2469	6.7101
8	9%	0.9174	1.7591	2.5313	3.2397	3.8897	4.4859	5.0330	5.5348	5.9952	6.4177
9	10%	0.9091	1.7355	2.4869	3.1699	3.7908	4.3553	4.8684	5.3349	5.7590	6.1446

圖 7-18

🔔 重點整理

■ 巢狀迴圈指在迴圈內部嵌套另一個迴圈的情況。

■ 在 jupyter notebook 中可以利用 IPython 模組中的 display 方法輸出為網頁樣式。

■ pandas 模組的 DataFrame 能夠產生製作優美的表格。

💻 核心程式碼

■ 用 Python 建構係數表

係數	公式	程式碼

複利終值係數	$FVF = (1+r)^n$	for i in range(1, 10):
		    for n in range(1, 10):
		        r = i/100
		        FVF = (1+r)**n
		        print("{:.4f}".format(FVF), end="|")
		    print("\n",end="")

複利現值係數	$PVF = (1+r)^{-n}$	for i in range(1, 10):
		    for n in range(1, 10):
		        r = i/100
		        PVF = (1+r)**-n
		        print("{:.4f}".format(PVF), end="|")
		    print("\n",end="")

年金終值係數	$FVAF = \dfrac{(1+r)^n - 1}{r}$	for i in range(1, 10):
		    for n in range(1, 10):
		        r = i/100
		        FVAF = ((1+r)**n - 1)/r
		        print("{:.4f}".format(FVAF), end="|")
		    print("\n",end="")

年金現值係數	$PVAF = \dfrac{1 - (1+r)^{-n}}{r}$	for i in range(1, 10):
		    for n in range(1, 10):
		        r = i/100
		        PVAF = (1 - (1+r)**-n)/r
		        print("{:.4f}".format(PVAF), end="|")
		    print("\n",end="")

■用 pandas 建構係數表 I

係數	公式	程式碼

複利終值係數	$FVF = (1+r)^n$	```python
		table = pd.DataFrame({" 期數 ":range(1, 11)})
		for i in range(1, 11):
		    r = i/100
		    n = table[' 期數 ']
		    table[f'{i}%']=round((1+r)**n, 4)
		table```

複利現值係數	$PVF = (1+r)^{-n}$	```python
		table = pd.DataFrame({" 期數 ":range(1, 11)})
		for i in range(1, 11):
		    r = i/100
		    n = table[' 期數 ']
		    table[f'{i}%']=round((1+r)**-n, 4)
		table```

年金終值係數	$FVAF = \dfrac{(1+r)^n - 1}{r}$	```python
		table = pd.DataFrame({" 期數 ":range(1, 11)})
		for i in range(1, 11):
		    r = i/100
		    n = table[' 期數 ']
		    table[f'{i}%']=round(((1+r)**n - 1)/r, 4)
		table```

年金現值係數	$PVAF = \dfrac{1 - (1+r)^{-n}}{r}$	```python
		table = pd.DataFrame({" 期數 ":range(1, 11)})
		for i in range(1, 11):
		    r = i/100
		    n = table[' 期數 ']
		    table[f'{i}%']=round((1 - (1+r)**-n)/r, 4)
		table```

■ 用 pandas 建構係數表 II

係數	公式	程式碼

複利終值係數	$FVF = (1+r)^n$	r = [i/100 for i in range(1, 11)]
		table = pd.DataFrame({" 利率 ":r})
		for n in range(1, 11):
		    r = table[' 利率 ']
		    table[n]=round((1+r)**n, 4)
		table[' 利率 '] = [f"{i}%" for i in range(1, 11)]
		table

複利現值係數	$PVF = (1+r)^{-n}$	r = [i/100 for i in range(1, 11)]
		table = pd.DataFrame({" 利率 ":r})
		for n in range(1, 11):
		    r = table[' 利率 ']
		    table[n]=round((1+r)**-n, 4)
		table[' 利率 '] = [f"{i}%" for i in range(1, 11)]
		table

年金終值係數	$FVAF = \dfrac{(1+r)^n - 1}{r}$	r = [i/100 for i in range(1, 11)]
		table = pd.DataFrame({" 利率 ":r})
		for n in range(1, 11):
		    r = table[' 利率 ']
		    table[n]=round(((1+r)**n - 1)/r, 4)
		table[' 利率 '] = [f"{i}%" for i in range(1, 11)]
		table

年金現值係數	$PVAF = \dfrac{1 - (1+r)^{-n}}{r}$	r = [i/100 for i in range(1, 11)]
		table = pd.DataFrame({" 利率 ":r})
		for n in range(1, 11):
		    r = table[' 利率 ']
		    table[n]=round((1 - (1+r)**-n)/r, 4)
		table[' 利率 '] = [f"{i}%" for i in range(1, 11)]
		table

符號運算

△ 理解符號運算的意義。

△ 運用 sympy 模組進行符號運算並求解。

我們在前面章節已經掌握了財務管理中貨幣的價值公式，懂得去計算複利現值、複利終值、年金現值，與年金終值。其實，我們也可以透過數學公式中的符號來進行推演。本章便是告訴大家如何用 sympy 模組來完成符號計算。

一、符號運算的意義

各種數學操作，例如：加法、減法、乘法、除法、冪次方、根號、邏輯運算、比較運算、微分、積分等。這些運算通常使用特定的符號來表示，例如：+、-、*、/、^、√、>、<等。

符號運算（**Symbolic Computation**）是在電腦程式中使用符號來表示和處理數學運算或代數表達式的過程。這些符號可以是數學符號、邏輯符號、比較符號等，用於表示數學運算、關係和邏輯操作。運算過程通常涉及代數運算、求解方程、推導證明和數學推理。

符號運算可以簡化計算機程式中的數學表達式、方程式和不等式，並進行更複雜的數學操作。它可以使數學計算更高效、更準確，同時提供更多的數學分析和推理能力。常用於代數系統、符號處理、數值計算和求解、科學計算和建模等領域。

二、sympy 模組

(一) 簡介

sympy 模組是 Python 中的一個強大的符號計算（Symbolic Computation）模組，用於進行符號數學運算、代數計算、微積分、方程求解、矩陣操作和數值計算等。它提供了豐富的功能和工具，讓我們能夠以符號形式進行數學運算。

(二) 安裝 sympy 模組

sympy 是第三方提供的模組。還沒有安裝的讀者，可以在 Window 作業系統裡面的命令提示符窗口，輸入 pip install sympy 來安裝。

圖 8-1

(三) 導入 sympy 模組

　　使用 sympy 模組時，記得要先用 import 導入。此外，一般會取個別名 sym 來使用 sympy。語句如下：

行	程式碼
01	import sympy as sym

三、符號運算示例

(一) 複利終值

　　在前面的章節，我們已經學習到複利終值的計算。在財務管理中，複利終值的公式如下：

$$FV = PV \times (1+r)^n$$

　　其中，FV 表示終值，PV 為現值，r 是利率，n 是期數。由公式可以知道，計算終值時，會用到 PV、r、n 三個參數。故我們用 sympy 將它們設定為變數，語句如下：

行	程式碼
01	PV, r, n = sym.symbols('PV, r, n')

　　接下來，我們輸入複利終值的公式：

行	程式碼
01	FV = PV*(1+r)**n

輸入 FV 查看，可以看到 FV 結果如下：

$$PV(r+1)^n$$

該式子由 sympy 產生。sympy 在呈現多項式時，高次項放在低次項前面。我們可以用如下語句來變更設定：

行	程式碼
01	sym.init_printing(order='rev-lex')

這個時候再查看 FV，結果如下：

$$PV(1+r)^n$$

低次項放在高次項前面。經由以上方式，我們用 sympy 定義了複利終值公式。接下來，演示如何代入數值計算。我們主要用到 evalf 方法。

釋例 1
假定利率為 10%，今天存入 1,000 元，4 年後存款有多少錢？

由題意，我們知道現值為 1,000 元，利率是 10%，期數為 4 年。把 PV、r、n 代入公式，便可以計算求出公式中剩下的終值 FV。這道題的解題語句如下：

行	程式碼
01	FV.evalf(subs={PV:1000,r:0.1,n:4})

代入公式的方法正如程式碼所示，用到參數 subs={PV:1000,r:0.1,n:4}。結果會輸出「1464.1」。計算結果跟我們在前面章節算的一樣。

本例完整的代碼如下：

行	程式碼	說明
01	import sympy as sym	# 導入 sympy 模組
02	sym.init_printing(order='rev-lex')	# 變更多項次順序
03		
04	PV, r, n = sym.symbols('PV, r, n')	# 設定變量
05	FV = PV*(1+r)**n	# 定義公式
06		
07	FV.evalf(subs={PV:1000,r:0.1,n:4})	# 結果輸出 1464.1

(二) 複利現值

複利現值的公式如下：

$$PV = FV \times (1+r)^{-n}$$

只要把 FV、r、n 代入該公式，便可以計算求出現值 PV。故我們用 sympy 將它們設定為變數，語句如下：

行	程式碼
01	FV, r, n = sym.symbols('FV, r, n')

接下來，我們輸入複利現值的公式：

行	程式碼
01	PV = FV*(1+r)**-n

經由以上方式，我們用 sympy 定義了複利現值公式。輸入 PV 查看，可以看到 PV 結果如下：

$$FV(1+r)^{-n}$$

接下來，演示如何代入數值計算。

釋例 2
如果利率為 10%，當前一筆存款在 4 年後的本利和為 1,464.1 元，那麼當前存款的本金應該如何計算？

由題意，我們知道終值為 1,464.1 元，利率是 10%，期數為 4 年。把它們代入公式，便可以計算求出公式中剩下的現值 PV。

這道題的解題語句如下：

行	程式碼
01	PV.evalf(subs={FV:1464.1,r:0.1,n:4})

代入公式的方法正如程式碼所示，用到參數 subs={FV:1464.1,r:0.1,n:4}。結果會輸出「1000.0」。計算結果跟我們在前面章節算的一樣。

本例完整的代碼如下：

行	程式碼	說明
01	import sympy as sym	# 導入 sympy 模組
02	sym.init_printing(order='rev-lex')	# 變更多項次順序
03		
04	FV, r, n = sym.symbols('FV, r, n')	# 設定變量
05	PV = FV*(1+r)**-n	# 定義公式
06		
07	PV.evalf(subs={FV:1464.1,r:0.1,n:4})	# 結果輸出 1000.0

(三) 年金終值

在財務管理中，年金終值的公式如下：

$$FVA_n = A \times \frac{(1+r)^n - 1}{r}$$

其中，A 為每一期年金的金額，r 是利率，n 是年金的筆數，FVA_n 表示 n 筆年金的終值。該公式有四個參數，只要知道其中的三個，剩下的一個便可以計算求出。故我們用 sympy 將它們設定為變數，語句如下：

行	程式碼
01	A, r, n = sym.symbols('A, r, n')

接下來，我們輸入年金終值的公式：

行	程式碼
01	FVAn = A*((1+r)**n - 1)/r

經由以上方式，我們用 sympy 定義了年金終值公式。輸入 FVAn 查看，可以看到 FVAn 結果如下：

$$\frac{A(-1 + (1+r)^n)}{r}$$

由於我們變更了多項次順序，低次項放在高次項前面。所以 -1 出現在 $(1 + r)^n$ 前面。接下來，演示如何代入數值計算。

釋例 3
假設銀行利率為 5%，從本年起連續 3 年，每年年末在銀行存入 10,000 元。那麼，3 年後將獲得的本利和是多少？

　　由題意，我們知道每一期存入的金額為 10,000 元，故公式中的 A 為 10000。利率 r 是 5%，期數為 3 年，所以有 3 筆年金，n 為 3。把 A、r、n 代入公式，便可以計算求出公式中剩下的年金終值 FVA_n。

　　這道題的解題語句如下：

行	程式碼
01	FVAn.evalf(subs={A:10000,r:0.05,n:3})

　　代入公式的方法正如程式碼所示，用到參數 subs={A:10000,r:0.05,n:3}。結果會輸出「31525.0」。計算結果跟我們在前面章節算的一樣。

　　本例完整的代碼如下：

行	程式碼	說明
01	import sympy as sym	# 導入 sympy 模組
02	sym.init_printing(order='rev-lex')	# 變更多項次順序
03		
04	A, r, n = sym.symbols('A, r, n')	# 設定變量
05	FVAn = A*((1+r)**n - 1)/r	# 定義公式
06		
07	FVAn.evalf(subs={A:10000,r:0.05,n:3})	# 結果輸出 31525.0

(四) 年金現值

　　年金現值公式的實現跟前面的年金終值公式很像，參數一樣是每一期年金的金額 A，利率 r，和年金的筆數 n。我們只要改一下公式便可實現。年金現值的公式如下：

$$PVA_n = A \times \frac{1 - (1+r)^{-n}}{r}$$

　　Python 實現的程式碼如下：

行	程式碼	說明
01	import sympy as sym	# 導入 sympy 模組
02	sym.init_printing(order='rev-lex')	# 變更多項次順序
03		
04	A, r, n = sym.symbols('A, r, n')	# 設定變量
05	PVAn = A*(1 - (1+r)**-n)/r	# 定義公式

經由以上方式，我們用 sympy 定義了年金現值公式。輸入 PVAn 查看，可以看到 PVAn 結果如下：

$$\frac{A(-(1+r)^{-n}+1)}{r}$$

由於變更了多項次順序，低次項放在高次項前面。所以 $-(1+r)^{-n}$ 出現在 1 前面。接下來，演示如何代入數值計算。

釋例 4
假設銀行利率為 5%，大雄希望在未來 3 年的每年年末都收到 1 筆 10,000 元的現金，那麼大雄現在需要在銀行存入多少錢？

由題意，經過分析後，我們知道每一期收到的金額為 10,000 元，故公式中的 A 為 10000。利率 r 是 5%，期數為 3 年，所以有 3 筆年金，n 為 3。把 A、r、n 代入公式，便可以計算求出公式中剩下的年金現值 PVA_n。

這道題的解題語句如下：

行	程式碼
01	PVAn.evalf(subs={A:10000,r:0.05,n:3})

代入公式的方法正如程式碼所示，用到參數 subs={A:10000,r:0.05,n:3}。結果會輸出「27232.4802937048」。計算結果跟我們在前面章節算的一樣。

(五) 永續年金

永續年金的公式由年金現值公式衍生而來。當期數 n 趨近於無窮大時，年金現值公式變成永續年金的公式。我們可以用 sympy 來演示該過程，Python 的程式碼實現如下：

行	程式碼	說明
01	import sympy as sym	# 導入 sympy 模組
02		
03	A, r, n = sym.symbols('A, r, n', positive=True)	# 設定變量
04	PVAn = A*(1 - (1+r)**-n)/r	# 定義公式
05	sym.limit(PVAn, n, +sym.oo)	

需要特別注意的是，在用 sympy 將設定變數時，須指定為正值。如程式碼第 3 行所示。程式碼第 4 行定義年金現值公式。第 5 行的 sym.limit() 則是推演當期數 n 趨近於無窮大的情況。結果會輸出：

$$\frac{A}{r}$$

這便是永續年金的公式。也可仿照前面的方式自行定義，程式碼實現如下：

行	程式碼	說明
01	import sympy as sym	# 導入 sympy 模組
02		
03	A, r = sym.symbols('A, r')	# 設定變量
04	PV = A/r	# 定義公式

我們在前面章節有算過：若每一期年金的金額為 1,000 元，利率是 5%，一直支付下去，計算出來的現值為 20000。解題語句如下：

行	程式碼
01	PV.evalf(subs={A:1000,r:0.05})

代入公式的方法正如程式碼所示，用到參數 subs={ A:1000,r:0.05}。結果會輸出「20000.0」。計算結果跟我們在前面章節算的一樣。

四、求解

　　sympy 模組也可以用來求方程式的解。例如：在前面一節之中，我們已經用 sympy 定義了複利終值公式。複利終值的公式為 $FV = PV \times (1 + r)^n$。該公式有四個參數，只要知道其中的三個，剩下的一個便可以計算求出。除了終值，我們可以利用 sympy 模組的 solve 方法去求其他參數的解。底下舉幾個例子。

(一) 期數

釋例 5
已知利率為 10%，存款本金為 6,830 元，到期本利和為 10,000 元，存款期應當是多少年？

　　由題意，我們知道現值為 6,830 元，終值 10,000 元，利率是 10%。把 PV、FV、r 代入公式，便可以計算求出公式中剩下的期數 n。本題解題的代碼如下：

行	程式碼	說明
01	import sympy as sym	# 導入 sympy 模組
02	sym.init_printing(order='rev-lex')	# 變更多項次順序
03		
04	PV, r, n = sym.symbols('FV, r, n')	# 設定變量
05	FV = PV*(1+r)**n	# 定義公式
06		
07	roots = sym.solve(FV.evalf(subs={PV:6830,r:0.1})-10000, n)	
08	roots	# 結果輸出 [4.00020669559210]

　　其中，程式碼第 1 行到第 5 行，為前面一節用 sympy 定義複利終值公式的過程。現值為 6,830 元，利率是 10% 把它們代入公式，複利終值公式會得到：

$$FV = 6830 \times (1 + 0.1)^n$$

　　用 sympy 模組中的 FV.evalf(subs={PV:6830,r:0.1}) 來看，會產生以下式子：

$$6830.0 \cdot 1.1^n$$

我們想要知道，終值何時會等於 10000？其實，就是在解下式：

$$10000 = 6830 \times (1 + 0.1)^n$$

該式等同於：

$$6830 \times (1 + 0.1)^n - 10000 = 0$$

故程式碼第 7 行，sym.solve() 裡面的參數放的是 FV.evalf(subs={PV:6830,r:0.1})-10000。我們想求出式子中的 n，故第二個參數放變量 n。運行結果會輸出 [4.00020669559210]。表示在利率為 10%，存款本金為 6,830 元，到期本利和為 10,000 元的情況下，存款期應當是 4.00020669559210 年。

如果不先用 sympy 定義複利終值公式，我們也可以直接輸入公式，代入值來求解。輸入以下語句執行，就可以得到相同結果。

行	程式碼	說明
01 02	sym.solve(6830*1.1**n-10000, n) roots	# 結果輸出 [4.00020669559210]

(二) 利率

同樣地，定義好了複利終值公式後，知道現值、終值和期數，我們也可以利用 sympy 模組的 solve 方法去求利率的解。

釋例 6
假設現在存入銀行 7,835 元，5 年後將取得本利和 10,000 元，利率是多少？

　　由題意，我們知道現值為 7,835 元，終值 10,000 元，期數是 5 年。把 PV、FV、n 代入公式，便可以計算求出公式中剩下的利率 r。解題代碼如下：

行	程式碼	說明
01	import sympy as sym	# 導入 sympy 模組
02	sym.init_printing(order='rev-lex')	# 變更多項次順序
03		
04	PV, r, n = sym.symbols('FV, r, n')	# 設定變量
05	FV = PV*(1+r)**n	# 定義公式
06		
07	roots = sym.solve(FV.evalf(subs={PV:7835,n:5})-10000, r)	
08	roots	

　　其中，程式碼第 1 行到第 5 行，為前面一節用 sympy 定義複利終值公式的過程。現值為 7,835 元，期數是 5 年。把它們代入公式，複利終值公式會得到：

$$FV = 7835 \times (1+r)^5$$

　　用 sympy 模組中的 FV.evalf(subs={ PV:7835,n:5}) 來看，會產生以下式子：

$$7835.0(1.0+r)^5$$

　　我們想要知道，終值何時會等於 10000？其實，就是在解下式：

$$10000 = 7835 \times (1+r)^5$$

該式等同於：

$$7835 \times (1+r)^5 - 10000 = 0$$

　　故程式碼第 7 行，sym.solve() 裡面的參數放的是 FV.evalf(subs={PV:7835,n:5})-10000。我們想求出式子中的 r，故第二個參數放變量 r。執行後，畫面會輸出結果如下：

[0.0500070132545910,

-1.84947351793584 - 0.617178637194716*I,

-1.84947351793584 + 0.617178637194716*I,

-0.675529988691451 - 0.998616012111391*I,

-0.675529988691451 + 0.998616012111391*I]

　　這是因為 r 有 5 次方，故方程式有 5 個解。Python 用列表（list）來儲放這 5 個解。其中第一個解是 0.0500070132545910，其餘四個解皆為複數。第一個解較為合理。故在現值為 7,835 元，終值 10,000 元，期數是 5 年的情況下，利率應該是 5%。

(三) 現值

　　當然我們也可以從複利終值公式來求解現值。

釋例 7
如果利率為 10%，當前一筆存款在 4 年後的本利和為 1,464.1 元，那麼當前存款的本金應該如何計算？

　　由題意，我們知道終值為 1,464.1 元，利率是 10%，期數為 4 年。把它們代入公式，便可以計算求出公式中剩下的現值 PV。

　　解題代碼如下：

行	程式碼	說明
01	import sympy as sym	# 導入 sympy 模組
02	sym.init_printing(order='rev-lex')	# 變更多項次順序
03		
04	PV, r, n = sym.symbols('FV, r, n')	# 設定變量
05	FV = PV*(1+r)**n	# 定義公式
06		
07	roots = sym.solve(FV.evalf(subs={r:0.1,n:4})-1464.1, PV)	
08	roots	# 結果輸出 [1000.0]

其中，程式碼第 1 行到第 5 行，為前面一節用 sympy 定義複利終值公式的過程。終值為 1,464.1 元，利率是 10%，期數為 4 年，複利終值公式會得到：

$$1464.1 = PV \times (1 + 0.1)^4$$

用 sympy 模組中的 FV.evalf(subs={r:0.1,n:4}) 來看，會產生以下式子：

1.4641PV

我們想要知道，終值何時會等於 1464.1？其實，就是在解下式：

$$1.4641 \times PV - 1464.1 = 0$$

故程式碼第 7 行，sym.solve() 裡面的參數放的是 FV.evalf(subs={r:0.1,n:4})-1464.1。我們想求出式子中的 PV，故第二個參數放變量 PV。運行結果會輸出 [1000.0]。表示在終值為 1,464.1 元，利率是 10%，期數為 4 年的情況下，現值為 1,000 元。

五、Sum() 求和

財務管理中的年金現值公式和年金終值公式推導本質上都是等比級數求和。sympy 模組中提供了求和的方法。本小節旨在介紹 sympy 模組中的求和方法。一樣我們先導入 sympy 模組，並設定其輸出的多項次順序，讓低次項在前，高次項在後。

行	程式碼	說明
01	from sympy import *	# 導入 sympy 模組
02	init_printing(order='rev-lex')	# 變更多項次順序

(一) 簡單加總

首先，先演示簡單的數學加總。從 1 加到 10，公式如下：

$$1+2+3+\cdots+10=\sum_{n=1}^{10} n$$

公式中有一個變量 n，故我們也用 sympy 先創建一個變量 n。然後調用 Sum() 方法。該方法基本有兩個參數。第一個放置公式，在這例子中，便是 n。第二個參數用以控制計算範圍，n 從 1 開始一直累加到 10，所以設置成 (n, 1, 10)。完整代碼如下：

行	程式碼	說明
01	var('n')	# 設定變量 n
02	Sum(n, (n, 1, 10))	# 定義公式

sympy 會產生以下式子：

$$\sum_{n=1}^{10} n$$

若要求值，可調用 evalf() 方法。如計算從 1 加到 10 的總和，指令為

```
Sum(n, (n, 1, 10)).evalf()
```

結果輸出 55.0。如計算從 1 加到 100 的總和，指令為

```
Sum(n, (n, 1, 100)).evalf()
```

結果輸出 5050.0。

(二) 等差級數和

我們可延伸簡單地加總到等差級數和。先建立公式：

行	程式碼	說明
01	var('a0')	# 設定變量
02	var('n')	
03	var('d')	
04	s = Sum(a0+n*d, (n, 1, N))	# 定義公式
05	s	

sympy 會產生以下的等差級數和公式：

$$\sum_{n=1}^{N} (a_0 + dn)$$

如計算從 1 加到 10 的總和時，各個數字彼此差距 1，相當於 $a_0 = 0$，$d = 1$。輸入指令

s.evalf(subs={a0:0, d:1,N:10})

結果輸出 55.0。同理，計算從 1 加到 100 的總和時，輸入指令

s.evalf(subs={a0:0, d:1,N:100})

結果輸出 5050.0。

(三) 等比級數和

先建立等比級數和公式如下：

行	程式碼	說明
01	var('r')	# 設定變量
02	var('N')	
03	var('n')	
04	var('a')	
05	S = Sum(a*r**n, (n, 1, N))	# 定義公式

sympy 會產生以下的等比級數和公式：

$$\sum_{n=1}^{N} ar^n$$

(四) 年金現值

當等比級數和公式中的 a 為年金 A，倍數為折現係數 $(1+r)^{-1}$ 時，便成了年金現值公式。該公式用 sympy 的建立過程如下：

行	程式碼	說明
01	var('r')	# 設定變量
02	var('N')	
03	var('n')	
04	var('A')	
05	Sum(A*(1+r)**-n, (n, 1, N))	# 定義年金現值公式

sympy 產生如下公式：

$$\sum_{n=1}^{N} A(1+r)^{-n}$$

釋例 8

假設銀行利率為 5%，大雄希望在未來 3 年的每年年末都收到 1 筆 10,000 元的現金，那麼大雄現在需要在銀行存入多少錢？

　　由題意，經過分析後，我們知道每一期收到的金額為 10,000 元，可以描繪出一條現金流量的時間序列線。

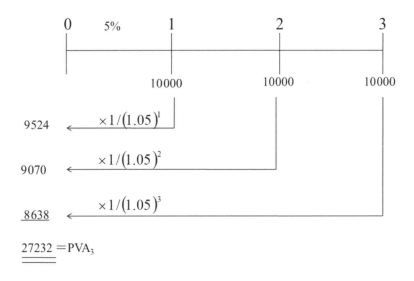

　　未來 3 年的每年 1 筆 10,000 元的現值總和便是大雄現在需要在銀行存入的錢。按現值公式，我們知道：

第一年 10,000 元的現值為 $10000 \times (1 + 0.5)^{-1}$；

第二年 10,000 元的現值為 $10000 \times (1 + 0.5)^{-2}$；

第三年 10,000 元的現值為 $10000 \times (1 + 0.5)^{-3}$。

總和式子如下：

$$10000 \times (1 + 0.5)^{-1} + 10000 \times (1 + 0.5)^{-2} + 10000 \times (1 + 0.5)^{-3} = \sum_{n=1}^{3} 10000 \times (1 + 0.5)^{-n}$$

此式子本質在求等比級數和。可以輸入以下的 Python 程式碼來建立公式：

行	程式碼	說明
01	var('n')	# 設定變量 n
02	Sum(10000*(1+0.05)**-n, (n, 1, 3))	# 定義公式

sympy 產生公式如下：

$$\sum_{n=1}^{3} 10000 \cdot 1.05^{-n}$$

通過 evalf() 方法，可以進一步求解。Python 程式碼實現如下：

行	程式碼	說明
01	var('n')	# 設定變量 n
02	PVA = Sum(10000*(1+0.05)**-n, (n, 1, 3))	# 定義公式求解
03	PVA.evalf()	# 求和

結果輸出如下：

27232.4802937048

我們也可以用 sympy 建立更為一般的公式來求解：

行	程式碼	說明
01	var('r')	# 設定變量
02	var('N')	
03	var('n')	
04	var('A')	
05	PVA = Sum(A*(1+r)**-n, (n, 1, N))	# 定義年金現值公式
06	PVA.evalf(subs={A:10000, r:0.05,N:3})	

第 5 行代碼中的 A 為 10000。利率 r 是 5%，有 3 筆年金，n 為 3。把 A、r、n 代入公式，便可以計算求出年金現值。輸出結果一樣。或者，也可以用 sympy 先建立等比級數和的公式再代入參數求解。Python 程式碼實現如下：

行	程式碼	說明
01	var('r')	# 設定變量
02	var('N')	
03	var('n')	
04	var('a')	
05	S = Sum(a*r**n, (n, 1, N))	# 定義等比級數和公式
06	S.evalf(subs={a:10000, r:1/1.05,N:3})	

第 5 行代碼即爲定義等比級數和公式。sympy 產生公式如下：

$$\sum_{n=1}^{N} ar^n$$

利率是 5%，所以倍數 r 爲 1/1.05，有 3 筆年金，n 爲 3，a 爲 10000。把 a、r、n 代入公式，便可以計算求出年金現值。輸出結果一樣。

(五) 年金終值

同理，倍數爲折現係數 (1 + r) 時，便成了年金終值公式。該公式用 sympy 的建立過程如下：

行	程式碼	說明
01	var('r')	# 設定變量
02	var('N')	
03	var('n')	
04	var('A')	
05	Sum(A*(1+r)**n, (n, 1, N))	# 定義年金終值公式

sympy 產生如下公式：

$$\sum_{n=1}^{N} A(1+r)^n$$

假設銀行利率為 5%，從本年起連續 3 年，每年年末在銀行存入 10,000 元。那麼，3 年後將獲得的本利和是多少？

由題意，我們知道每一期存入的金額為 10,000 元，一樣可以描繪出一條現金流量的時間序列線。

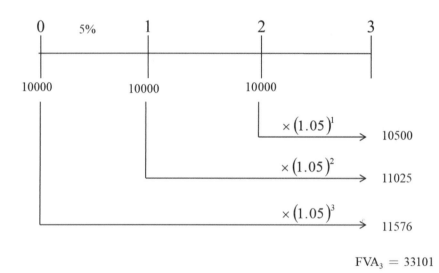

$$FVA_3 = 33101$$

每年一筆 10,000 元在 3 年後的終值總和便是將獲得的本利和。按終值公式，我們知道：

第一筆 10,000 元 3 年後的終值為 $10000 \times (1 + 0.05)^3$；

第二筆 10,000 元 3 年後的終值為 $10000 \times (1 + 0.05)^2$；

第三筆 10,000 元 3 年後的終值為 $10000 \times (1 + 0.05)^1$。

總和式子如下：

$$10000 \times (1+0.05)^3 + 10000 \times (1+0.05)^2 + 10000 \times (1+0.05)^1 = \sum_{n=1}^{3} 10000 \times (1+0.05)^n$$

此式子本質在求等比級數和。

可以輸入以下的 Python 程式碼來建立公式：

行	程式碼	說明
01	var('n')	# 設定變量 n
02	Sum(10000*(1+0.05)**n, (n, 1, 3))	# 定義公式

sympy 產生公式如下:

$$\sum_{n=1}^{3} 10000 \cdot 1.05^{n}$$

通過 evalf() 方法,可以進一步求解。Python 程式碼實現如下:

行	程式碼	說明
01	var('n')	# 設定變量 n
02	FVA = Sum(10000*(1+0.05)**n, (n, 1, 3))	# 定義公式求解
03	FVA.evalf()	# 求和

結果輸出如下:

```
33101.25
```

我們也可以用 sympy 建立更為一般的公式來求解:

行	程式碼	說明
01	var('r')	# 設定變量
02	var('N')	
03	var('n')	
04	var('A')	
05	FVA = Sum(A*(1+r)**n, (n, 1, N))	# 定義公式
06	FVA.evalf(subs={A:10000, r:0.05,N:3})	

第 5 行代碼中的 A 為 10000。利率 r 是 5%,有 3 筆年金,n 為 3。把 A、r、n 代入公式,便可以計算求出年金現值。輸出結果一樣。也可以用 sympy 先建立等比級數和的公式再代入參數求解。

Python 程式碼實現如下：

行	程式碼	說明
01	var('r')	# 設定變量
02	var('N')	
03	var('n')	
04	var('a')	
05	S = Sum(a*r**n, (n, 1, N))	# 定義等比級數和公式
06	S.evalf(subs={a:10000, r:1.05,N:3})	

利率是 5%，所以倍數 r 為 1.05，有 3 筆年金，n 為 3，a 為 10000。把 a、r、n 代入公式，便可以計算求出年金終值。輸出結果一樣。

🔔 重點整理

- 符號運算是在電腦程式中使用符號來表示和處理數學運算。
- sympy 是 Python 中的一個強大的符號計算模組。
- sympy 模組也可以用來求方程式的解。

💻 核心程式碼

■ 導入 sympy

程式碼
import sympy as sym

■ 多項次順序

程式碼
sym.init_printing(order='rev-lex')

■ 永續年金公式推導

程式碼
A, r, n = sym.symbols('A, r, n', positive=True)   PVAn = A*(1 - (1+r)**-n)/r   sym.limit(PVAn, n, +sym.oo)

■ 由終值求其他參數

目的	程式碼
定義終值公式	PV, r, n = sym.symbols('PV, r, n') FV = PV*(1+r)**n
求現值	sym.solve(FV.evalf(subs={r:0.1, n:3})-1331, PV)
求利率 r	sym.solve(FV.evalf(subs={PV:1000,n:3})-1331, r)
求期數 n	sym.solve(FV.evalf(subs={PV:1000,r:0.1})-1331, n)

■ 定義貨幣價值函數

目的	程式碼	輸出結果
終值	PV, r, n = sym.symbols('PV, r, n') FV = PV*(1+r)**n	$PV(1+r)^n$
現值	FV, r, n = sym.symbols('FV, r, n') PV = FV*(1+r)**-n	$FV(1+r)^{-n}$
年金終值	FV, r, n = sym.symbols('FV, r, n') PV = FV*(1+r)**-n	$\dfrac{A(-1+(1+r)^n)}{r}$
年金現值	A, r, n = sym.symbols('A, r, n') FVAn = A*((1+r)**n - 1)/r	$\dfrac{A(-(1+r)^{-n}+1)}{r}$
永續年金現值	A, r = sym.symbols('A, r') PV = A/r	$\dfrac{A}{r}$

方程式求解

學習目標

♤ 理解方程式求解的意義及在財務管理中的應用。

♤ 運用 scipy 模組來進行方程式求解。

一、方程式求解的意義

方程式求解是一個數學運算的過程,用於找到滿足特定條件的未知數值。例如:我們學過的諸多公式都是等式。方程式求解便是找到使等式兩邊相等的未知數值的數學運算過程。在財務管理中,方程式求解用於計算投資回報率、貸款支付金額或股票價值等。例如:使用股利折現模型(Dividend Discount Model)時,可以使用方程求解找到使股票價值等於現在價值的期望股利之和的折現率。

二、scipy 模組

(一) 簡介

scipy 是 Python 中一個強大的科學計算模組,包含了多個子模組,提供了各種功能和工具,可用於處理數值數據、解決數學問題、執行科學計算和工程分析等。每個子模組都專注於不同的科學計算領域,包括數值積分、最優化、信號處理、線性代數、統計學、插值、圖像處理、傅立葉變換等。

本章主要是運用子模組 scipy.optimize。該子模組提供了各種最優化算法,用於求解非線性方程、曲線擬合、最小二乘法、最小化或最大化等問題。本章透過複利終值公式和普通年金終值公式,告訴大家如何用 scipy 模組來進行方程式求解。

(二) 安裝 scipy 模組

scipy 是第三方提供的模組。還沒有安裝的讀者,可以在 Window 作業系統裡面的命令提示符窗口,輸入 pip install scipy 來安裝。

(三) 導入 scipy 模組

使用 scipy 模組時,一般先用 import 導入。本章主要是運用子模組 scipy.optimize。導入的語法如下:

行	程式碼	說明
01	from scipy import optimize	# 導入 scipy 模組

三、複利終值公式

在前面的章節，我們已經學習到複利終值的公式，計算如下：

$$FV = PV \times (1+r)^n$$

其中，FV 表示終值，PV 為現值，r 是利率，n 是期數。在這些公式裡面有四個因素。只要知道其中任意三個，就可以求解剩下那個的值。為了求解，過程中，我們會將複利終值公式表達成方程式的樣子：

$$f(x) = PV \times (1+r)^n - FV = 0$$

其中 f(x) 的 x 便是我們要求解的變量，可以是 FV、PV、r 或者 n。

(一) 求解範例一

釋例 1
假定利率為 10%，第 1 年年初 1,000 元的存款，其在第 3 年年末的終值是多少？

由題意，我們知道現值為 1,000 元，利率是 10%，期數為 3 年。也就是 PV = 1000、r = 0.1、n = 3。把這些值代入公式中的 PV、r、n，便可以計算求出公式中剩下的終值 FV。

$$FV = 1000 \times (1+0.1)^3$$

用 scipy 模組來進行方程式求解的程式碼如下：

行	程式碼	說明
01	from scipy import optimize	# 導入 scipy 模組
02		
03	def f(FV):	# 定義求解終值 FV 的方程式
04	# FV = ?	
05	PV = 1000	# 設定現值 PV

行	程式碼	說明
06	r = 0.1	# 設定利率 r
07	n = 3	# 設定期數 n
08	return PV*(1+r)**n - FV	# 將複利終值公式表達成方程式
09		
10	root = optimize.root(f, x0=1)	# 進行求解
11	print(f" 終值為 {root.x[0]:.2f} 元。")	# 結果輸出

因為這道題在求解終值 FV，所以程式碼第 3 行函數中的參數便是 FV。由於其他變量為已知，程式碼第 8 行的運算式，相當於

$$1000 \times (1+0.1)^3 - FV$$

程式碼第 10 行，相當於求解

$$1000 \times (1+0.1)^3 - FV = 0$$

輸出結果如下：

終值為 1331.00 元。

(二) 求解範例二

釋例 2

假定利率為 10%，當前一筆存款在 3 年後的本利和為 1,331 元，那麼當前存款的本金為何？

由題意，我們知道終值為 1,331 元，利率是 10%，期數為 3 年。也就是 FV = 1331、r = 0.1、n = 3。把這些值代入公式中的 FV、r、n，便可以計算求出公式中剩下的現值 PV。

$$1331 = PV \times (1+0.1)^3$$

我們可藉由修改先前的程式碼來進行方程式求解，程式碼如下：

行	程式碼	說明
01	from scipy import optimize	# 導入 scipy 模組
02		
03	def f(PV):	# 定義求解現值 PV 的方程式
04	FV = 1331	# 設定終值 FV
05	# PV = ?	
06	r = 0.1	# 設定利率 r
07	n = 3	# 設定期數 n
08	return PV*(1+r)**n - FV	# 將複利終值公式表達成方程式
09		
10	root = optimize.root(f, x0=1)	# 進行求解
11	print(f" 存款的本金為 {root.x[0]:.2f} 元。")	# 結果輸出

因為這道題在求解現值 PV，所以程式碼第 3 行函數中的參數改為 PV。並用 # 號註解掉程式碼第 5 行。由於其他的變量為已知，程式碼第 8 行的運算式，相當於

$$PV \times (1+0.1)^3 - 1331$$

程式碼第 10 行，相當於求解

$$PV \times (1+0.1)^3 - 1331 = 0$$

輸出結果如下：

存款的本金為 1000.00 元。

(三) 求解範例三

釋例 3

假定現在存入銀行 1,000 元，3 年後將取得本利和 1,331 元，利率是多少？

由題意，我們知道現值為 1,000 元，終值為 1,331 元，期數為 3 年。也就是 FV = 1331、PV = 1000、n = 3。把這些值代入公式中的 FV、PV、n，便可以計算求出公式中剩下的利率 r。

$$1331 = 1000 \times (1+r)^3$$

用 scipy 模組來進行方程式求解的程式碼如下：

行	程式碼	說明
01	from scipy import optimize	# 導入 scipy 模組
02		
03	def f(r):	# 定義求解利率 r 的方程式
04	FV = 1331	# 設定終值 FV
05	PV = 1000	# 設定現值 PV
06	# r = 0.1	
07	n = 3	# 設定期數 n
08	return PV*(1+r)**n - FV	# 將複利終值公式表達成方程式
09		
10	root = optimize.root(f, x0=1)	# 進行求解
11	print(f" 利率為 {root.x[0]:.2%}。")	# 結果輸出

因為這道題在求解利率 r，所以程式碼第 3 行函數中的參數改為 r。並用 # 號註解掉程式碼第 6 行。由於其他的變量為已知，程式碼第 8 行的運算式，相當於

$$1000 \times (1+r)^3 - 1331$$

程式碼第 10 行，相當於求解

$$1000 \times (1+r)^3 - 1331 = 0$$

輸出結果如下：

利率為 10.00%。

(四) 求解範例四

釋例 4
已知利率爲 10%，存款本金爲 1,000 元，到期本利和爲 1,331 元，存款期應當是多少年？

由題意，我們知道現值爲 1,000 元，終值爲 1,331 元，利率爲 10%。也就是 FV = 1331、PV = 1000、r = 0.1。把這些值代入公式中的 FV、PV、r，便可以計算求出公式中剩下的期數 n。

$$1331 = 1000 \times (1+0.1)^n$$

用 scipy 模組來進行方程式求解的程式碼如下：

行	程式碼	說明
01	from scipy import optimize	# 導入 scipy 模組
02		
03	def f(n):	# 定義求解期數 n 的方程式
04	FV = 1331	# 設定終值 FV
05	PV = 1000	# 設定現值 PV
06	r = 0.1	# 設定利率 r
07	# n = 3	
08	return PV*(1+r)**n - FV	# 將複利終值公式表達成方程式
09		
10	root = optimize.root(f, x0=1)	# 進行求解
11	print(f" 存款期爲 {root.x[0]:.2f} 年。")	# 結果輸出

因爲這道題在求解期數 n，所以程式碼第 3 行函數中的參數改爲 n。並用 # 號註解掉程式碼第 7 行。由於其他的變量爲已知，程式碼第 8 行的運算式，相當於

$$1000 \times (1+0.1)^n - 1331$$

程式碼第 10 行，相當於求解

$$1000 \times (1+0.1)^n - 1331 = 0$$

輸出結果如下：

存款期爲 3.00 年。

四、普通年金終值公式

在財務管理中，普通年金終值的公式如下：

$$FVA_n = A \times \frac{(1+r)^n - 1}{r}$$

其中，A 為每一期年金的金額，r 是利率，n 是年金的筆數，FVA_n 表示 n 筆年金的終值。該公式有四個參數，只要知道其中的三個，剩下的一個便可以計算求出。為了求解，過程中，我們會將普通年金終值公式表達成方程式的樣子：

$$f(x) = A \times \frac{(1+r)^n - 1}{r} - FVA_n = 0$$

其中 f(x) 的 x 便是我們要求解的變量，可以是 FVA_n、A、r 或者 n。

(一) 求解範例一

釋例 5
大雄從上大學第一年起連續 4 年，每學年開始時在銀行存入 1,000 元，銀行利率為 3%。4 年後大雄畢業，獲得的本利和將是多少？

由題意，我們知道每一期存入的金額為 1,000 元，故公式中的 A 為 1000。利率 r 是 3%，期數為 4 年，所以有 4 筆年金，n 為 4。把 A、r、n 代入公式，便可以計算求出公式中剩下的年金終值。

$$FVA_n = 1000 \times \frac{(1+3\%)^4 - 1}{3\%}$$

用 scipy 模組來進行方程式求解的程式碼如下：

行	程式碼	說明
01	from scipy import optimize	# 導入 scipy 模組
02		
03	def f(FVAn):	# 定義求解年金終值 FVAn 的方程式
04	A = 1000	# 設定年金 A
05	r = 0.03	# 設定利率 r
06	n = 4	# 設定期數 n
07	# FVAn = ?	
08	return A*((1+r)**n - 1)/r - FVAn	# 將普通年金終值公式表達成方程式
09		
10	root = optimize.root(f, x0=1)	# 進行求解
11	print(f" 終值為 {root.x[0]:.2f} 元。")	# 結果輸出

輸出結果如下：

終值為 4183.63 元。

(二) 求解範例二

釋例 6

已知銀行利率為 3%，大雄剛上大學時，希望 4 年後畢業能存到 4,183.63 元。則大雄從上大學第一年開始，每學年需存多少錢？

由題意，我們知道年金終值 FVA_n 為 4,183.63 元。利率 r 是 3%，期數為 4 年，所以有 4 筆年金，n 為 4。把 FVA_n、r、n 代入公式，便可以計算求出公式中剩下的 A。

$$4183.63 = A \times \frac{(1+0.03)^4 - 1}{0.03}$$

用 scipy 模組來進行方程式求解的程式碼如下：

行	程式碼	說明
01	from scipy import optimize	# 導入 scipy 模組
02		
03	def f(A):	# 定義求解年金 A 的方程式
04	# A = ?	
05	r = 0.03	# 設定利率 r
06	n = 4	# 設定期數 n
07	FVAn = 4183.63	# 設定年金終值 FVAn
08	return A*((1+r)**n - 1)/r - FVAn	# 將普通年金終值公式表達成方程式
09		
10	root = optimize.root(f, x0=1)	# 進行求解
11	print(f" 每學年需存 {root.x[0]:.2f} 元。")	# 結果輸出

輸出結果如下：

每學年需存 1000.00 元。

(三) 求解範例三

釋例 7

大雄從上大學第一年開始，每學年開始時在銀行存入 1,000 元。4 年後畢業，大雄發現銀行存有 4,183.63 元。這些年的銀行利率是多少？

由題意，我們知道年金終值 FVA_n 為 4,183.63 元。每學年在銀行存入 1,000 元，所以年金 A 為 1000。期數為 4 年，所以有 4 筆年金，n 為 4。把 FVA_n、A、n 代入公式，便可以計算求出公式中剩下的利率 r。

$$4183.63 = 1000 \times \frac{(1+r)^4 - 1}{r}$$

用 scipy 模組來進行方程式求解的程式碼如下：

行	程式碼	說明
01	from scipy import optimize	# 導入 scipy 模組
02		
03	def f(r):	# 定義求解利率 r 的方程式
04	A = 1000	# 設定年金 A
05	# r = ?	
06	n = 4	# 設定期數 n
07	FVAn = 4183.63	# 設定年金終值 FVAn
08	return A*((1+r)**n - 1)/r - FVAn	# 將普通年金終值公式表達成方程式
09		
10	root = optimize.root(f, x0=1)	# 進行求解
11	print(f" 利率為 {root.x[0]:.2%}。")	# 結果輸出

輸出結果如下：

利率為 3.00%。

(四) 求解範例四

釋例 8

已知銀行利率為 3%，大雄每年定期在銀行存入 1,000 元。大雄需存多久，才能存到 4,183.63 元？

由題意，我們知道年金終值 FVA_n 為 4,183.63 元。每學年在銀行存入 1,000 元，所以年金 A 為 1000。利率 r 是 3%。把 FVA_n、A、r 代入公式，便可以計算求出公式中剩下的期數 n。

$$4183.63 = 1000 \times \frac{(1+0.03)^n - 1}{0.03}$$

用 scipy 模組來進行方程式求解的程式碼如下：

行	程式碼	說明
01	from scipy import optimize	# 導入 scipy 模組
02		
03	def f(n):	# 定義求解期數 n 的方程式
04	A = 1000	# 設定年金 A
05	r = 0.03	# 設定利率 r
06	# n = ?	
07	FVAn = 4183.63	# 設定年金終值 FVAn
08	return A*((1+r)**n - 1)/r - FVAn	# 將普通年金終值公式表達成方程式
09		
10	root = optimize.root(f, x0=1)	# 進行求解
11	print(f" 存款期為 {root.x[0]:.2f} 年。")	# 結果輸出

輸出結果如下：

存款期為 4.00 年。

五、由複利終值公式求解利率的方法一覽

(一) 求解範例

釋例 9

假定現在存入銀行 10,000 元，4 年後將取得本利和 14,641 元，利率是多少？

由題意，我們知道現值為 10,000 元，終值為 14,641 元，期數為 4 年。也就是 FV = 14641、PV = 10000、n = 4。把這些值代入公式中的 FV、PV、n，便可以計算求出公式中剩下的利率 r。

$$14641 = 10000 \times (1+r)^4$$

(二) 公式法

由複利終值公式可推導出利率 r 和其他變量的關係如下：

$$r = \sqrt[n]{\frac{FV_n}{PV_0}} - 1$$

將公式轉化為 Python 程序碼的表達式便可求得。實現如下：

行	程式碼	說明
01	FV = 14641	# 終值為 14641 元
02	PV = 10000	# 現值為 10000 元
03	n = 4	# 期數為 4 年
04	r = (FV/PV)**(1/n)-1	# 利率 r 的計算式
05	print(f" 利率為 {r:.2%}。")	# 結果輸出利率為 10.00%。

也可將公式寫成 Python 中的函數，實現如下：

行	程式碼	說明
01	def rate(FV, PV, n):	# 定義利率函數
02	return(FV/PV)**(1/n)-1	# 返回計算結果

或寫成如下的匿名函數：

行	程式碼	說明
01	rate= lambda FV, PV, n : (FV/PV)**(1/n)-1	# 利率的匿名函數

(三) 使用 scipy 模組

也可以用本章強調的 scipy 模組來進行方程式求解。程式碼如下：

行	程式碼	說明
01	from scipy import optimize	# 導入 scipy 模組
02		
03	def eq(r):	# 定義求解利率 r 的方程式

行	程式碼	說明
04	FV = 14641	# 設定終值 FV
05	PV = 10000	# 設定現值 PV
06	n = 4	# 設定期數 n
07	return PV*(1+r)**n-FV	# 將複利終值公式表達成方程式
08		
09	root = optimize.root(eq, x0=0)	# 進行求解
10		
11	print(f" 利率為 {root.x[0]:.2%}。")	# 結果輸出

輸出結果如下：

利率為 10.00%。

(四) 使用 sympy 模組

其實也可以用前一章提到的 sympy 模組來進行符號運算求解。原先要求解

$$14641 = 10000 \times (1+r)^4$$

相當於

$$0 = 10000 \times (1+r)^4 - 14641$$

建立此式子的表達式便可求解。程式碼如下：

行	程式碼	說明
01	import sympy as sym	# 導入 sympy 模組
02		
03	roots = sym.solve(10000*(1+r)**4-14641, r)	# 定義求解利率 r 的方程式
04	print(f" 利率為 {root.x[0]:.2%}。")	# 結果輸出

輸出一樣的結果如下：

利率為 10.00%。

爲了讓程式碼解讀性更高，更易重複使用，可加入變數。程式碼調整如下：

行	程式碼	說明
01	import sympy as sym	# 導入 sympy 模組
02	FV = 14641	# 設定終值 FV
03	PV = 10000	# 設定現值 PV
04	n = 4	# 設定期數 n
05		
06	roots = sym.solve(10000*(1+r)**4-14641, r)	# 定義求解利率 r 的方程式
07		
08	print(f" 利率為 {root.x[0]:.2%}。")	# 結果輸出

但程式碼第 2 到第 4 行的變量爲 Python 的變量。爲進行符號運算，先建立好公式中的符號會較規範些。程式碼調整如下：

行	程式碼	說明
01	import sympy as sym	# 導入 sympy 模組
02		
03	PV, r, n = sym.symbols('PV, r, n')	# 定義公式中的符號
04	FV = PV*(1+r)**n	# 定義求解利率 r 的方程式
05		
06	roots = sym.solve(FV.evalf(subs={PV:10000,n:4})-14641, r)	# 求解利率 r
07		
08	print(f" 利率為 {root.x[0]:.2%}。")	# 結果輸出

程式碼第 1 行用 sympy 模組先建立好公式中的符號。程式碼第 4 行定義求解利率 r 的公式，也就是複利終值公式。程式碼第 6 行利用 sympy 模組中的 solve() 方法求解利率 r。第 8 行輸出結果如下：

利率為 10.00%。

🔔 重點整理

■ 方程式求解是一個數學運算的過程，用於找到滿足特定條件的未知數值。

■ 使用股利折現模型（Dividend Discount Model）時，可以使用方程求解找到使股票價值等於現在價值的期望股利之和的折現率。

■ scipy 是 Python 中一個強大的科學計算模組。

■ 本章主要是運用子模組 scipy.optimize 來進行方程式求解。也可運用 sympy 模組中的 solve() 方法來進行符號運算並求解。

Chapter

10

現金流的數據結構

學習目標

🔔 運用 Python 中的數據結構來儲存現金流量。

🔔 掌握 Python 中的列表、字串和字典結構。

🔔 學會搭配 pandas 輸出現金流量。

🔔 懂得搭配 matplotlib 製圖。

一、現金流量的時間序列線

假設大雄有一個 3 年期的儲蓄計畫。第 1 年年末在銀行存入 5,000 元，第 2 年年末存入 8,000 元，第 3 年年末存入 3,000 元。爲清楚各時間點上的現金流量變化，我們可以描繪出一條現金流量的時間序列線。

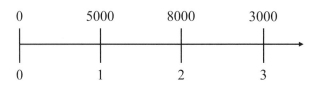

圖 10-1

在進行編程的時候，我們又該如何去記錄各期現金流量的訊息呢？本章節的研究主題便是利用 Python 中的數據結構來儲存現金流量。

二、使用列表結構

在 Python 之中，列表是一種很基本且可用來存放多筆數值的數據結構。在這個例子中，我們可以宣告一個列表變量 cashflows，來存放這幾期的現金流量。需要特別注意的是，變量 cashflows 也須記錄第 0 期的現金流量。所以，從第 0 期依序到第 3 期的現金流量是 0、5000、8000、3000，一共四筆現金流量。

宣告變量的程式碼如下：

行	程式碼	說明
01	cashflows = [0, 5000, 8000, 3000]	# 宣告變量存放各時間點上的現金流量

(一) 現金流量的縱向輸出

接下來，我們便可以搭配循環結構來顯示出各期的現金流量。最基礎的語法如下：

行	程式碼
02	for cf in cashflows:
03	print(f'{cf:>8}')

螢幕會看到輸出結果如下：

```
0
5000
8000
3000
```

很多時候，除了現金流量的金額外，我們還想看到時間點。只要修改一下程式碼，便能夠看到。程式碼如下：

行	程式碼
01	for n in range(len(cashflows)):
02	print(' 第 %d 期 : %.2f' % (n, cashflows[n]))

會看到結果輸出如下：

```
第 0 期 : 0.00
第 1 期 : 5000.00
第 2 期 : 8000.00
第 3 期 : 3000.00
```

為求簡潔，程式碼輸出可以改用 f-string。輸出結果一樣。

行	程式碼
01	for n in range(len(cashflows)):
02	print(f' 第 {n} 期 : {cashflows[n]:.2f}')

(二) 對齊方式

透過 f-string，我們還可以調整字符串的對齊方式。

1. 靠左對齊

行	程式碼
01	for n in range(len(cashflows)):
02	print(f' 第 {n} 期 : {cashflows[n]:<8.2f}')

輸出如下：

```
第 0 期 : 0.00
第 1 期 : 5000.00
第 2 期 : 8000.00
第 3 期 : 3000.00
```

2. 靠右對齊

行	程式碼
01	for n in range(len(cashflows)):
02	print(f' 第 {n} 期 : {cashflows[n]:>8.2f}')

輸出如下：

```
第 0 期 :     0.00
第 1 期 :  5000.00
第 2 期 :  8000.00
第 3 期 :  3000.00
```

3. 置中對齊

行	程式碼
01	for n in range(len(cashflows)):
02	print(f' 第 {n} 期 : {cashflows[n]:^8.2f}')

輸出如下：

第 0 期 :　　0.00
第 1 期 : 5000.00
第 2 期 : 8000.00
第 3 期 : 3000.00

上述的程式碼主要運用到 range() 函數，該函數預設索引值從 0 開始遞增。我們也可以用 enumerate() 函數達到相同效果，程式碼如下，看起來更加顯得簡潔。

行	程式碼
01	for n, cf in enumerate(cashflows):
02	print(f' 第 {n} 期 : {cf:>8.2f}')

輸出如下：

第 0 期 :　　0.00
第 1 期 : 5000.00
第 2 期 : 8000.00
第 3 期 : 3000.00

(三) 現金流量橫向輸出

在知道如何用 f-string 進行對齊之後，我們也可以橫向輸出現金流量。最簡單的方式如以下代碼：

行	程式碼
01	for cf in cashflows:
02	print(f"{cf:8.2f}", end=' '*2)

將要輸出的每一筆現金流量設定為 8 位數字（包含小數點符號，占一位數）。而用 print() 函數裡的 end 參數，將數字與數字之間空兩格。輸出效果如下：

0.00	5000.00	8000.00	3000.00

按著相同的方法去設定其他欄位的格式，便能產生表格。程式碼實現如下：

行	程式碼
01	print("Period".ljust(8), end=')
02	for n in range(len(cashflows)):
03	print(f"{n:>8}", end=' '*2)
04	print()
05	print("Cashflow".ljust(8), end=')
06	for cf in cashflows:
07	print(f"{cf:>8.2f}", end=' '*2)

輸出效果如下：

Period	0	1	2	3
Cashflow	0.00	5000.00	8000.00	3000.00

圖 10-2

在前面程式碼的基礎上，稍微調整　下，便能夠繪製出現金流量時間序列線。

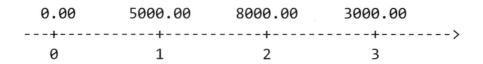

圖 10-3

如何實現，可參考如下的程式碼：

行	程式碼
01	for cf in cashflows:
02	print(f"{cf:^8.2f}", end=' '*4)
03	print()
04	for n in range(len(cashflows)):
05	print(f"{'+':-^8}", end='-'*4)
06	print(">")
07	for n in range(len(cashflows)):
08	print(f"{n:^8}", end=' '*4)

而底下的程式碼添加額外說明訊息。

行	程式碼
01	print("Cashflow".ljust(10),end="")
02	for cf in cashflows:
03	print(f"{cf:^8.2f}", end=' '*4)
04	print()
05	print(" ".ljust(10),end="")
06	for n in range(len(cashflows)):
07	print(f"{'+':-^8}", end='-'*4)
08	print(">")
09	print("period".ljust(10),end="")
10	for n in range(len(cashflows)):
11	print(f"{n:^8}", end=' '*4)

輸出效果如下：

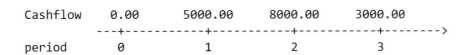

```
Cashflow    0.00       5000.00      8000.00      3000.00
            ---+-----------+-----------+-----------+-------->
period       0           1            2            3
```

圖 10-4

(四) 列表搭配 pandas 輸出

當然，如果應用 pandas 模組中的 DataFrame 會有更好的顯示效果。程式碼實現如下：

行	程式碼
01	from pandas import DataFrame
02	
03	d = DataFrame(columns=range(len(cashflows)))
04	d.loc['Cash Flows']=cashflows
05	
06	d

輸出結果如下：

	0	1	2	3
Cash Flows	0	5000	8000	3000

圖 10-5

我們也可增加期數訊息。程式碼實現如下：

行	程式碼
01	Period = [f" 第 {i} 期 " for i in range(len(cashflows))]
02	df = DataFrame({' 期數 ':Period, ' 現金流 ':cashflows})
03	df.stack().unstack(0)

輸出結果如下：

	0	1	2	3
期數	第0期	第1期	第2期	第3期
現金流	0	5000	8000	3000

圖 10-6

若嫌上邊的訊息多餘，也可進行調整，將期數的訊息設為 index。

行	程式碼
01	Period = [f" 第 {i} 期 " for i in range(len(cashflows))]
02	df = DataFrame({' 現金流 ':cashflows}, index = Period)
03	df.stack().unstack(0)

輸出結果如下：

	第0期	第1期	第2期	第3期
現金流	0	5000	8000	3000

圖 10-7

而下列指令能有不同的輸出方式，將表格縱向擺放：

行	程式碼
01	DataFrame({' 現金流 ':cashflows})

輸出結果如下：

	現金流
0	0
1	5000
2	8000
3	3000

圖 10-8

我們也可增加期數訊息。程式碼實現如下：

行	程式碼
01	Period = [f" 第 {i} 期 " for i in range(len(cashflows))]
02	DataFrame({' 期數 ':Period, ' 現金流 ':cashflows})

輸出結果如下：

	期數	現金流
0	第0期	0
1	第1期	5000
2	第2期	8000
3	第3期	3000

圖 10-9

若嫌最左邊的訊息多餘，也可進行調整。

行	程式碼
01	Period = [f" 第 {i} 期 " for i in range(len(cashflows))]
02	DataFrame({' 現金流 ':cashflows}, index = Period)

得到畫面輸出如下：

	現金流
第0期	0
第1期	5000
第2期	8000
第3期	3000

圖 10-10

(五) 列表搭配 matplotlib 製圖

　　在 Python 中，列表是很基本，而且應用十分廣泛的一種數據類型，所以可以很好地搭配諸多模組。在將現金流量以列表的數據類型儲存後，我們還可以用第三方模組 matplotlib 進行製圖。

1. 直方圖

　　用 matplotlib 繪製直方圖的程式碼如下：

行	程式碼
01	import matplotlib.pyplot as plt
02	
03	cashflows = [0, 5000, 8000, 3000]
04	period = list(range(len(cashflows)))
05	plt.xticks(period)
06	plt.xlabel("period")
07	plt.ylabel("Cash Flows")
08	plt.bar(period, cashflows)
09	plt.show()

　　輸出直方圖效果如下：

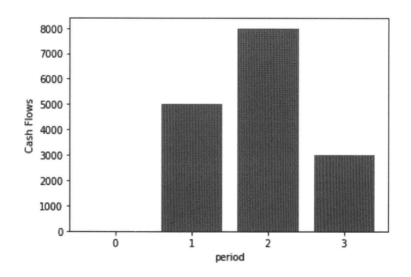

圖 10-11

2. 線形圖

用 matplotlib 繪製線形圖的程式碼如下：

行	程式碼
01	import matplotlib.pyplot as plt
02	
03	cashflows = [0, 5000, 8000, 3000]
04	period = list(range(len(cashflows)))
05	plt.xticks(period)
06	plt.xlabel("period")
07	plt.ylabel("Cash Flows")
08	plt.plot(period, cashflows)
09	plt.show()

輸出線形圖效果如下：

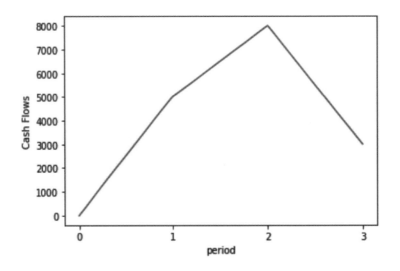

圖 10-12

3. 現金流量時間序列線

我們也可以活用 matplotlib 模組中的 quiver 方法來繪製現金流量時間序列線。quiver 方法原先是設計來繪製向量場的。當我們融會貫通就可拿來應用在不同的領域。以下程式碼便是在 Python 如何用 quiver 來實現現金流量時間序列線：

行	程式碼
01	import matplotlib.pyplot as plt
02	
03	plt.xlim(-1,4)
04	plt.ylim(-1,1)
05	plt.axis('off')
06	
07	plt.text(-1, 0.1, "Cash Flow", ha='center',weight="bold", color="black",fontsize =14)
08	plt.text(-1, -0.15, "Period", ha='center',weight="bold", color="black",fontsize =14)
09	
10	r = 0.1
11	for n, cf in enumerate(cashflows):
12	plt.quiver(n,0,1, 0, angles='xy',scale_units='xy',scale=1)
13	plt.text(n, -0.15, str(n), ha='center',weight="normal", color="b",fontsize =14)
14	plt.text(n, 0.1, cf, ha='center',weight="normal", color="b",fontsize =14)
15	import matplotlib.pyplot as plt

輸出線形圖效果如下：

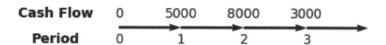

圖 10-13

由於不是正規用法，涉及的知識點較多，這裡不多做描述。請讀者自行參考。

4. 輸出中文

運用 matplotlib 進行製圖時，如果要輸出中文，須再加進底下三行代碼。

行	程式碼
01	import matplotlib as mpl
02	mpl.rcParams["font.sans-serif"] =["SimHei"]
03	mpl.rcParams["axes.unicode_minus"] =False

需要注意的地方是，在電腦上得要有對應的字型，否則會出現警示訊息。

```
findfont: Font family ['sans-serif'] not found. Falling back to DejaVu Sans.
findfont: Generic family 'sans-serif' not found because none of the following f
amilies were found: SimHei
findfont: Font family ['sans-serif'] not found. Falling back to DejaVu Sans.
findfont: Generic family 'sans-serif' not found because none of the following f
amilies were found: SimHei
```

圖 10-14

三、使用字串結構

　　字串也是常用的數據儲存方式。然而較不好進一步拿來做運算。一個簡單的處理之道就是先將字串中的現金流量先分割轉爲數字列表，之後便可比照第一節的方式操作使用。例如：第 1 年年末在銀行存入 5,000 元，第 2 年年末存入 8,000 元，第 3 年年末存入 3,000 元，用字串可能記錄現金流量爲 "0, 5000, 8000, 3000"。各期的現金流量用逗號「,」分隔著。我們可以用字串中的 split() 方法來進行分割。程式碼實現如下：

行	程式碼
01	s = "0, 5000, 8000, 3000"
02	L = s.split(', ')
03	
04	cashflows =[]
05	for a in L:
06	cashflows.append(int(a))
07	
08	cashflows

　　如此一來，便可將原先字串記錄的現金流量，轉爲數字，並儲放在數值列表中。分割時，須先判斷分隔符號及分隔方式。如爲 "0,5000,8000,3000"，分隔時沒有空格，則該用 split(',')。程式碼如下：

行	程式碼
01	S = "0,5000,8000,3000"
02	L = S.split(',')

如為 "0 5000 8000 3000"，僅用空格分隔，則該用 split(' ')。程式碼如下：

行	程式碼
01	S= "0 5000 8000 3000"
02	L = S.split(' ')

如為多行文字，每一行為不同時期的現金流量，則該用 split(' \n')。程式碼參考如下：

行	程式碼
01	S = """
02	0
03	5000
04	8000
05	3000
06	"""
07	S.strip().split('\n')

以上的 split() 方法，皆產生列表。

```
['0', '5000', '8000', '3000']
```

需要注意的是，split() 方法所返回的列表，儲放的還是字串類型的數據。我們還是透過 int() 函數進行轉換。故前述程式碼第 4 到 6 行便是在進行轉換，並將轉換好的數值類型的現金流量放在列表 cashflows 中。

四、使用字典結構

我們也可以使用字典結構來存放各期的現金流量。基本上，每一期就一筆淨現金流量。故可以用期數作為 key，而把現金流量當成 value 值來儲放。如在我們的例子中，第 1 年年末在銀行存入 5,000 元，故 5,000 元對第 1 年，鍵值對為 1:5000；第 2 年年末存入 8,000 元，故 8,000 元對第 2 年，鍵值對為 2:8000；第 3 年年末存入 3,000 元，故 3,000 元對第 3 年，鍵值對為 3:3000。字典結構儲放為 cashflows ={0:0, 1:5000, 2:8000, 3:3000}。我們一樣可以搭配 for 循環結構來顯示各期的現金流量。

程式碼實現如下：

行	程式碼
01	cashflows ={0:0, 1:5000, 2:8000, 3:3000}
02	for n, cf in cashflows.items():
03	print(f' 第 {n} 期 : {cf:>8}')

輸出結果如下：

第 0 期 :	0
第 1 期 :	5000
第 2 期 :	8000
第 3 期 :	3000

使用字典結構的好處，是可以忽略掉現金流量為 0 的時間點，只記錄有現金流量的資料。可以節省空間。對於開發週期較長或現金流量不規則的情況，有較好的處理。

舉例來說，現在有一項 10 年期的投資項目。一開始便得投入 100 萬，下一年 200 萬，又下一年 300 萬。到第 5 年時能回收 500 萬，最後一年第 10 年時能賺得 1,000 萬。

如果用列表來記錄現金流量的話，變量創建如下：

行	程式碼
01	cashflows = [-100, -200, -300, 0, 0, 500, 0, 0, 0, 0, 1000]

我們可以看到，在列表之中充滿很多 0，0 在很多的計算過程中，還是生成 0。當資料一多時，很容易造成輸入錯誤。這個時候，用字典能有較好的處理。如果用字典來記錄現金流量的話，變量創建如下：

行	程式碼
01	cashflows = {0:-100, 1:-200, 2:-300, 5:500, 10:1000}

　　因爲字典結構本身是鍵值配對，用於記錄現金流量的資料時，能更好地將「時間點」跟「現金流量」匹配在一起。較不容易造成輸入錯誤。而且不會影響現值終值的計算。如底下程式碼計算當利率爲 10% 時，各期現金流量的現值：

行	程式碼
01	cashflows = {0:-100, 1:-200, 2:-300, 5:500, 10:1000}
02	print(" 期數 ".ljust(4)+" 現金流量 ".center(8)+" 現值 ".center(8))
03	for n, cf in cashflows.items():
04	print(f' 第 {n:2} 期 :{cf:>8} {cf*(1+0.1)**-n:>8.2f}')

　　輸出結果如下：

```
期數       現金流量       現值
第  0 期 :      -100    -100.00
第  1 期 :      -200    -181.82
第  2 期 :      -300    -247.93
第  5 期 :       500     310.46
第 10 期 :      1000     385.54
```

五、應用：多筆現金流量的計算

　　在懂得如何把現金流量包裝成數據結構後，我們可以更進一步運用它來計算現值與終值。

(一) 多筆現金流量的現值

釋例 1

假定利率爲 10%，大雄有一個 3 年期的儲蓄計畫。第 1 年年末在銀行存入 5,000 元，第 2 年年末存入 8,000 元，第 3 年年末存入 3,000 元。這些錢，也就是三筆儲蓄，在當前的價值爲多少？

我們知道多筆現金流量的現值即為各單筆現金流量的現值之和。由題意，我們只要先算好這三筆現金流量的現值，再進行加總，便可以求得解答。

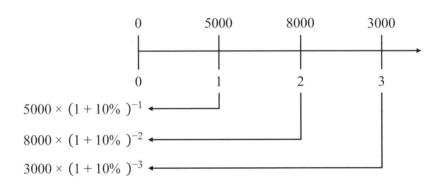

圖 10-15

底下的程式碼可以計算求出各單筆現金流量的現值：

行	程式碼
01	r = 0.1
02	cashflows = [0, 5000, 8000, 3000]
03	print(" 期數 ".ljust(4)+" 現金流量 ".center(8)+" 現值 ".center(8))
04	for n, cf in enumerate(cashflows):
05	print(f' 第 {n} 期 {cf:>8.2f} {cf*(1+r)**-n:>8.2f}')

輸出結果如下：

期數	現金流量	現值
第 0 期	0.00	0.00
第 1 期	5000.00	4545.45
第 2 期	8000.00	6611.57
第 3 期	3000.00	2253.94

我們很清楚地看到：第 1 年的 5,000 元，其現值為 4,545.45 元；第 2 年的 8,000 元，其現值為 6,611.57 元；第 3 年的 3,000 元，其現值為 2,253.94 元。如果要求其加總，只須宣告

一個新變量 total，調整一下程式碼，把各期現金流量的現值加到變量 total 中即可。程式碼實現如下：

行	程式碼
01	r = 0.1
02	cashflows = [0, 5000, 8000, 3000]
03	total = 0
04	print(" 期數 ".ljust(4)+" 現金流量 ".center(8)+" 現值 ".center(8))
05	for n, cf in enumerate(cashflows):
06	PV = cf*(1+r)**-n
07	total += PV
08	print(f' 第 {n} 期 {cf:>8.2f} {PV:>8.2f}')
09	
10	print(f'\n 現金流量現值加總為 {total:>8.2f}。')

輸出結果如下：

```
期數      現金流量      現值
第 0 期       0.00       0.00
第 1 期    5000.00    4545.45
第 2 期    8000.00    6611.57
第 3 期    3000.00    2253.94


現金流量現值加總為 13410.97。
```

假如我們不關心過多細節，不需要顯示太多訊息，也可以利用列表生成式，只要一行指令便可以生成各期現金流量的現值。程式碼實現如下：

行	程式碼
01	r = 0.1
02	cashflows = [0, 5000, 8000, 3000]
03	[cf*(1+r)**-n for n, cf in enumerate(cashflows)]

輸出結果如下：

[0.0, 4545.454545454545, 6611.570247933883, 2253.9444027047325]

如果要求其加總，只須運用一下 Python 提供的 sum() 函數。程式碼如下：

行	程式碼
01	sum([cf*(1+r)**-n for n, cf in enumerate(cashflows)])

輸出結果如下：

13410.96919609316

(二) 多筆現金流量的終值

釋例 2
假定利率為 10%，大雄有一個 3 年期的儲蓄計畫。第 1 年年末在銀行存入 5,000 元，第 2 年年末存入 8,000 元，第 3 年年末存入 3,000 元。請問大雄 3 年後共有多少錢？

我們知道多筆現金流量的終值即為各單筆現金流量的終值之和。由題意，我們只要先算好這三筆現金流量的終值，再進行加總，便可以求得解答。

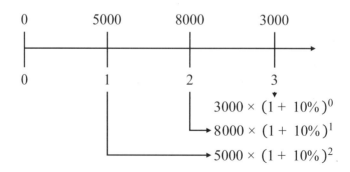

圖 10-16

底下的程式碼可以計算求出各單筆現金流量的終值：

行	程式碼
01	r = 0.1
02	t = 3
03	cashflows = [0, 5000, 8000, 3000]
04	print(" 期數 ".ljust(4)+" 現金流量 ".center(8)+" 終值 ".center(8))
05	for n, cf in enumerate(cashflows):
06	print(f' 第 {n} 期　{cf:>8.2f}　{cf*(1+r)**(t-n):>8.2f}')

輸出結果如下：

期數	現金流量	終值
第 0 期	0.00	0.00
第 1 期	5000.00	6050.00
第 2 期	8000.00	8800.00
第 3 期	3000.00	3000.00

我們很清楚地看到：第 1 年的 5,000 元，其終值為 6,050 元；第二年的 8,000 元，其終值為 8,800 元；第三年的 3,000 元，其終值為 3,000 元。如果要求其加總，只須宣告一個新變量 total，調整一下程式碼，把各期現金流量的終值加到變量 total 中即可。

程式碼實現如下：

行	程式碼
01	r = 0.1
02	t = 3
03	cashflows = [0, 5000, 8000, 3000]
04	total = 0
05	print(" 期數 ".ljust(4)+" 現金流量 ".center(8)+" 終值 ".center(8))
06	for n, cf in enumerate(cashflows):
07	FV = cf*(1+r)**(t-n)
08	total += FV
09	print(f' 第 {n} 期　{cf:>8.2f}　{FV:>8.2f}')

行	程式碼
10	
11	print(f'\n 現金流量終值加總為 {total:>8.2f}。')

輸出結果如下：

```
期數      現金流量      終值
第 0 期      0.00        0.00
第 1 期    5000.00    6050.00
第 2 期    8000.00    8800.00
第 3 期    3000.00    3000.00


現金流量終值加總為 17850.00。
```

假如我們不關心過多細節，不需要顯示太多訊息，也可以利用列表生成式，只要一行指令便可以生成各期現金流量的終值。程式碼實現如下：

行	程式碼
01	r = 0.1
02	t = 3
03	cashflows = [0, 5000, 8000, 3000]
04	[cf*(1+r)**(t-n) for n, cf in enumerate(cashflows)]

輸出結果如下：

```
[0.0, 6050.000000000001, 8800.0, 3000.0]
```

如果要求其加總，只須運用一下 Python 提供的 sum() 函數。程式碼如下：

行	程式碼
01	sum([cf*(1+r)**(t-n) for n, cf in enumerate(cashflows)])

輸出結果如下：

17850.0

六、年金的計算

在現實生活中，我們經常碰到多期等額現金流量的問題。例如：汽車貸款以及住房貸款都是用分期付款的方式償還。借款人通常會在一段時間內每期償還固定的金額。幾乎所有的消費貸款都具有固定付款額的特點，一般來說一個月支付一次。普通年金（annuity）發生在每期期末。年金不僅是多筆的現金流量，而且還是每期都相同、帶有規律的現金流量。所以我們也可以用上一節的方法來計算年金的現值與終值。

(一) 普通年金終值

釋例 3

假設銀行利率為 5%，從本年起連續 3 年，每年年末在銀行存入 10,000 元。那麼，3 年後將獲得的本利和是多少？

多筆現金流量的終值即為各單筆現金流量的終值之和。由題意，我們只要先算好這三筆現金流量的終值，再進行加總，便可以求得解答。

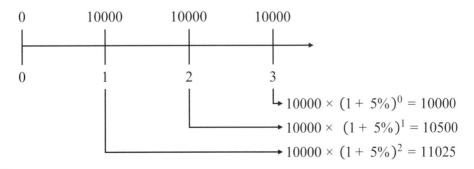

圖 10-17

底下的程式碼可以計算求出各單筆現金流量的終值及總和：

行	程式碼
01	r = 0.05
02	t = 3
03	cashflows = [0, 10000, 10000, 10000]
04	total = 0
05	print(" 期數 ".ljust(4)+" 現金流量 ".center(8)+" 終值 ".center(8))
06	for n, cf in enumerate(cashflows):
07	FV = cf*(1+r)**(t-n)
08	total += FV
09	print(f' 第 {n} 期 {cf:>8.2f} {FV:>8.2f}')
10	
11	print(f'\n 現金流量終值加總為 {total:>8.2f} 。')

輸出結果如下：

```
期數      現金流量       終值
第 0 期        0.00        0.00
第 1 期    10000.00    11025.00
第 2 期    10000.00    10500.00
第 3 期    10000.00    10000.00

現金流量終值加總為 31525.00 。
```

我們很清楚地看到：第一年的 10,000 元，其終值為 11,025 元；第二年的 10,000 元，其終值為 10,500 元；第三年的 10,000 元，其終值為 10,000 元。加總為 31,525 元。其結果和圖示計算的相同。

其中程式碼第 3 行，

```
cashflows = [0, 10000, 10000, 10000]
```

為了簡便，也可以運用 Python 程式語言中的列表操作，寫成

cashflows = [0] + [10000]*3

兩者效果一樣，但後者更適用於年金。

假如我們不關心過多細節，不需要顯示太多訊息，也可以利用列表生成式直接生成年金終值。程式碼實現如下：

行	程式碼
01	sum([cf*(1+0.05)**(3-n) for n, cf in enumerate([0] + [10000]*3)])

輸出結果如下：

31525.0

(二) 普通年金現值

釋例 4

假設銀行利率為 5%，大雄希望在未來 3 年的每年年末都收到 1 筆 10,000 元的現金，那麼大雄現在需要在銀行存入多少錢？

多筆現金流量的現值即為各單筆現金流量的現值之和。由題意，我們只要先算好這三筆現金流量的現值，再進行加總，便可以求得解答。

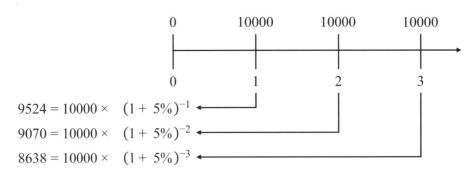

$$9524 = 10000 \times (1 + 5\%)^{-1}$$
$$9070 = 10000 \times (1 + 5\%)^{-2}$$
$$8638 = 10000 \times (1 + 5\%)^{-3}$$

圖 10-18

底下的程式碼可以計算求出各單筆現金流量的現值及總和：

行	程式碼
01	r = 0.05
02	cashflows = [0] + [10000]*3
03	total = 0
04	print(" 期數 ".ljust(4)+" 現金流量 ".center(8)+" 現值 ".center(8))
05	for n, cf in enumerate(cashflows):
06	PV = cf*(1+r)**-n
07	total += PV
08	print(f' 第 {n} 期 {cf:>8.2f} {PV:>8.2f}')
09	
10	print(f'\n 現金流量現值加總為 {total:>8.2f}。')

輸出結果如下：

```
期數      現金流量      現值
第 0 期       0.00       0.00
第 1 期    10000.00    9523.81
第 2 期    10000.00    9070.29
第 3 期    10000.00    8638.38

現金流量現值加總為 27232.48。
```

我們很清楚地看到：第 1 年的 10,000 元，其現值為 9,523.81 元；第 2 年的 10,000 元，其現值為 9,070.29 元；第 3 年的 10,000 元，其現值為 8638.38 元。加總為 27232.48 元。其結果和圖示計算的相同。

假如我們不關心過多細節，不需要顯示太多訊息，也可以利用列表生成式直接生成年金現值。程式碼實現如下：

行	程式碼
01	sum([cf*(1+0.05)**-n for n, cf in enumerate([0] + [10000]*3)])

輸出結果如下：

```
27232.480293704783
```

(三) 先付年金終值

釋例 5

假設銀行利率為 5%，從本年起連續 3 年，每年年初在銀行存入 10,000 元。那麼，3 年後將獲得的本利和是多少？

多筆現金流量的終值即為各單筆現金流量的終值之和。由題意，我們只要先算好這三筆現金流量的終值，再進行加總，便可以求得解答。

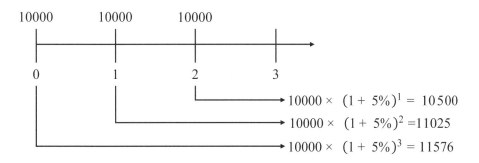

圖 10-19

底下的程式碼可以計算求出各單筆現金流量的終值及總和：

行	程式碼
01	r = 0.05
02	t = 3
03	cashflows = [10000]*3 + [0]
04	total = 0
05	print(" 期數 ".ljust(4)+" 現金流量 ".center(8)+" 終值 ".center(8))
06	for n, cf in enumerate(cashflows):
07	FV = cf*(1+r)**(t-n)
08	total += FV
09	print(f' 第 {n} 期 {cf:>8.2f} {FV:>8.2f}')
10	
11	print(f'\n 現金流量終值加總為 {total:>8.2f} 。')

輸出結果如下：

期數	現金流量	終值
第 0 期	10000.00	11576.25
第 1 期	10000.00	11025.00
第 2 期	10000.00	10500.00
第 3 期	0.00	0.00
現金流量終值加總為 33101.25 。		

我們很清楚地看到：現在存入的 10,000 元，其終值為 11,576.25 元；第 1 年的 10,000 元，其終值為 11,025.00 元；第 2 年的 10,000 元，其終值為 10,500.00 元。加總為 33101.25 元。其結果和圖示計算的相同。

這裡的程式碼其實和計算普通年金終值時的程式碼大同小異，主要變更了程式碼第 3 行，改變現金流量的結構。

```
cashflows = [10000]*3 + [0]
```

由此可知，只要掌握好現金流量的結構，任何複雜的現金流量問題，都能輕易算出現值及終值。

(四) 先付年金現值

釋例 6
假設銀行利率為 5%，大雄希望在未來 3 年的每年年初都收到 1 筆 10,000 元的現金，那麼大雄現在需要在銀行存入多少錢？

多筆現金流量的現值即為各單筆現金流量的現值之和。由題意，我們只要先算好這三筆現金流量的現值，再進行加總，便可以求得解答。

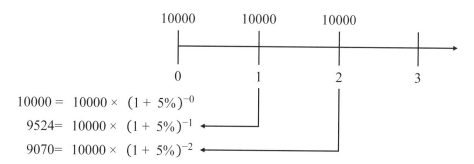

圖 10-20

我們一樣只要調整一下程式碼，改變現金流量的結構，就可以計算求出各單筆現金流量的現值及總和：

行	程式碼
01	r = 0.05
02	cashflows = [10000]*3 + [0]
03	total = 0
04	print(" 期數 ".ljust(4)+" 現金流量 ".center(8)+" 現值 ".center(8))
05	for n, cf in enumerate(cashflows):
06	PV = cf*(1+r)**-n
07	total += PV
08	print(f' 第 {n} 期 {cf:>8.2f} {PV:>8.2f}')
09	
10	print(f'\n 現金流量現值加總為 {total:>8.2f} 。')

輸出結果如下：

期數	現金流量	現值
第 0 期	10000.00	10000.00
第 1 期	10000.00	9523.81
第 2 期	10000.00	9070.29
第 3 期	0.00	0.00

現金流量現值加總為 28594.10。

我們很清楚地看到：現在的 10,000 元，其現值為 10,000 元；第 1 年的 10,000 元，其現值為 9,523.81 元；第 2 年的 10,000 元，其現值為 9,070.29 元。加總為 28,594.10 元，其結果和圖示計算的相同。

(五) 遞延年金終值

釋例 7

假設銀行利率為 5%，從第二年起連續 3 年，每年年末在銀行存入 10,000 元。那麼，4 年後將獲得的本利和是多少？

由題意，我們可以畫出如下的現金流量時間序列圖來分析。多筆現金流量的終值即為各單筆現金流量的終值之和。我們只要先算好這三筆現金流量的終值，再進行加總，便可以求得解答。

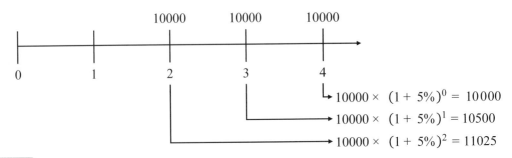

圖 10-21

　　我們一樣只要調整一下程式碼，改變現金流量的結構，就可以計算求出各筆現金流量的終值及總和：

行	程式碼
01	r = 0.05
02	t = 4
03	cashflows =[0]*2 +[10000]*3
04	total = 0
05	print(" 期數 ".ljust(4)+" 現金流量 ".center(8)+" 終值 ".center(8))
06	for n, cf in enumerate(cashflows):
07	FV = cf*(1+r)**(t-n)
08	total += FV
09	print(f' 第 {n} 期　{cf:>8.2f}　{FV:>8.2f}')
10	
11	print(f'\n 現金流量終值加總為 {total:>8.2f}。')

　　由於我們現在求的終值是指這些錢在第四年的價值，故將 t 設為 4。而現金流量的結構是從第 2 年起連續 3 年存入 10,000 元，當前跟第 1 年並沒有存錢，故前二個時間點為 0，後三個時間點為 10000。

　　輸出結果如下：

```
期數      現金流量        終值
第 0 期      0.00        0.00
第 1 期      0.00        0.00
第 2 期   10000.00    11025.00
第 3 期   10000.00    10500.00
第 4 期   10000.00    10000.00

現金流量終值加總為 31525.00。
```

　　我們很清楚地看到各期現金流量的終值及其總和，其結果和圖示計算的相同。

(六) 遞延年金現值

釋例 8
假設銀行利率為 5%，從第二年起連續 3 年，每年年末在銀行存入 10,000 元。那麼，這些錢目前的價值為何？

　　由題意，我們可以畫出如下的現金流量時間序列圖來分析。多筆現金流量的現值即為各單筆現金流量的現值之和。我們只要先算好這三筆現金流量的現值，再進行加總，便可以求得解答。

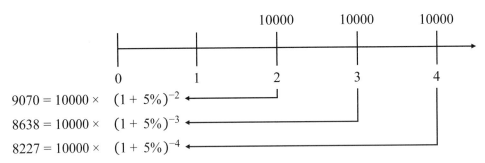

圖 10-22

　　我們一樣只要調整一下程式碼，改變現金流量的結構，就可以計算求出各筆現金流量的現值及總和。

行	程式碼
01	r = 0.05
02	cashflows =[0]*2 +[10000]*3
03	total = 0
04	print(" 期數 ".ljust(4)+" 現金流量 ".center(8)+" 現值 ".center(8))
05	for n, cf in enumerate(cashflows):
06	PV = cf*(1+r)**-n
07	total += PV
08	print(f' 第 {n} 期 {cf:>8.2f} {PV:>8.2f}')
09	
10	print(f'\n 現金流量現值加總為 {total:>8.2f} 。')

這裡的程式碼其實和計算普通年金終值時的程式碼大同小異，主要變更了程式碼第 2 行，改變現金流量的結構。

輸出結果如下：

期數	現金流量	現值
第 0 期	0.00	0.00
第 1 期	0.00	0.00
第 2 期	10000.00	9070.29
第 3 期	10000.00	8638.38
第 4 期	10000.00	8227.02

現金流量現值加總為 25935.70。

我們很清楚地看到：第 2 年的 10,000 元，其現值為 9,070.29 元；第 3 年的 10,000 元，其現值為 8,638.38 元；第 4 年的 10,000 元，其現值為 8,227.02 元。加總為 25,935.70 元。

重點整理

- 在 Python 之中，列表是一種很基本且可用來存放多筆數值的數據結構。
- 列表可以搭配循環結構來顯示出各期的現金流量。
- 透過 f-string 可以調整字符串的對齊方式。
- 字串也是常用的數據儲存方式。然而較不好進一步拿來做運算。
- 以使用字典結構來存放各期的現金流量。

核心程式碼

■現金流的主要數據結構

數據結構	程式碼
列表	CashFlow =[-30000, 15000, 12000, 8000, 3000]
字典	CashFlow ={0:-30000, 1:15000, 2:12000, 3:8000, 4:3000}

■ 現金流的字串形式

分隔符號	程式碼
','	s = "-30000,15000,1200,8000,2000" L = s.split(',')
', '	s = "-30000, 15000, 1200, 8000, 2000" L = s.split(', ')
' '	s = "-30000 15000 1200 8000 2000" L = s.split(' ')
'\n'	s = """ -30000 15000 1200 8000 2000 """ L = s.strip().split('\n')

■ 將字串形式轉變為整數

程式碼
CashFlow =[] for a in L: CashFlow.append(int(a)) CashFlow

■ 單筆現金流的輸出呈現

	程式碼	輸出結果
宣告變量	n = 4 cashflow = 1000	
print	print(n, cashflow)	4 1000
print	print(' 第 ', n, ' 期:', cashflow)	第 4 期:1000
%d	print(' 第 %d 期 : %d' % (n, cashflow))	第 4 期:1000
format	print(' 第 {0} 期 : {1:>8}'.format(n, cashflow))	第 4 期: 1000
f-string	print(f' 第 {n} 期 : {cashflow:>8}')	第 4 期: 1000

債券

⌂ 掌握債券的專業術語和相關概念。

⌂ 明瞭平息債券、零息債券、到期一次還本付息債券的估價方法。

⌂ 理解到期殖利率的求解方法。

⌂ 明白發行價格與其面值之間的關係。

一、債券的基本概念

(一) 基本概念

我們先來介紹與債券相關的基本概念。債券（Bond）是一種有價證券，也是一種金融商品。通常由公司和政府發行，用以向社會大眾籌集資金，並且承諾在未來支付本金和利息。投資者購買債券，會獲得債券憑證（Bond Certificate）。憑證上記載有面值、票面利息、到期日、條款和說明等事項。

(二) 相關術語

在對債券進行估價的時候，我們需要先知道一些與債券相關的專業術語。

1. 債券面值

債券面值（Face Value）是指債券的票面價值，它通常表示債券到期時公司應付給債券持有者的金額。債券到期時，發行人將會根據債券憑證上標明的債券面值來償還本金。例如：假定有一張債券，其面值為 1,000 元，則債券到期時，發行人將會償還債券持有人，也就是投資人，1,000 元本金。

2. 期限

債券都有明確的到期日（Maturity Date）。債券從發行之日起至到期日之間的時間稱為債券的期限（Term）。期限可以是一年、半年或者是一個季度等。期限內，公司必須定期支付利息。到期時，公司必須償還本金。

3. 票面利息

債券的票面利息（Coupons），為發行人承諾支付給投資者的利息金額。債券上通常都載明支付利息時所用的債券利率，稱為票面利率（Coupon Rate）。票面利率大小由發行人決定。將票面利率和票面價值相乘，便得到支付給投資者的票面利息。公式如下：

票面利息＝債券本金 × 票面利率

例如：假定有一張債券，其面值為 1,000 元，票面利率為 8%，每年支付一次利息。那麼，這張債券每年支付的利息金額為 1,000×8%=80 元。我們只要在 Python 中，輸入 1000 * 0.08 便可以得到答案。

票面利息支付方式有多種形式。如果債券利息在債券期限內平均支付，這種債券被稱為**平息債券**（Level-Coupon Bond）。如果在期限內不支付利息，投資者只能在債券到期時獲得一次性的支付，這種債券被稱為**零息債券**（Zero-coupon Bond）。零息債券通常會以低於面值的價格出售。

(三) 債券估價的基本模型

理論上，債券的面值就應是它的價格。但事實上並非如此。債券的面值是固定的，價格卻是經常變化的。發行者計息還本，依據的是債券的面值而非其價格。在財務管理中，所謂的資產價值，便是看該資產於未來能帶來多少現金流量？再將所預期的現金流量利用折現率進行折現，算出現值。未來所預期的現金流量之和，便是該資產的價值。而債券的價格取決於三個主要因素：預期現金流量、折現率以及債券的到期期間。折現率通常是市場利率或投資者要求的必要報酬率。我們只要掌握住債券未來的預期的現金流結構，利用折現率進行折現，便可以算出債券的理論價值。而債券的價格便是由其理論價值來決定的。即使平息債券與零息債券有不同的現金流結構，運用財務管理中的價值觀念，我們都能夠算出其價值。

二、平息債券的估價

(一) 平息債券的定義

平息債券在期限內平均支付利息，到期時，償還本金。因此，購買平息債券的投資人在持有平息債券之後主要可預期的現金流量便是本金和利息。

假定有張平息債券到期前的年數為 n，債券的本金（面值）為 M，票面利率為 c，r 表示投資者投資債券時所用的折現率，INT_n 表示持有期間每期支付的票面利息。由前面我們知道，票面利息為票面利率和票面價值相乘的結果。所以，$INT_n = M \times c$。

為便於理解平息債券的現金流結構，我們可以畫出現金流量時間序列線：

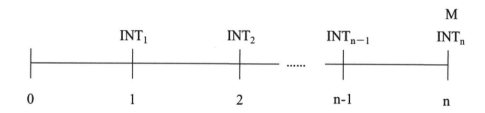

圖 11-1

本金和利息的現值之和，便是平息債券的價值。本金的現值公式為：

$$\frac{M}{(1+r)^n}$$

利息的現值公式為：

$$\left[\frac{INT_1}{(1+r)^1}+\frac{INT_2}{(1+r)^2}+\cdots+\frac{INT_n}{(1+r)^n}\right]=\left[\sum_{i=1}^{n}\frac{INT_i}{(1+r)^i}\right]$$

如果債券每期支付的票面利息都相等，$INT_n = INT$，便是年金的架構，可以套用普通年金的現值公式。

$$PVA_n = A\left[\frac{1-\dfrac{1}{(1+r)^n}}{r}\right]=INT\left[\frac{1-\dfrac{1}{(1+r)^n}}{r}\right]$$

故債券價值的公式可以這樣表示：

$$V_d = INT\left[\frac{1-\dfrac{1}{(1+r)^n}}{r}\right]+\frac{M}{(1+r)^n}$$

(二) 平息債券的計算範例

釋例 1
假定有一張面值爲 1,000 元的債券，票面利率爲 8%，每年支付一次利息，債券到期時間是 5 年，投資者的折現率爲 10%。則該債券的價值應當是多少？

我們知道：票面利息 = 債券本金 × 票面利率。由題意，可以算出這張債券每年支付的利息金額爲 1,000×8%=80 元。而債券到期時，發行人將會償還本金 1,000 元。故本金和票面利息分別是 1,000 元和 80 元。我們可以先畫出債券的現金流量時間序列線：

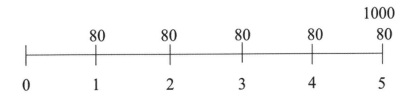

圖 11-2

利用債券價值的公式，我們可以算出債券價值爲 924.1843 元。

$$V_d = INT\left[\frac{1 - \frac{1}{(1+r)^n}}{r}\right] + \frac{M}{(1+r)^n} = 80 \times \left[\frac{1 - \frac{1}{(1+10\%)^5}}{10\%}\right] + \frac{1000}{(1+10\%)^5} = 924.1843$$

(三) 用 Python 計算平息債券的價格

1. Python 實現代碼 I

我們可以用 Python 來進行計算，代碼實現如下：

行	程式碼	說明
01	M = 1000	# 宣告變量 M 存放本金
02	c = 0.08	# 宣告變量 c 存放票面利率
03	r = 0.10	# 宣告變量 r 存放折現率
04	n = 5	# 宣告變量 n 存放期數

行	程式碼	說明
05		
06	Int = M * c	# 票面利息＝債券本金 × 票面利率
07	Value = Int*(1-(1+r)**-n)/r + M*(1+r)**-n	# 債券價值的公式
08		
09	print(f" 債券價值為： {Value:.4f} 元。")	# 輸出結果為，債券價值為：924.1843 元。

輸出結果為：

債券價值為：924.1843 元。

2. Python 實現代碼 II

我們也可以先在 Python 中，用函數定義好債券價值的公式，再進行計算。債券價值的公式運用到了複利現值公式和普通年金現值公式。先用函數定義複利現值公式：

行	程式碼	說明
01	def PV(FV, r, n):	# 定義複利現值公式
02	return FV*(1+r)**-n	

再用函數定義普通年金現值公式：

行	程式碼	說明
01	def PVA(A, r, n):	# 定義普通年金現值公式
02	return A*(1-(1+r)**-n)/r	

最後，用函數定義債券的價格公式。債券的價格取決於三個主要因素：預期現金流量、折現率以及債券的到期期間。而其中的現金流量包含了本金和票面利息。這些因素都是函數計算債券的價值所需要的參數。代碼實現如下：

行	程式碼	說明
01	def BondValue(M, c, r, n):	# 債券的價格公式
02	INT = M*c	
03	return PV(M, r, n) + PVA(INT, r, n)	

用函數定義好債券價值的公式後，我們便可以呼叫 BondValue() 函數來進行計算。代碼如下：

行	程式碼	說明
01	BondValue(M=1000, c=0.08, r=0.10, n = 5)	# 呼叫 BondValue() 函數

輸出結果為：

```
924.1843
```

如需更詳細的訊息，可參考下列代碼：

行	程式碼
01	print(f" 債券價值為：{BondValue(M=1000, c=0.08, r=0.10, n = 5):.4f} 元。")

輸出結果如下：

```
債券價值為：924.1843 元。
```

完整的程式碼參考如下：

行	程式碼
01	# 複利現值公式
02	def PV(FV, r, n):
03	return FV*(1+r)**-n
04	
05	# 普通年金現值公式

行	程式碼
06	def PVA(A, r, n):
07	return A*(1-(1+r)**-n)/r
08	
09	# 債券的價格公式
10	def BondValue(M, c, r, n):
11	INT = M*c
12	return PV(M, r, n) + PVA(INT, r, n)
13	
14	# 設定參數值
15	M = 1000
16	c = 0.08
17	r = 0.10
18	n = 5
19	
20	print(f" 債券價值為： {BondValue(M, c, r, n):.4f} 元。")

3. Python 實現代碼 III

我們知道多筆現金流量的現值即為各單筆現金流量的現值之和。由題意，我們只要先算好這些本金和票面利息現值，再進行加總，便可以求得解答。其現金流結構用列表來表示為

```
cashflows = [0, 80, 80, 80, 80, 1080]
```

以下程式碼可以計算求出各單筆現金流量的現值及總和：

行	程式碼
01	M = 1000
02	c = 0.08
03	r = 0.10
04	n = 5
05	
06	Int = M * c
07	
08	cashflows =[0] +[Int]*4 + [Int+M]
09	total = 0

行	程式碼
10	print(" 期數 ".ljust(4)+" 現金流量 ".center(8)+" 現值 ".center(8))
11	for n, cf in enumerate(cashflows):
12	PV = cf*(1+r)**-n
13	total += PV
14	print(f' 第 {n} 期 {cf:>8.2f} {PV:>8.2f}')
15	
16	print(f'\n 現金流量現值加總為 {total:>8.2f} 。')

輸出結果如下：

```
期數      現金流量       現值
第 0 期      0.00       0.00
第 1 期     80.00      72.73
第 2 期     80.00      66.12
第 3 期     80.00      60.11
第 4 期     80.00      54.64
第 5 期   1080.00     670.60


現金流量現值加總為 924.18 。
```

假如我們不關心過多細節，不需要顯示太多訊息，也可以利用列表生成式直接計算債券價值。程式碼實現如下：

行	程式碼
02	cashflows = [0, 80, 80, 80, 80, 1080]
03	r = 0.10
04	sum([cf*(1+r)**-n for n, cf in enumerate(cashflows)])

輸出結果如下：

```
924.1842646118307
```

三、零息債券的估價

(一) 零息債券的定義

　　零息債券在期限內不支付利息。投資者只能在債券到期時收到一筆一次性的支付。相當於債券的價格公式中的 $INT_n = 0$。因此，零息債券的價值計算相對簡單，零息債券的價值公式可以這樣表示：

$$V_d = \frac{M}{(1+r)^n}$$

(二) 零息債券的計算範例

釋例 2
假定有一張面值為 1,000 元的債券，票面利率為 8%，債券到期時間是 5 年，期限內不支付利息，投資者的折現率為 10%。則該債券的價值應當是多少？

　　由題意，該債券期限內不支付利息，故我們知道該債券是一張零息債券，票面利息為零。投資者只能在債券到期時收到本金 1,000 元。

　　我們可以先畫出債券的現金流量時間序列線：

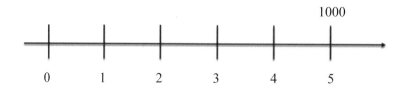

圖 11-3

　　利用債券價值的公式，我們可以算出債券價值為 620.9213 元。

$$V_d = INT\left[\frac{1 - \frac{1}{(1+r)^n}}{r}\right] + \frac{M}{(1+r)^n} = 0 \times \left[\frac{1 - \frac{1}{(1+10\%)^5}}{10\%}\right] + \frac{1000}{(1+10\%)^5} = 620.9213$$

(三) 用 Python 計算零息債券的價格

1. Python 實現代碼 I

我們可以用 Python 來進行計算，在前面程式碼的基礎上，我們只需要將用以存放票面利率的變量 c 設為 0 即可。代碼實現如下：

行	程式碼	說明
01	M = 1000	# 宣告變量 M 存放本金
02	c = 0.0	# 宣告變量 c 存放票面利率
03	r = 0.10	# 宣告變量 r 存放折現率
04	n = 5	# 宣告變量 n 存放期數
05		
06	Int = M * c	# 票面利息＝債券本金 × 票面利率
07	Value = Int*(1-(1+r)**-n)/r + M*(1+r)**-n	# 債券價值的公式
08		
09	print(f" 債券價值為：{Value:.4f} 元。")	# 輸出結果為，債券價值為：620.9213 元。

輸出結果為：

```
債券價值為：620.9213 元。
```

2. Python 實現代碼 II

我們也可以調用先前定義好的債券價值的函數 BondValue() 來進行計算。代碼實現如下：

行	程式碼	說明
01	BondValue(M=1000, c=0.00, r=0.10, n = 5)	# 呼叫 BondValue() 函數

輸出結果為：

```
620.9213
```

如需更詳細的訊息，可參考下列代碼：

行	程式碼
01	print(f" 債券價值為：{BondValue(M=1000, c=0.00, r=0.10, n = 5):.4f} 元。")

輸出結果如下：

債券價值為：620.9213 元。

完整的程式碼參考如下：

行	程式碼
01	# 複利現值公式
02	def PV(FV, r, n):
03	return FV*(1+r)**-n
04	
05	# 普通年金現值公式
06	def PVA(A, r, n):
07	return A*(1-(1+r)**-n)/r
08	
09	# 債券的價格公式
10	def BondValue(M, c, r, n):
11	INT = M*c
12	return PV(M, r, n) + PVA(INT, r, n)
13	
14	# 設定參數值
15	M = 1000
16	c = 0.00
17	r = 0.10
18	n = 5
19	
20	print(f" 債券價值為：{BondValue(M, c, r, n):.4f} 元。")

只需要在程式碼第 16 行，將用以存放票面利率的變量 c 設為 0 即可。

3. Python 實現代碼 III

我們也可以通過調整現金流結構來計算。其現金流結構用列表來表示為：

```
cashflows = [0, 0, 0, 0, 0, 1000]
```

以下程式碼可以計算求出各單筆現金流量的現值及總和：

行	程式碼
01	M = 1000
02	c = 0.00
03	r = 0.10
04	n = 5
05	
06	Int = M * c
07	
08	cashflows =[0] +[Int]*4 + [M]
09	total = 0
10	print(" 期數 ".ljust(4)+" 現金流量 ".center(8)+" 現值 ".center(8))
11	for n, cf in enumerate(cashflows):
12	PV = cf*(1+r)**-n
13	total += PV
14	print(f' 第 {n} 期 {cf:>8.2f} {PV:>8.2f}')
15	
16	print(f'\n 現金流量現值加總為 {total:>8.2f} 。')

輸出結果如下：

期數	現金流量	現值
第 0 期	0.00	0.00
第 1 期	0.00	0.00
第 2 期	0.00	0.00
第 3 期	0.00	0.00

第 4 期	0.00	0.00
第 5 期	1000.00	620.92

現金流量現值加總為 620.92。

　　假如我們不關心過多細節，不需要顯示太多訊息，也可以利用列表生成式直接計算債券價值。程式碼實現如下：

行	程式碼
01	cashflows = [0, 0, 0, 0, 0, 1000]
02	r = 0.10
03	sum([cf*(1+r)**-n for n, cf in enumerate(cashflows)])

　　輸出結果如下：

620.9213230591549

四、到期一次還本付息債券的估價

(一) 到期一次還本付息的意義

　　又有一類債券，在期限內並不支付利息。而是在債券到期時一次還本付息。假定期限為 n，每期支付的票面利息為 INT，債券的本金（面值）為 M。則在債券到期時，會有 n×INT + M 的現金流量。因此，這類債券的價值公式可以表示如下：

$$V_d = \frac{n \times INT + M}{(1 + r)^n}$$

(二) 到期一次還本付息債券的計算範例

釋例 3
假定有一張面值為 1,000 元的債券，票面利率為 8%，債券到期時間是 5 年，期限內不支付利息，到期時一次還本付息。投資者的折現率為 10%。則該債券的價值應當是多少？

　　我們知道：票面利息 = 債券本金 × 票面利率。由題意，可以算出這張債券每年支付的利息金額應該為 1,000×8%=80 元。但該債券期限內不支付利息，到期時一次還本付息。故到期時，利息累計為 80×5=400 元。而債券到期時，發行人還會償還本金 1,000 元。我們可以畫出如下的現金流量時間序列線：

圖 11-4

　　利用複利現值的公式，我們可以算出債券價值為 869.2899 元。

$$V_d = \frac{M}{(1+r)^n} = \frac{5 \times 80 + 1000}{(1+10\%)^5} = 869.2899$$

(三) 用 Python 計算到期一次還本付息債券的價格

1. Python 實現代碼 I

我們可以用 Python 來進行計算，代碼實現如下：

行	程式碼	說明
01	M = 1000	# 宣告變量 M 存放本金
02	c= 0.08	# 宣告變量 c 存放票面利率
03	r = 0.10	# 宣告變量 r 存放折現率
04	n = 5	# 宣告變量 n 存放期數

行	程式碼	說明
05		
06	Int = M * c	# 票面利息＝債券本金 × 票面利率
07	Value = (n*Int + M)*(1+r)**-n	# 價值的公式
08		
09	print(f" 債券價值為：{Value:.4f} 元。")	# 輸出結果為，債券價值為：869.2899 元。

輸出結果為：

債券價值為：869.2899 元。

2. Python 實現代碼 II

也可以先前在 Python 中定義好的複利現值函數來求解。程式碼參考如下：

行	程式碼
01	# 複利現值公式
02	def PV(FV, r, n):
03	return FV*(1+r)**-n
04	
05	# 設定參數值
06	M = 1000
07	c = 0.08
08	r = 0.10
09	n = 5
10	Int = M * c
11	
12	print(f" 債券價值為：{PV(n*Int+M, r, n):.4f} 元。")

輸出結果一樣為：

債券價值為：869.2899 元。

3. Python 實現代碼 III

我們也可以通過調整現金流結構來計算。其現金流結構用列表來表示為：

```
cashflows = [0, 0, 0, 0, 0, 1400]
```

以下程式碼可以計算求出各單筆現金流量的現值及總和：

行	程式碼
01	M = 1000
02	c = 0.08
03	r = 0.10
04	n = 5
05	
06	Int = M * c
07	
08	cashflows =[0]*5 + [n*Int+M]
09	total = 0
10	print(" 期數 ".ljust(4)+" 現金流量 ".center(8)+" 現值 ".center(8))
11	for n, cf in enumerate(cashflows):
12	PV = cf*(1+r)**-n
13	total += PV
14	print(f' 第 {n} 期 {cf:>8.2f} {PV:>8.2f}')
15	
16	print(f'\n 現金流量現值加總為 {total:>8.2f}。')

輸出結果如下：

期數	現金流量	現值
第 0 期	0.00	0.00
第 1 期	0.00	0.00
第 2 期	0.00	0.00
第 3 期	0.00	0.00

第 4 期	0.00	0.00
第 5 期	1400.00	869.29
現金流量現值加總為 869.29。		

　　假如我們不關心過多細節，不需要顯示太多訊息，也可以利用列表生成式直接計算債券價值。程式碼實現如下：

行	程式碼
01	cashflows = [0, 0, 0, 0, 0, 1400]
02	r = 0.10
03	sum([cf*(1+r)**-n for n, cf in enumerate(cashflows)])

　　輸出結果如下：

```
869.2898522828169
```

五、到期殖利率

(一) 到期殖利率的意義

　　債券的到期殖利率（Yield to Maturity, YTM）是使債券未來現金流量的現值等於債券當前價格的折現率。具體來說，給定一債券當前的價格，以及未來的現金流量。若存在一個折現率，能使未來的現金流量的現值總和等於該債券當前的價格，這時的折現率正是所謂的「到期殖利率」。

　　由債券價值的公式來看，

$$V_d = INT\left[\frac{1 - \frac{1}{(1+r)^n}}{r}\right] + \frac{M}{(1+r)^n}$$

當我們已經知道價格 V_d 和未來的現金流量（包含本金 M 和票面利息 INT），期限也知道了。整個式子中，僅有折現率不知道。能讓式子兩邊成立的折現率之值便是「到期殖利率」。

為什麼這個到期殖利率很重要？就是因為到期殖利率代表著年平均報酬率。知道了這個到期殖利率，投資人就知道其購買債券所獲得的報酬率平均每年有多少？

舉例來說，投資人以 856 元的價格買入一張 5 年期，票面利率為 8%，每年付息一次，面值為 1,000 元的債券。購買這樣的一張債券，當前支付的成本是 856 元，將債券持有至到期，未來將獲得的現金流量是每年的票面利息額 80 元與本金 1,000 元。未來獲得的錢有高有低，那麼所獲得的年平均報酬率究竟為何呢？在這筆投資當中，投資人所獲得的年平均報酬率就是債券的到期殖利率。

(二) 到期殖利率的求解方法

我們用以下例子來看債券到期收益率的計算。

釋例 4

假定有一張面值為 1,000 元的債券，票面利率為 8%，每年支付一次利息，債券到期時間是 5 年。投資人以 856 元的價格買入，那麼該債券的到期殖利率是多少？

債券價值的公式如下：

$$V_d = INT \left[\frac{1 - \frac{1}{(1+r)^n}}{r} \right] + \frac{M}{(1+r)^n}$$

由題意，代入相關參數後，可以列出下面的式子：

$$856 = 80 \left[\frac{1 - \frac{1}{(1+r)^5}}{r} \right] + \frac{1000}{(1+r)^5}$$

能讓式子兩邊成立的折現率 r 之值便是到期殖利率 YTM，為和一般的折現率有所區分，我們寫作：

$$856 = 80 \left[\frac{1 - \dfrac{1}{(1+\text{YTM})^5}}{\text{YTM}} \right] + \frac{1000}{(1+\text{YTM})^5}$$

我們可以使用試錯法來求解 YTM。所謂的「試錯法」就是 try and error。嘗試去猜一個可能的數值，然後代進公式去算，如果算出來的值不是題目給定的價格，便是猜錯了。於是再試著猜另一個可能的數值，再代進公式去算。錯了，再猜，再試。這便是試錯法。由此我們可以知道，這種求解方式很花時間。例如：我們先猜折現率 r = 8.00%，

當折現率 r = 8.00% 時，算出來的債券價值為 1,000.0000 元。錯了，再猜。

當折現率 r = 9.00% 時，算出來的債券價值為 961.1035 元。錯了，再猜。

當折現率 r = 10.00% 時，算出來的債券價值為 924.1843 元。錯了，再猜。

當折現率 r = 14.00% 時，算出來的債券價值為 794.048 元。錯了，再猜。

……

我們大致猜到一個區間，如剛才我們猜 r=10.00% 時，債券價值為 924.1843 元；r=14.00% 時，債券價值為 794.048 元。因為 924.1843 元到 794.048 元的區間，覆蓋了我們要找的 856 元。所以，我們推估要找的到期殖利率應該在 10.00% 到 14.00% 的區間。

接下來，我們運用插值法來求近似值：

$$\frac{\text{YTM} - 14\%}{856 - 794.048} = \frac{14\% - 10\%}{794.048 - 924.1843}$$

解得：YTM = 12%

(三) 用 Python 計算到期殖利率

■ Python 的實現算法

由剛才的計算分析可知，求解到期殖利率需要經過兩步驟：試錯法和插值法。其中的試錯法是一種重複的過程，很適合用循環結構來完成。底下是應用 Python 來求解到期殖利率的算法：

行	程式碼
01	M = 1000
02	c = 0.08
03	n = 5
04	Price = 856
05	print("step 1: 試算法開始 ")
06	n_guess = 100　# 猜的次數
07	r_guess = 0.08 # 最初猜的 r
08	eta = 0.01　　　# r 的調整率
09	priceLB, priceUB = 100000, 0
10	rLB, rUB = 1, 0
11	for i in range(n_guess):
12	Value = BondValue(M, c, r_guess, n)
13	print(f" 折現率 r = {r_guess:.2%} 時，債券價值為 {Value:8.4f} 元。")
14	
15	if Value > Price:
16	r_guess = r_guess + eta
17	rLB, priceUB = r_guess, Value
18	elif Value < Price:
19	r_guess = r_guess - eta
20	rUB, priceLB = r_guess, Value
21	elif Value == Price:
22	break
23	
24	if priceLB<Price<priceUB:
25	print()
26	print(f" 價格在 {priceLB:.4f} 和 {priceUB:.4f} 之間。")
27	print(f"YTM 在 {rUB:.2%} 和 {rLB:.2%} 之間。")
28	break
29	print()
30	print("step 2: 插值法 ")
31	YTM = (rUB - rLB)/(priceUB - priceLB)*(Price - priceLB) + rLB
32	print(f" 經估算，YTM 約為 {YTM:.4%}")

在畫面上，我們看到輸出結果如下：

---

step 1: 試算法開始

折現率 r = 8.00% 時，債券價值為 1000.0000 元。

折現率 r = 9.00% 時，債券價值為 961.1035 元。

折現率 r = 10.00% 時，債券價值為 924.1843 元。

折現率 r = 11.00% 時，債券價值為 889.1231 元。

折現率 r = 12.00% 時，債券價值為 855.8090 元。

價格在 855.8090 和 889.1231 之間。

YTM 在 11.00% 和 12.00% 之間。

step 2: 插值法

經估算，YTM 約為 11.9943%

(四) 使用 scipy 求解

在 Python 中，我們可以借助 scipy 模組中的 optimize.root 方法來解題。該方法可以用來解方程式的根（root）。所謂的根，就是令方程式為 0 的解。

由上，我們知道：

$$856 = 80 \left[\frac{1 - \frac{1}{(1+\text{YTM})^5}}{\text{YTM}} \right] + \frac{1000}{(1+\text{YTM})^5}$$

該式子相當於方程式：

$$80 \left[\frac{1 - \frac{1}{(1+\text{YTM})^5}}{\text{YTM}} \right] + \frac{1000}{(1+\text{YTM})^5} - 856 = 0$$

我們得先在 Python 中，定義成函數。程式碼實現如下：

行	程式碼
01	from scipy import optimize
02	def f(r):
03	M = 1000
04	c= 0.08
05	n = 5
06	INT = M*c
07	return BondValue(M, c, r, n) - 856

其中的 BondValue() 函數的定義跟先前一樣。可參考底下程式碼：

行	程式碼
01	# 複利現值公式
02	def PV(FV, r, n):
03	return FV*(1+r)**-n
04	# 普通年金現值公式
05	def PVA(A, r, n):
06	return A*(1-(1+r)**-n)/r
07	# 債券的價格公式
08	def BondValue(M, c, r, n):
09	INT = M*c
10	return PV(M, r, n) + PVA(INT, r, n)

然後，用 scipy 模組中的 optimize.root 方法來解題。

行	程式碼
01	roots = optimize.root(f, x0=0.2)
02	roots.x

螢幕會輸出結果如下：

```
array([0.11994118])
```

算出來的結果跟我們的算法提供的答案十分接近。

六、溢價、平價與折價發行

(一) 發行價格與其面值之間的關係

從債券的估值公式中，我們知道債券的價值受到預期現金流量、折現率以及時間的影響。而折現率通常是市場利率或投資者要求的必要報酬率。由於市場利率不斷變化，債券的價值也總是處於變化狀態。發行價格與面值之間的差異對於投資者和發行人都具有重要意義。接下來我們討論市場利率與債券價值的關係。

1. 溢價發行：當一個債券的發行價格高於其面值時，我們稱之為溢價發行。這表示投資者需要支付高於面值的價格來購買這個債券。溢價發行的原因可能是由於債券的利率高於市場利率，或者因為該債券具有較好的信用評級和風險評估，從而使投資者願意支付溢價價格。

2. 平價發行：當一個債券的發行價格等於其面值時，我們稱之為平價發行。這表示投資者可以以債券的面值價格購買該債券，沒有溢價或折價。平價發行通常發生在市場利率等於債券的票面利率時，這樣投資者購買債券就不會有額外的利率優惠或損失。

3. 折價發行：當一個債券的發行價格低於其面值時，我們稱之為折價發行。這表示投資者可以以低於面值的價格購買該債券。折價發行的原因可能是由於債券的利率低於市場利率，或者因為該債券具有較差的信用評級和風險評估，從而使投資者要求折扣價格來彌補風險。

(二) 計算範例

釋例 5

假定有一張面值為 1,000 元的債券，票面利率為 8%，每年支付一次利息，債券到期時間是 5 年。考慮在市場利率為 6%、8% 和 10% 等情況下的債券價值。

我們知道債券公式為：

$$V_d = INT \left[\frac{1 - \frac{1}{(1+r)^n}}{r} \right] + \frac{M}{(1+r)^n}$$

當市場利率為 6%，這時低於票面利率 8%，債券價值為：

$$V_d = 80 \left[\frac{1 - \dfrac{1}{(1+0.06)^5}}{0.06} \right] + \frac{1000}{(1+0.06)^5} = 1084.2472$$

當市場利率為 8%，這時等於票面利率 8%，債券價值為：

$$V_d = 80 \left[\frac{1 - \dfrac{1}{(1+0.08)^5}}{0.08} \right] + \frac{1000}{(1+0.08)^5} = 1000.0$$

當市場利率為 10%，這時高於票面利率 8%，債券價值為：

$$V_d = 80 \left[\frac{1 - \dfrac{1}{(1+0.10)^5}}{0.10} \right] + \frac{1000}{(1+0.10)^5} = 924.1842$$

(三) 用 Python 計算

我們可以很輕易地用 Python 得到驗證，首先定義好債券的估值函數：

行	程式碼
01	def BondValue(M, c, r, n):
02	Int = M * c
03	return Int*(1-(1+r)**-n)/r + M*(1+r)**-n

1. 溢價發行

當市場利率為 6%，這時低於票面利率 8%，輸入

行	程式碼
01	BondValue(M = 1000, c = 0.08, r = 0.06, n = 5)

得到 Python 輸出 1084.2472757113142。

2. 平價發行

當市場利率為 8%，這時等於票面利率 8%，輸入

行	程式碼
01	BondValue(M = 1000, c = 0.08, r = 0.08, n = 5)

得到 Python 輸出 1000.0。

3. 折價發行

當市場利率為 10%，這時高於票面利率 8%，輸入

行	程式碼
01	BondValue(M = 1000, c = 0.08, r = 0.10, n = 5)

得到 Python 輸出 924.1842646118309。

(四) 折溢價的判斷

財務管理的分析中有以下結論：

● 當市場利率低於票面利率時，債券價值大於債券面值，債券將溢價發行；
● 當市場利率等於票面利率時，債券價值等於債券面值，債券將平價發行；
● 當市場利率高於票面利率時，債券價值小於債券面值，債券將折價發行。

我們可以運用 Python 中的 if-elif-else 語法，來讓電腦判斷債券是否為溢價發行、平價發行、還是折價發行？

1. 由比較債券價值和債券面值來判斷

代碼實現如下：

行	程式碼	說明
01	Price = 1020	# 宣告變量 Price 存放債券價值
02	FaceValue = 1000	# 宣告變量 FaceValue 存放債券面值
03		
04	if Price > FaceValue:	# 如果債券價值大於債券面值

行	程式碼	說明
05	print(" 溢價發行 ")	# 債券將溢價發行
06	elif Price < FaceValue:	# 如果債券價值小於債券面值
07	print(" 折價發行 ")	# 債券將折價發行
08	elif Price == FaceValue:	# 如果債券價值等於債券面值
09	print(" 平價發行 ")	# 債券將平價發行
10	else:	
11	pass	

2. 由比較市場利率和票面利率來判斷

代碼實現如下：

行	程式碼	說明
01	CouponRate = 0.15	# 宣告變量 CouponRate 存放票面利率
02	r = 0.10	# 宣告變量 r 存放市場利率
03		
04	if CouponRate > r:	# 如果票面利率大於市場利率
01	print(" 溢價發行 ")	# 債券將溢價發行
02	elif CouponRate < r:	# 如果票面利率小於市場利率
03	print(" 折價發行 ")	# 債券將折價發行
04	elif CouponRate == r:	# 如果票面利率等於市場利率
05	print(" 平價發行 ")	# 債券將平價發行
06	else:	
07	pass	

七、到期時間與債券價值

接著，我們來討論：當市場利率不變時，到期時間如何影響債券價值？

(一) 溢價發行債券價格變化

假定有一張面值為 1,000 元的債券，票面利率為 8%，每年支付一次利息，債券到期時間是 5 年。考慮在市場利率為 6% 的情況下，隨著到期日的臨近，債券的價值變化。前面已經得出結論，市場利率低於票面利率，債券價值將溢價發行。我們可以透過 Python 程式碼來觀察到期時間如何影響溢價發行的債券價值。程式碼實現如下：

行	程式碼
01	M = 1000
02	c = 0.08
03	r = 0.06
04	n = 5
05	print(f" 票面利率為 {c:.2%}、市場利率為 {r:.2%} 的情況下：")
06	for i in range(5,-1, -1):
07	print(f"{i} 年期的債券價值為：{BondValue(M, c, r, i):.4f} 元。")

結果輸出如下：

票面利率為 8.00%、市場利率為 6.00% 的情況下：

5 年期的債券價值為：1084.2473 元。

4 年期的債券價值為：1069.3021 元。

3 年期的債券價值為：1053.4602 元。

2 年期的債券價值為：1036.6679 元。

1 年期的債券價值為：1018.8679 元。

0 年期的債券價值為：1000.0000 元。

我們可以觀察到：隨著到期日的臨近，溢價發行的債券價值將逐步下降並將在到期日等於面值。

我們還可以進一步地運用 matplotlib 模組來描繪關係。程式碼實現如下：

行	程式碼
01	import matplotlib.pyplot as plt
02	import matplotlib as mpl
03	mpl.rcParams["font.sans-serif"] =["SimHei"]
04	mpl.rcParams["axes.unicode_minus"] =False
05	
06	M = 1000
07	c = 0.08
08	r = 0.06
09	n = 5
10	
11	# 準備繪製資料
12	x = list(range(n,-1,-1))
13	y = [BondValue(M, c, r, i) for i in x]
14	
15	fig, ax = plt.subplots()
16	# "g" 表示紅色，marksize 用來設置 'D' 菱形的大小
17	ax.invert_xaxis()
18	ax.plot(x, y, "r", marker='D', markersize=5, label=" 溢價發行債券 ")
19	# 繪製座標軸標籤
20	
21	plt.xlabel(" 到期年限 ")
22	plt.ylabel(" 債券價格 ")
23	plt.title(" 債券價格變化 ")
24	# 顯示圖例
25	plt.legend(loc="lower left")
26	# 調用 text() 在圖像上繪製注釋文本
27	#x1、y1 表示文本所處座標位置
28	# ha 參數控制水準對齊方式
29	# va 控制垂直對齊方式
30	# str(y1) 表示要繪製的文本
31	for x1, y1 in zip(x, y):
32	plt.text(x1-0.5, y1+1, str(round(y1,2)), ha='center', va='bottom', fontsize=10)
33	
34	plt.show()

執行程式碼後，我們得到底下這樣一張圖。

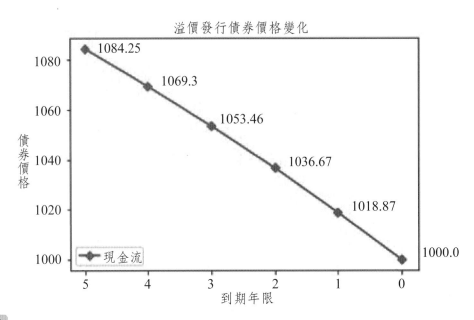

圖 11-5

(二) 折價發行債券價格變化

　　假定有一張面值為 1,000 元的債券，票面利率為 8%，每年支付一次利息，債券到期時間是 5 年。考慮在市場利率為 10% 的情況下，隨著到期日的臨近，債券的價值變化。前面已經得出結論，市場利率高於票面利率，債券價值將折價發行。我們可以透過 Python 程式碼來觀察到期時間如何影響折價發行的債券價值。程式碼實現如下：

行	程式碼
01	M = 1000
02	c = 0.08
03	r = 0.10
04	n = 5
05	
06	print(f" 票面利率為 {c:.2%}、市場利率為 {r:.2%} 的情況下：")
07	for i in range(5,-1, -1):
08	print(f"{i} 年期的債券價值為：{BondValue(M, c, r, i):.4f} 元。")

　　結果輸出如下：

票面利率為 8.00%、市場利率為 10.00% 的情況下：

5 年期的債券價值為：924.1843 元。

4 年期的債券價值為：936.6027 元。

3 年期的債券價值為：950.2630 元。

2 年期的債券價值為：965.2893 元。

1 年期的債券價值為：981.8182 元。

0 年期的債券價值為：1000.0000 元。

我們可以觀察到：隨著到期日的臨近，折價發行的債券價值將逐步上升並將在到期日等於面值。

我們還可以進一步地運用 matplotlib 模組來描繪關係。程式碼實現如下：

行	程式碼
01	import matplotlib.pyplot as plt
02	import matplotlib as mpl
03	mpl.rcParams["font.sans-serif"] =["SimHei"]
04	mpl.rcParams["axes.unicode_minus"] =False
05	
06	M = 1000
07	c = 0.08
08	r = 0.10
09	n = 5
10	
11	# 準備繪製資料
12	x = list(range(n,-1,-1))
13	y = [BondValue(M, c, r, i) for i in x]
14	
15	fig, ax = plt.subplots()
16	# "g" 表示紅色，marksize 用來設置 'D' 菱形的大小
17	ax.invert_xaxis()
18	ax.plot(x, y, "r", marker='D', markersize=5, label=" 折價發行債券 ")
19	# 繪製座標軸標籤
20	
21	plt.xlabel(" 到期年限 ")

行	程式碼
22	plt.ylabel(" 債券價格 ")
23	plt.title(" 債券價格變化 ") 、
24	# 顯示圖例
25	plt.legend(loc="lower right")
26	
27	for x1, y1 in zip(x, y):
28	plt.text(x1-0.3, y1+10, str(round(y1,2)), ha='center', va='bottom', fontsize=10)
29	
30	plt.show()

執行程式碼後，我們得到底下這樣一張圖。

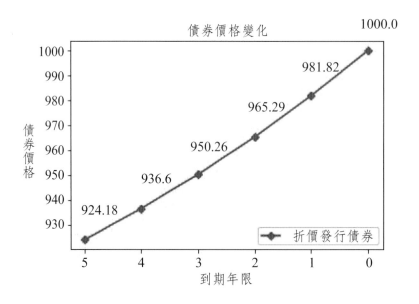

圖 11-6

(三) 平價發行債券價格變化

假定有一張面值為 1,000 元的債券，票面利率為 8%，每年支付一次利息，債券到期時間是 5 年。考慮在市場利率為 8% 的情況下，隨著到期日的臨近，債券的價值變化。前面已經得出結論，市場利率等於票面利率，債券價值將平價發行。我們可以透過 Python 程式碼來觀察到期時間如何影響平價發行的債券價值。程式碼實現如下：

行	程式碼
01	M = 1000
02	c = 0.08
03	r = 0.08
04	n = 5
05	
06	print(f" 票面利率為 {c:.2%} 、市場利率為 {r:.2%} 的情況下：")
07	for i in range(5,-1, -1):
08	print(f"{i} 年期的債券價值為：{BondValue(M, c, r, i):.4f} 元。")

結果輸出如下：

票面利率為 8.00%、市場利率為 8.00% 的情況下：

5 年期的債券價值為：1000.0000 元。

4 年期的債券價值為：1000.0000 元。

3 年期的債券價值為：1000.0000 元。

2 年期的債券價值為：1000.0000 元。

1 年期的債券價值為：1000.0000 元。

0 年期的債券價值為：1000.0000 元。

我們可以觀察到：平價發行的債券，其價值始終等於面值。

我們還可以進一步地運用 matplotlib 模組來描繪關係。程式碼實現如下：

行	程式碼
01	import matplotlib.pyplot as plt
02	import matplotlib as mpl
03	mpl.rcParams["font.sans-serif"] =["SimHei"]
04	mpl.rcParams["axes.unicode_minus"] =False
05	M = 1000
06	c = 0.08
07	r = 0.08
08	n = 5
09	# 準備繪製資料

行	程式碼
10	x = list(range(n,-1,-1))
11	y = [BondValue(M, c, r, i) for i in x]
12	
13	fig, ax = plt.subplots()
14	# "g" 表示紅色，marksize 用來設置 'D' 菱形的大小
15	ax.invert_xaxis()
16	ax.plot(x, y, "r", marker='D', markersize=5, label=" 平價發行債券 ")
17	# 繪製座標軸標籤
18	plt.xlabel(" 到期年限 ")
19	plt.ylabel(" 債券價格 ")
20	plt.title(" 債券價格變化 ")
21	# 顯示圖例
22	plt.legend(loc="lower right")
23	for x1, y1 in zip(x, y):
24	plt.text(x1-0.3, y1+10, str(round(y1,2)), ha='center', va='bottom', fontsize=10)
25	plt.show()

執行程式碼後，我們得到底下這樣一張圖。

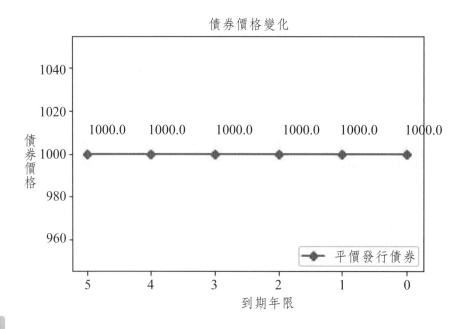

圖 11-7

(四) 溢價、平價、折價的比較

　　為便於觀察到期時間對債券價值的影響，我們可進一步把三張關係圖合在一起比較。程式碼實現如下：

行	程式碼
01	import matplotlib.pyplot as plt
02	import matplotlib as mpl
03	mpl.rcParams["font.sans-serif"] =["SimHei"]
04	mpl.rcParams["axes.unicode_minus"] =False
05	
06	M = 1000
07	c = 0.08
08	n = 5
09	x = list(range(n,-1,-1))
10	fig, ax = plt.subplots()
11	# "g" 表示紅色，marksize 用來設置 'D' 菱形的大小
12	ax.invert_xaxis()
13	
14	rs = [0.06, 0.08, 0.10]
15	labels = [" 溢價發行債券 "," 平價發行債券 "," 折價發行債券 "]
16	for i, r in enumerate(rs):
17	# 準備繪製資料
18	y = [BondValue(M, c, r, i) for i in x]
19	ax.plot(x, y, marker='D', markersize=5, label=labels[i])
20	for x1, y1 in zip(x, y):
21	plt.text(x1-0.3, y1+4, str(round(y1,2)), ha='center', va='bottom', fontsize=10)
22	
23	# 繪製座標軸標籤
24	plt.xlabel(" 到期年限 ")
25	plt.ylabel(" 債券價格 ")
26	plt.title(" 債券價格變化 ")
27	# 顯示圖例
28	plt.legend(loc="upper right")
29	
30	plt.show()

　　執行程式碼後，我們得到底下這樣一張圖。

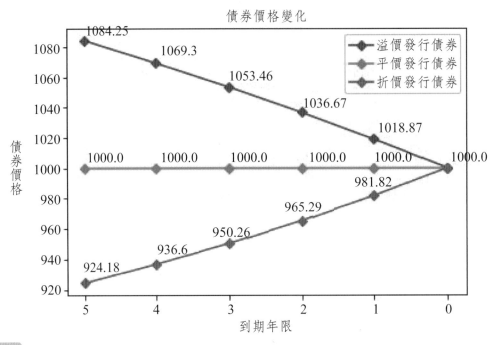

圖 11-8

重點整理

- 債券通常由公司和政府發行，用以向社會大眾籌集資金，並且承諾在未來支付本金和利息。
- 平息債券在期限內平均支付利息，到期時，償還本金。
- 零息債券在期限內不支付利息。投資者只能在債券到期時收到一筆一次性的支付。
- 到期時一次還本付息債券在期限內並不支付利息，到期時一次還本付息。
- 當市場利率低於票面利率時，債券價值大於債券面值，債券將溢價發行。
- 當市場利率等於票面利率時，債券價值等於債券面值，債券將平價發行。
- 當市場利率高於票面利率時，債券價值小於債券面值，債券將折價發行。

💻 核心程式碼

■ 債券價格公式

	公式	程式碼
複利現值	$PV_0 = FV_n(1+r)^{-n}$	def PV(FV, r, n): 　　return FV*(1+r)**-n
年金現值	$PVA_n = A \times \dfrac{1-(1+r)^{-n}}{r}$	def PVA(A, r, n): 　　return A*(1 - (1+r)**-n)/r
債券價格	$Int = M \times CouponRate$ $V_{bond} = Int \times \dfrac{1-(1+r)^{-n}}{r} + M(1+r)^{-n}$	def BondValue(M, coupon, r, n): 　　INT = M*coupon 　　return PV(M, r, n) + PVA(INT, r, n)

■ 債券價格公式的函數

程式碼
def BondValue(M, c, r, n): 　Int = M * c 　return Int*(1-(1+r)**-n)/r + M*(1+r)**-n

■ 折溢價判斷

- 溢價發行：債券價格（Price）＞債券面值（M）
- 平價發行：債券價格（Price）＝債券面值（M）
- 折價發行：債券價格（Price）＜債券面值（M）

程式碼
| ```
Price = 1020
FaceValue = 1000

if Price > FaceValue:
    print(" 溢價發行 ")
elif Price < FaceValue:
    print(" 折價發行 ")
elif Price == FaceValue:
    print(" 平價發行 ")
else:
    pass
``` |
```

12

股票

△ 掌握股票的專業術語和相關概念。

△ 明瞭股利折現模型和股票的估價方法。

△ 掌握零增長型股票、固定增長型股票以及非固定增長型股票估價。

一、股票的相關概念

在對股票進行估值前，必須先了解一些與股票相關的專業術語和概念。

(一) 什麼是股票？

股票（Stock）是一種有價證券。當投資人購買、持有一家公司的股票，即成為該公司的股東。因而，股票也是一種所有權憑證，由股份公司發給股東。不像債券，股票沒有特定的到期時間。只要投資人不出售股票，便可長久持有下去。當所投資的公司經營有收益時，持有股票的投資人，將可獲得公司一部分的稅後利潤。公司會以股利形式發放給股東。股東藉此憑證，便有權利可以取得股利，並對公司財產享有要求權。

(二) 普通股與優先股

依據股東所享有的權利，股票可分為普通股和優先股。在取得公司資產和收益方面，優先股股東享有優先權。意思是說，優先股股東都比普通股股東優先取得公司發放的股利。也因此，優先股股票的股利必須在普通股股利之前支付。此外，優先股股票的股利為固定的股利，意即每年得到的股利金額不變。而在公司清算時，優先股股東也比普通股股東優先取得剩餘資產。但是，相較於普通股股東，優先股股東沒有相應的表決權，而普通股股東可根據其股權份額享有對等的表決權。

(三) 股票的分類

除此之外，按照不同標準，股票還有其他劃分方式：

● 按股票票面是否表明股東姓名，分為記名股票和不記名股票；
● 按股票票面是否記明入股金額，分為有面值股票和無面值股票；
● 按股票是否能向股份公司贖回自己的財產，分為可贖回股票和不可贖回股票。

(四) 股票的相關術語

1. 股票面值

股票在首次發行時，發行公司便要確定發行總額和每股金額。一旦股票發行後上市買賣，每股的股票價格就與股票面值相分離。在公司清算時，股票面值代表著要償還給股東的最低數額。

2. 股票價格

投資者在購買股票時通常無需考慮股票的面值。因為股票價格受到預期股利和市場利率等因素的影響，並隨著股票市場和公司經營狀況的變化而升降。如果當期股票價值高於當前股票價格 P_0，更多投資者就會購買股票，使得股票價格 P_0 下降；反之，如果當期股票價值低於股票價格 P_0，更多投資者會出售股票，使得股票價格 P_0 下降。因此，當市場達到均衡時，股票價值應當等於股票價格。

3. 股利

投資者能夠從股票上獲取的報酬來源於兩部分。除了轉讓股票所獲取的買賣價差之外，另一部分就是公司發放的股利。公司會將稅後利潤的一部分，以股利形式發放給股東。股利，是股東投資一家公司所得到的回報。

4. 股票的預期報酬率

股票的預期報酬率是購買股票的投資者期望獲得的報酬率。前面我們描述過，股票的報酬來源於兩部分，包括預期股利與預期的買賣價差。假定當前股票價格為 P_0，1 年後預期股票價格為 P_1，預期現金股利為 D_1，則股票的預期報酬率應為：

$$\hat{r} = \frac{d_1}{P_0} + \frac{P_1 - P_0}{P_0}$$

其中，$\dfrac{d_1}{P_0}$ 為股利收益率，$\dfrac{P_1 - P_0}{P_0}$ 為資本利得收益率。預期報酬率可能高於或低於必要報酬率，只有當股票的預期報酬率大於或等於必要報酬率時，投資者才會買入股票。

二、股利折現模型的推導

本小節將介紹股票的估價方法。與債券相似，股票的價值應等於預期現金流量的現值。具體來說，股票的預期現金流量包括：1. 未來持有期間收到的現金股利，與 2. 出售時所能收到的轉讓價格。因而，預期現金股利與出售價格的現值便等於股票的價值。一般採用投資的必要報酬率作為折現率。股利折現模型（The Dividend Discount Model, DDM）正是在這樣的假設條件下，用以對股票進行估價的一種基本模型。接下來我們來推導基本的股利折現模型。可以分為兩種情況做分析：

(一) 無限期持有股票

假定投資者持有股票，不打算賣出，那便是無限期持有股票。在這種情況之下，因為投資人不出售股票，故沒有買賣價差產生的現金流量。投資者預期獲得的現金流量只有現金股利，我們可以畫出現金流量時間序列圖：

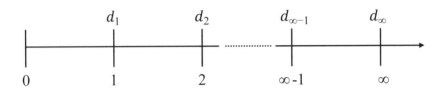

圖 12-1

其中的 d_i 為第 i 年投資者所收到的現金股利。若令 r 為折現率，根據股利折現模型，當前（0 時點）股票價值 V 應為：

$$V = \frac{d_1}{(1+r)} + \frac{d_2}{(1+r)^2} + \cdots + \frac{d_{\infty-1}}{(1+r)^{\infty-1}} + \frac{d_\infty}{(1+r)^\infty} = \sum_{i=1}^{\infty} \frac{d_i}{(1+r)^i}$$

(二) 限期持有股票

假定投資者不打算永久持有股票，而是在持有期後出售。這時候，投資者可獲得的未來現金流量包括：1. 未來期的現金股利，及 2. 第 t 期出售的價款。在均衡的市場中，股票價值應當等於股票價格。令 P_i 表示第 i 年時投資者出售股票的預期價格，則當前股票價格 P_0 應當等於未來一年的現金股利 d_1，和在一年後出售的股票價格 P_1，兩者現值之和，即：

$$P_0 = \frac{d_1}{1+r} + \frac{P_1}{1+r}$$

而一年後的股票價格 P_1 應當又等於未來一年，也就是第二年的現金股利 d_2，和在第二年出售的股票價格 P_2，兩者現值之和：

$$P_1 = \frac{d_2}{1+r} + \frac{P_2}{1+r}$$

則代入原公式，當前股票價格相當於：

$$P_0 = \frac{d_1}{1+r} + \frac{1}{1+r}\left(\frac{d_2}{1+r} + \frac{P_2}{1+r}\right) = \frac{d_1}{1+r} + \frac{d_2}{(1+r)^2} + \frac{P_2}{(1+r)^2}$$

以此類推，

$$P_0 = V = \sum_{i=1}^{\infty} \frac{d_i}{(1+r)^i}$$

其式子等同於原先的股利折現模型，該式表明股票的價值主要取決於股票的預期現金股利。

(三) 股利折現模型的類型

推導公式後，我們知道：預期現金股利的現值決定了股票的價值。而公司具體發放多少股利，以何種形式，都取決於公司的股票分配政策。公司可能每年都發放固定的現金股利，或是現金股利逐年增長，根據現金股利是否變動，我們可對股票的估價進一步劃分爲零增長型股票估價、固定增長型股票估價以及非固定增長型股票估價。

三、零增長型股票估價

(一) 零增長型股票的定義

如果預期每年的現金股利不變，則這種股票稱爲零增長型股票。假定股利永遠都爲 D，即 $d_i = D$，則代入公式，我們會得到：

$$V = \frac{D}{(1+r)} + \frac{D}{(1+r)^2} + \cdots + \frac{D}{(1+r)^{\infty-1}} + \frac{D}{(1+r)^{\infty}} = \sum_{i=1}^{\infty} \frac{D}{(1+r)^i}$$

因爲預期的股利永遠不變，跟年金的現金流型態是一樣的。故零增長型股票的現金股利支付實際屬於永續年金，此時股票價值的計算如下：

$$V = \frac{D}{r}$$

該式常用於優先股股票的估價，這是因爲優先股股東得到股利支付額固定不變，屬於零增長型股票。

(二) 零增長型股票的計算範例

釋例 1
假定投資者持有某種股票，股票的預期支付股利為 1 元且保持不變，投資者的必要報酬率為 10%，股票的價值是多少？

由題意，股票的預期支付股利為 1 元，且保持不變，故

$$d_i = D = 1$$

投資者的必要報酬率為 5%，故 r = 10%，代入公式，得到

$$V = \frac{D}{r} = \frac{1}{10\%} = 10 \ (\text{元})$$

經過計算，股票的價值對該投資者來說，為每股 10 元。但當前股票的價格並不一定是 10 元，這取決於市場中投資者對待風險的態度。

(三) 用 Python 計算零增長型股票的價格

1. 用 Python 實現的程式碼 I

零增長型股票的價值計算公式很簡單，我們可用下列的 Python 程式碼輕易實現：

行	程式碼	說明
01	r = 0.1	# 宣告變量 r 存放折現率
02	D = 1	# 宣告變量 D 存放股利
03	print(f"{D/r:.4f} 元。")	# 結果輸出：10.0000 元。

2. 用 Python 實現的程式碼 II

我們也可以用前面章節的方式，算出未來各期股利的現值，如底下的程式碼將列出前 10 期的股利現值：

行	程式碼
01	r = 0.1
02	D = 1

行	程式碼
03	print(" 期數 ".ljust(4)+" 現金流量 ".center(8)+" 現值 ".center(8))
04	for n in range(1, 11):
05	PV = D*(1+r)**-n
06	print(f' 第 {n:02} 期　{D:>8.2f}　{PV:>8.2f}')

輸出結果如下：

期數	現金流量	現值
第 01 期	1.00	0.91
第 02 期	1.00	0.83
第 03 期	1.00	0.75
第 04 期	1.00	0.68
第 05 期	1.00	0.62
第 06 期	1.00	0.56
第 07 期	1.00	0.51
第 08 期	1.00	0.47
第 09 期	1.00	0.42
第 10 期	1.00	0.39

在該程式碼的基礎上，我們可加入 total 變量以計算未來現金流量現值之和。Python 程式碼實現如下：

行	程式碼
01	r = 0.1
02	D = 1
03	total = 0
04	print(" 期數 ".ljust(4)+" 現金流量 ".center(8)+" 現值 ".center(8))
05	for n in range(1, 11):
06	PV = D*(1+r)**-n
07	total += PV
08	print(f' 第 {n:02} 期　{D:>8.2f}　{PV:>8.2f}')

行	程式碼
09	
10	print(f'\n 現金流量現值加總為 {total:>8.2f}。')

輸出結果如下：

期數	現金流量	現值
第 01 期	1.00	0.91
第 02 期	1.00	0.83
第 03 期	1.00	0.75
第 04 期	1.00	0.68
第 05 期	1.00	0.62
第 06 期	1.00	0.56
第 07 期	1.00	0.51
第 08 期	1.00	0.47
第 09 期	1.00	0.42
第 10 期	1.00	0.39

現金流量現值加總為　　6.14。

由此我們知道未來前 10 期股利的現金流量現值之和爲 6.14 元。其中，我們是在程式碼第 4 行控制輸出期數。可以用很大的數值來模擬無窮，如設 1000：

行	程式碼
01	r = 0.1
02	D = 1
03	total = 0
04	for n in range(1, 1000):
05	PV = D*(1+r)**-n
06	total += PV
07	
08	print(f'\n 現金流量現值加總為 {total:>4.2f} 元。')

輸出結果如下：

現金流量現值加總為 10.00 元。

　　跟我們算得的答案一樣。其實，越往後面的現金流量，其現值越小，對當前的股價影響越小。為避免無謂的大量計算，我們可考量精確度後，設一個終止條件。如我們要精準到小數點第四位。則現值小於 0.0001 的現金股利，對目前股價的影響可以說是微不足道。我們可以調整程式碼如下：

行	程式碼
01	r = 0.1
02	D = 1
03	total = 0
04	for n in range(1, 1000):
05	PV = D*(1+r)**-n
06	total += PV
07	if PV < 0.0001:
08	print(f" 計算停止於第 {n} 期。")
09	break
10	
11	print(f' 現金流量現值加總為 {total:>4.2f} 元。')

輸出結果如下：

計算停止於第 97 期。
現金流量現值加總為 10.00 元。

　　由此可知，其實在加總計算到第 97 期現金股利現值時，答案已經很近似到 10 元。無須算到 1,000 期。

3. while 循環結構

　　我們用 while 循環結構，創造無窮迴圈，更能詮釋無期限的股票。程式碼如下：

行	程式碼
01	r = 0.1
02	D = 1
03	total = 0
04	n = 1
05	while True:
06	PV = D*(1+r)**-n
07	total += PV
08	if PV < 0.0001:
09	print(f" 計算停止於第 {n} 期。")
10	break
11	n+=1
12	
13	print(f' 現金流量現值加總為 {total:>4.2f} 元。')

輸出結果一樣為：

```
計算停止於第 97 期。
現金流量現值加總為 10.00 元。
```

(四) 零增長型股票預期報酬率

對於零增長型的股票，其現金股利支付相當於永續年金，如果當前的股票價格為 P_0，預期股利為 D，則投資者持有股票的預期報酬率為：

$$\hat{r} = \frac{D}{P_0}$$

釋例 2

假定投資者打算購買 Microsoft 公司的股票，股票當前價格為 20 元，預期股利為 2.5 元且保持不變，則投資者持有股票的預期報酬率為？

■ 解法一：

由題意，預期股利為 2.5 元且保持不變，故而 D = 2.5。

股票當前價格為 20 元，故 $P_0 = 20$。

代入公式，求得預期報酬率為：

$$\hat{r} = \frac{D}{P_0} = \frac{2.5}{20} = 12.5\%$$

假定投資者的必要報酬率為 10%，則預期報酬率 12.5% 高於必要報酬率 10%，此時，股票價值必然高於股票價格（$V = \frac{D}{r} = \frac{2.5}{10\%} = 25$ 元），投資者便會購買股票。

■ **解法二：**

零增長型股票的預期報酬率公式其實源自於零增長型股票的價值公式。所以，我們也可以從零增長型股票的價值公式去求解預期報酬率。由題意，預期股利為 2.5 元且保持不變，故 D = 2.5。股票當前價格為 20 元，故 $P_0 = 20$。代入零增長型股票的價值公式，

$$V = \frac{D}{r}$$

得到

$$20 = \frac{2.5}{r}$$

解得

$$r = \frac{2.5}{20} = 12.5\%$$

(五) 用 Python 計算零增長型股票預期報酬率

1. 用 Python 實現的程式碼

零增長型股票的預期報酬率計算很簡單，我們可用下列的 Python 程式碼輕易實現：

行	程式碼	說明
01	D = 2.5	# 宣告變量 D 存放股利
02	P = 20	# 宣告變量 P 存放股票價格
03	print(f"{D/P:.4%} 。")	

2. 用 scipy 實現的程式碼

我們可以透過 scipy 模組所提供的方法來求解，Python 程式碼實現如下：

行	程式碼	說明
01	from scipy import optimize	
02		
03	def f(r):	
04	D = 2.5	# 宣告變量 D 存放股利
05	P = 20	# 宣告變量 P 存放股票價格
06	return D/r - P	
07		
08	root = optimize.root(f, x0=1)	
09	print(f"{root.x[0]:.4%}。")	

其中，在程式碼第 3 行到第 6 行就是在求解

$$20 = \frac{2.5}{r}$$

第 6 行的方程式是零增長型股票的價值公式 $V = \dfrac{D}{r}$ 的變體。

四、固定增長型股票估價

(一) 固定增長型股票的定義

如果股票的現金股利是按一個固定的增長率逐年增長時，那麼該股票就是固定增長型股票。對固定增長型股票進行估價時需考慮股利增長率。令增長率為 g，並假定 g 為常數，並且 r > g，則股票的價值應為：

$$V = \frac{d_0(1+g)}{1+r} + \frac{d_0(1+g)^2}{(1+r)^2} + \cdots + \frac{d_{\infty-1}(1+g)^{\infty-1}}{(1+r)^{\infty-1}} + \frac{d_\infty(1+g)^\infty}{(1+r)^\infty} - \frac{d_0(1+g)}{r-g} - \frac{d_1}{r-g}$$

因此，固定增長型股票的價值常用下面的公式來計算：

$$V = \frac{d_1}{r-g}$$

(二) 固定增長型股票的計算範例

釋例 3
假定投資者持有某種股票，當期支付的股利為 1 元，預期的現金股利增長率為 5%，投資者的必要報酬率為 10%，股票的價值是多少？

由題意，股票當期支付股利為 1 元，故

$$d_0 = 1$$

且按固定的增長率 5% 逐年增長，即

$$g = 5\%，$$

代入公式，得到

$$V = \frac{d_0(1+g)}{r_s - g} = \frac{1 \times (1 + 5\%)}{10\% - 5\%} = 21（元）$$

需要注意的是，用該模型對固定增長型股票進行估價時，必須滿足現金股利按固定的比例呈幾何級數增長這一條件。而這可能僅適合某些成熟的大公司。

(三) 用 Python 計算固定增長型股票的價格

1. 用 Python 實現的程式碼 I
固定增長型股票的價值計算公式很簡單，我們也可用下列的 Python 程式碼輕易實現：

行	程式碼	說明
01	r = 0.1	# 宣告變量 r 存放折現率
02	g = 0.05	# 宣告變量 g 存放增長率
03	d0 = 1	# 宣告變量 d0 存放當前股利
04	d1 = d0*(1+g)	# 宣告變量 d1 存放未來第一期股利
05	print(f"{d1/(r-g):.4f} 元。")	# 結果輸出：21.0000 元。

2. 用 Python 實現的程式碼 II
我們也可以用前面章節的方式，算出未來各期股利的現值，如底下的程式碼將列出前 8 期的股利現值：

行	程式碼
01	r = 0.1
02	D = 1
03	print(" 期數 ".ljust(4)+" 現金流量 ".center(8)+" 現值 ".center(8))
04	for n in range(1, 9):
05	D = D*(1+g)
06	PV = D*(1+r)**-n
07	print(f' 第 {n:02} 期 {D:>8.2f} {PV:>8.2f}')

輸出結果如下：

期數	現金流量	現值
第 01 期	1.05	0.95
第 02 期	1.10	0.91
第 03 期	1.16	0.87
第 04 期	1.22	0.83
第 05 期	1.28	0.79
第 06 期	1.34	0.76
第 07 期	1.41	0.72
第 08 期	1.48	0.69

在該程式碼的基礎上，我們可以比照前面的方式，加入 total 變量，用很大的數值來模擬無窮，以計算未來現金流量現值之和。Python 程式碼實現如下：

行	程式碼
01	r = 0.1
02	D = 1
03	total = 0
04	for n in range(1, 1000):
05	D = D*(1+g)
06	PV = D*(1+r)**-n
07	total += PV
08	
09	print(f' 現金流量現值加總為 {total:>4.2f} 元。')

輸出結果如下：

| 現金流量現值加總為 21.00 元。 |

跟我們算得的答案一樣。經由 while 循環結構優化，代碼實現如下：

行	程式碼
01	r = 0.1
02	D = 1
03	total = 0
04	n = 1
05	while True:
06	D = D*(1+g)
07	PV = D*(1+r)**-n
08	if PV < 0.0001:
09	break
10	total += PV
11	n+=1
12	
13	print(f' 現金流量現值加總為 {total:>4.2f} 元。')

輸出結果一樣為：

| 現金流量現值加總為 21.00 元。 |

3. while 循環結構

還可以把終止條件直接寫在 while 結構，一樣能得到相同的輸出結果。程式碼實現如下：

行	程式碼
01	r = 0.1
02	D = 1
03	total = 0
04	n = 1
05	PV = D*(1+r)**-n
06	while PV > 0.0001:
07	D = D*(1+g)
08	PV = D*(1+r)**-n
09	total += PV
10	n+=1
11	
12	print(f' 現金流量現值加總為 {total:>4.2f} 元。')

(四) 固定增長型股票預期報酬率

對於固定增長型股票，可用下式計算預期報酬率：

$$\hat{r} = \frac{d_1}{P_0} + g$$

即預期報酬率等於預期股利收益率與預期股利增長率之和。

釋例 4

投資者在年初以 20 元購買某檔股票，預期年底收到現金股利 1 元，預計公司未來將以 5% 的固定速度持續增長。該檔股票的預期報酬率為何？

■ 解法一：

由題意，預期年底的現金股利 1 元，故 $d_1 = 1$

按固定的增長率 5% 逐年增長，即 g = 5%，

代入公式，得到

$$\hat{r} = \frac{1}{20} + 5\% = 10\%$$

股票的預期報酬率為 10%。

■ 解法二：

　　固定增長型股票的預期報酬率公式其實源自於固定增長型股票的價值公式。所以，我們也可以從固定增長型股票的價值公式去求解預期報酬率。由題意，預期年底的現金股利 1 元，故 $d_1 = 1$。增長率 5%，即 $g = 5\%$。股票價格為 20 元，故 $P_0 = 20$。代入固定增長型股票的價值公式，

$$V = \frac{d_1}{r - g}$$

得到

$$20 = \frac{1}{r - 5\%}$$

解得

$$r = \frac{1}{20} + 5\% = 10\%$$

(五) 用 Python 計算固定增長型股票預期報酬率

1. 用 Python 實現的程式碼

我們可用下列的 Python 程式碼輕易實現固定增長型股票的預期報酬率計算：

行	程式碼	說明
01	g = 0.05	# 宣告變量 g 存放增長率
02	D = 1	# 宣告變量 D 存放股利
03	P = 20	# 宣告變量 P 存放股票價格
04	print(f"{D/P+g:.4%}")	# 輸出結果為 10.0000%

2. 用 scipy 實現的程式碼

我們可以透過 scipy 模組所提供的方法來求解，Python 程式碼實現如下：

行	程式碼	說明
01	`from scipy import optimize`	
02		
03	`def f(r):`	
04	`    g = 0.05`	# 宣告變量 g 存放增長率
05	`    d1 = 1`	# 宣告變量 d1 存放股利
06	`    P = 20`	# 宣告變量 P 存放股票價格
07	`    return d1/(r - g) - P`	
08		
09	`root = optimize.root(f, x0=1)`	
10	`print(f"{root.x[0]:.4%}。")`	

其中，在程式碼第 3 行到第 7 行就是在求解

$$20 = \frac{1}{r - 5\%}$$

第 7 行的方程式是固定增長型股票的價值公式 $V = \dfrac{d_1}{r - g}$ 的變體。

我們可以證明正確性。若以預期報酬率 10% 為必要報酬率，根據股票估價公式，年底股票的價格會是

$$P_1 = \frac{d_2}{r - g} = \frac{d_1(1 + g)}{r - g} = \frac{1 \times (1 + 5\%)}{10\% - 5\%} = 21 \ （元）$$

則年底的資本利得收益率 $= \dfrac{(P_1 - P_0)}{P_0} = \dfrac{(21 - 20)}{20} = 5\%$

我們發現，資本利得收益率等於股利增長率。實際上，在預期股利固定增長情況下，資本利得收益率一定等於股利增長率。接下來往下一年計算：

$$明年股票的股利收益率 = \frac{d_1(1 + g)}{P_1} = 1 \times \frac{(1 + 5\%)}{21} = 5\%$$

明年股票的預期報酬率仍然為 10%。

對固定增長型股票而言，如果股票價格是公平的市場價格，股票市場處於均衡狀態，股票的價格將等於價值，則股票的預期報酬率應當等於其必要報酬率。

五、非固定增長型股票估價

(一) 非固定增長型股票的定義

　　公司實際上每年發放的現金股利並不一定符合前述的兩種情況。通常處於不同的發展階段，公司就會有不同的現金股利支付政策。例如：公司發放的現金股利可能會在一段時間固定不變，在此後一段時間保持固定增長，而又在另一段時間讓現金股利高速增長；或是公司在前一段時間並不發放現金股利，此後發放的現金股利會以固定比率增長。

　　公司發放現金股利的情況並不限於我們所列舉的例子。對於這種非固定增長型的股票，我們可以採用分段計算來對其進行估價。

(二) 非固定增長型股票的計算範例

釋例 5
假定投資者持有 google 公司的股票，google 公司本年度支付了現金股利 1 元，預計未來 3 年每年支付現金股利爲 1.5 元，1.8 元，1 元。預計該公司現金股利從第 4 年起，以固定增長率 5% 的增長率增長。假定投資者要求的必要報酬率爲 10%。google 公司股票的價值是多少？

　　爲了更清楚的了解投資人各期的現金流量變化，我們需要先畫出股票的現金流量時間序列線：

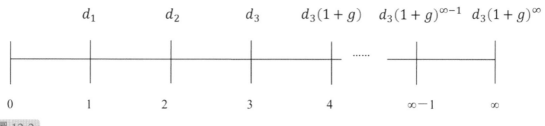

圖 12-2

　　根據現金流量時間序列圖，我們可以將股票價值的計算分爲兩個步驟：

　　第一步，第 4 年開始、現金股利以固定增長率增長。故依據其現金流量的型態，我們知道第 4 年後的股票屬於固定增長型股票。可對 4 年後的現金股利進行折現，按公式，求出第

3 年年末（第 4 年年初）時股票的價值，即 P_3：

$$d_4 = d_3(1+g) = 1 \times (1+5\%) = 1.05 （元）$$

$$P_3 = \frac{d_4}{r_s - g} = \frac{1.05}{10\% - 5\%} = 21 （元）$$

經計算，第 3 年年末的股票價值爲 21 元。

我們根據目前的現金流量畫出如下的股票的現金流量時間序列線：

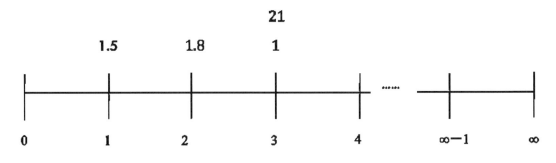

圖 12-3

接下來，第二步，將第 1 年、第 2 年及第 3 年的現金股利折現，加上 P_3 的現值即可求出股票的價值。計算過程如下：

$$V = \frac{d_1}{1+10\%} + \frac{d_2}{(1+10\%)^2} + \frac{d_3}{(1+10\%)^3} + \frac{P_3}{(1+10\%)^3}$$

$$= \frac{1.5}{1+10\%} + \frac{1.8}{(1+10\%)^2} + \frac{1}{(1+10\%)^3} + \frac{21}{(1+10\%)^3}$$

$$= 19.38 （元）$$

經計算，當前 google 公司股票的價值爲 19.38 元。

(三) 用 Python 計算非固定增長型股票的價格

由上述分析，股票價值的計算有兩個步驟。第一步，我們先計算第 3 年年末股票的價值。由於第 4 年後的股票屬於固定增長型股票，我們可直接用前面的程式碼：

行	程式碼	說明
01	r = 0.1	# 宣告變量 r 存放折現率
02	g = 0.05	# 宣告變量 g 存放增長率
03	d0 = 1	# 宣告變量 d0 存放當前股利
04	d1 = d0*(1+g)	# 宣告變量 d1 存放未來第一期股利
05	print(f"{d1/(r-g):.4f} 元。")	# 結果輸出：21.0000 元。

　　計算結果 21.0000 元。如此，我們便可知道第 3 年年末，除了現金股利 1 元外，還有出售股票的 21 元。故第 3 年的現金流量為 22 元。整個現金流量結構，從目前到第 3 年依序為 0、1.5 元、1.8 元、22 元。只要知道現金流量結構，便可用前面章節的方法計算出現值，Python 程式碼實現如下：

行	程式碼
01	r = 0.1
02	cashflows = [0, 1.5, 1.8, 22]
03	total = 0
04	print(" 期數 ".ljust(4)+" 現金流量 ".center(8)+" 現值 ".center(8))
05	for n, cf in enumerate(cashflows):
06	PV = cf*(1+r)**-n
07	total += PV
08	print(f' 第 {n} 期　{cf:>8.2f} {PV:>8.2f}')
09	print(f'\n 現金流量現值加總為 {total:>8.2f}。')

　　結果輸出如下：

期數	現金流量	現值
第 0 期	0.00	0.00
第 1 期	1.50	1.36
第 2 期	1.80	1.49
第 3 期	22.00	16.53
現金流量現值加總為 19.38 元。		

六、股利折現模型的局限

股利折現模型基於未來支付給股東的現金股利估計股票的價值，而預測公司未來的現金股利則具有很大的不確定性。預測未來每股的現金股利，需要預測公司未來的收益、股利支付率及未來的股數（每股現金股利＝當年淨利潤 × 股利支付率 / 流通股股數），這些都具有較大的難度。而預期現金股利增長率的稍小變動，可能會導致預期股票價值較大幅度的變動。我們可以通過以下的例子計算說明。

假定 Sanger 公司去年支付了每股 0.6 元的現金股利，投資者的必要報酬率為 11%，當預期現金股利固定增長率為 8% 時，則當前每股價值為 21.6 元：

$$V = \frac{D_0(1+g)}{(r_s - g)} = \frac{0.6(1+8\%)}{(11\% - 8\%)} = 21.6 \text{ 元}$$

假定預期現金股利的固定增長率為 10% 時，可以計算出當前每股價值為 66 元，估計的股票價值變動了 44.4 元。

$$V = \frac{D_0(1+g)}{(r_s - g)} = \frac{0.6(1+10\%)}{(11\% - 10\%)} = 66 \text{ 元}$$

因此，股利折現模型可以說明我們在確定股票價值時提供一個指導，而不是完全按照模型預測的價格出售股票。現實中，我們也可以利用**市盈率**（P/E 比率）來對股票進行估價。市盈率越大（小），說明投資者對於公司賺得的一元願意支付更多（少）的金額。市盈率等於當前每股市場價格除以每股收益，即 $\frac{P_0}{EPS_0}$。如果我們能夠估計出公司合理的 P/E 比率，乘以公司當前的每股收益，即可估計出股票價值。由於在確定合理的 P/E 比率時需要做出判斷，人們在合理的 P/E 比率數值上觀點並不一致。

除市盈率之外，還有一些其他方法也可以用於估計股票價值，如利用**經濟增加值**[1]（Economic Value Added, EVA）來確定在不影響公司價值情況下公司可以支付給股東的最大股利，將該股利與公司實際股利相比來判斷公司股票是否被高估了。當然，所有的估價模型

---

[1] EVA 是思騰思特管理服務公司開發出來的，這種觀念認為：公司採取某項行動，其收益必須足夠補償其成本：既包括使用股東資金的成本，也包括使用債權人資金的成本。具體計算的基本公式如下：

EVA = EBIT(1 – T) – (資本成本 × 已投入資本)。

其中，EBIT 是息稅前收益，T 是公司邊際稅率，已投入資本是公司投資者（股權和債權）投入的資金數額，資金成本是公司支付給股東和債權人的平均「利率」。

都有其假設或預測，現實經濟中的不確定性使得我們無法給出股票眞正確定的價值。大多數的投資者都是綜合使用一些估價方法，以加大估價的信心和把握。

七、股票價格

前面我們介紹了股票價值的估計方法。我們提到過，當股票市場均衡時，股票價格將等於股票價值。但現實情況是，我們常常觀察到實際股票價格並不等於股票價值。這是否代表我們的估價是錯誤的？

根據估價模型，投資者需要去預測公司的未來現金流量（以此推斷每股現金股利）。而市場上每一條新的資訊都會影響投資者對股票估價的結果。打個比方，假定你作爲一個投資者，你通過分析 Swink 公司的近期財務報表，觀察行業發展趨勢，預計了公司未來的收益和現金股利，你得出結論該公司的股票每股價值 30 元。但與此同時，你的一個朋友也正在研究這檔股票，他比你稍有經驗，他認爲該公司股票每股價值僅爲 20 元。當你與朋友交換了相關資訊後，你可能下調股票的估值，也可能是你的朋友修改他的看法，最終你們將在某個估計值上達成共識。股票市場上每天都會發生無數次這樣的情況。當買方願意購買某檔股票，而賣方願意出售某檔股票，他們對於股票可能有著不同的估值結果。資訊會引導買方和賣方修改他們的估值，並達成共識，交易最終得以進行。

股票市場上存在著眾多競爭著的投資者，因而也充斥著大量投資者的資訊，這些資訊必將反映在股票價格上。如果有資訊表明，某檔股票價格低於其價值，獲得這一資訊的投資者會選擇購買股票，使得股票價格上升；反過來，如果有資訊表明某檔股票價格高於其價值，獲得這一資訊的投資者會選擇出售股票，使得股票價格下降。最終，投資者之間的競爭將會導致所有資訊都將反映在股票價格上，導致股票的市場價格代表其眞實價值，也即是我們所說的市場均衡時的狀態。這一觀念即是美國芝加哥大學的 Fama 教授提出的**有效市場假說**（Efficient Market Hypothesis, EMH）。

八、效率市場

效率市場是指一個能夠迅速反應和反映所有可用資訊的金融市場。效率市場假說中所指的所有資訊既包括公開的、易於判斷的資訊，也包括私密或難以判斷的資訊。公開、易於判斷的資訊包括新聞報導、財務報表、公司新聞發布或其他公開資料來源中的資訊。投資者之間的激烈競爭將導致股價幾乎能在瞬間對這類消息做出反應，少數投資者可能在股價完全調整前進行少量的交易，而大多數投資者可能在交易前，股票價格就已經反應了新資訊。對於此類資訊，有效市場假說完全成立。然而某些資訊是不可公開獲得的，例如證券分析師可能要耗費大量的時間和精力，從公司員工、競爭者、供應商或客戶處搜集與公司未來現金流量相關的資訊；又如非專業人員可能難以理解複雜的商業交易的全部後果，使得資訊雖然能公開獲得但難以理解和判斷。如果投資者能夠掌握此類資訊，即可以此獲利。在這種情況下，嚴格來說，有效市場假說並不成立。但隨著交易的進行，股票價格也將慢慢反映這部分私有資訊，並最終達到均衡狀態。為獲取這部分私有資訊，投資者可能願意投入資源以獲取專家的意見等，可以推測到的是，市場「無效率」的程度將取決於獲取資訊的成本。

🔔 重點整理

■ 股票（Stock）是一種有價證券。

■ 股票的價值應等於預期現金流量的現值，包括未來持有期間收到的現金股利與出售時所能收到的轉讓價格。

■ 根據現金股利是否變動，我們可對股票的估價進一步劃分為零增長型股票估價、固定增長型股票估價以及非固定增長型股票估價。

報酬與風險

學習目標

- 了解報酬和風險的概念。
- 用 Python 計算期望報酬率與風險。
- 用 Python 計算歷史報酬率與風險。

一、報酬和風險的概念

報酬和風險是投資領域中兩個基本的概念。

(一) 報酬的定義

報酬（**Return**）是指投資所獲得的收益或回報。它代表了投資的盈利程度或資金增長的幅度。報酬可以以百分比或金額的形式表示，並通常基於投資的資本增值、利息、股息或其他收益來計算。投資者期望在投資中獲得正面的報酬，並根據投資目標和風險承受能力來評估投資的回報水平。

(二) 風險的定義

當某一事件會產生多種結果，可能帶來收益，也可能造成損失，預期結果具有不確定性，則該事件便隱含著風險（**Risk**）。但風險與不確定性存在區別。奈特在 1921 年的《風險、不確定性與利潤》一書中進行了區分。如下圖所示，風險是可以用概率來度量的不確定性。而不確定性無法預測其結果發生的概率或是無法預測結果的數目及其發生的概率。

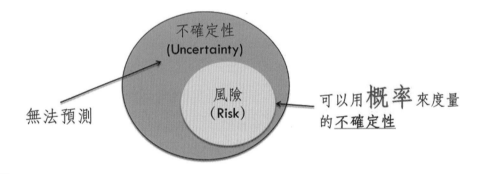

圖 13-1

風險（**Risk**）則代表了投資的不確定性和可能面臨的損失風險。投資涉及市場波動、不確定的經濟條件、行業變化、政治風險等因素，這些因素可能導致投資價值下降或無法達到預期目標。風險可以以不同的方式衡量，其中最常用的是波動性，即投資價格的變動幅度。風險與報酬通常存在正相關，即高回報的投資往往伴隨較高的風險。從財務的角度來講，風險是實際報酬不同於預期報酬的可能性。

(三) 報酬和風險的重要性

　　報酬和風險彼此密切相關，並且在投資中具有重要性。投資者通常根據自己的投資目標、風險承受能力和時間框架來評估報酬和風險。不同的投資者可能對報酬和風險的重要性有所不同。一些投資者可能更願意承擔較高的風險以追求更高的報酬，而其他投資者可能更偏好較低風險的投資機會。理解報酬和風險的關係對於制定有效的投資策略和進行資產配置至關重要。投資者應該綜合考慮報酬和風險，並在投資決策中尋找最佳的平衡點。

二、實際報酬率

(一) 實際報酬率的定義

　　實際報酬率（Realized Return）是指投資者在一特定時間內實際取得的回報。例如：投資者在投資購買債券或者股票時，一段時間後，可獲得的利潤一般可分為兩部分：一部分是由債券或是股票發行人所支付的利息或股利；另一部分是債券或股票在金融市場上的價值變化，稱為資本利得。具體來說，投資人購買股票的實際報酬率可以這樣計算：

$$實際報酬率 = \frac{股利 + 資本利得}{期初價值}$$

而債券投資人的實際報酬率如下列公式所示：

$$實際報酬率 = \frac{利息 + 資本利得}{期初價值}$$

其中，資本利得 = 價格變化 = 期末價格 − 期初價格

(二) 基於 Python 的計算範例

釋例 1
假定投資人現在以 80 元的價格買入股票，1 年後以 86 元的價格賣出，在此期間，投資者還獲得了 2 元的現金股利。投資人該筆投資的實際報酬率為何？

投資人以 80 元的價格買入股票，1 年後以 86 元的價格賣出，其資本利得 = 86 − 80 = 6 元。期間還獲得了 2 元的現金股利。此期間，實際獲得了 8 元收益。故投資者該筆投資的實際報酬率為：

$$\frac{2+(86-80)}{80}=10\%$$

■ 用 Python 實現的程式碼

實際報酬率計算很簡單，我們可用下列的 Python 程式碼輕易實現：

行	程式碼	說明
01	D = 2	# 宣告變量 D 存放股利
02	P0 = 80	# 宣告變量 P0 存放期初價格
03	P1 = 86	# 宣告變量 P1 存放期末價格
04	r = (D + (P1-P0))/P0	# 宣告變量 r 並計算實際報酬率
05	print(f" 實際報酬率為 {r:.2%}。")	# 結果輸出：實際報酬率為 10.00%。

三、期望報酬率與風險

(一) 期望報酬率

在進行投資決策前，投資人通常會對未來的報酬有一個預期。但是，投資人無法預知未來的經濟狀況。未來會有多種可能的狀況。經濟可能會是繁榮、持平或衰退。不同的經濟狀況都會影響到投資人的實際收益。必須有一個綜合指標能反映所有可能結果。**期望報酬率**（Expected Rate of Return）就是各種可能的結果的加權平均。具體來說，假定有 n 個可能的結果，期望報酬率用 E(r) 來表示，第 i 個結果所示的報酬為 r_i，概率用 p_i 表示，則期望報酬率的計算公式如下：

$$E(r) = p_1 r_1 + p_2 r_2 + \cdots + p_n r_n = \sum_{t=1}^{n} p_i r_i$$

(二) 期望報酬率的計算範例

我們可以用下面的例子來演示期望報酬率的計算。

釋例 2

假定未來經濟狀況可能會有三種：繁榮、持平與衰退。在未來不同經濟狀況下，投資 A 股票能獲得報酬的概率如下表所示：

經濟狀況	發生概率	該狀況下能獲得的報酬
繁榮	30%	20%
持平	40%	15%
衰退	30%	10%

則投資 A 股票能獲得期望報酬率為何？

根據上述公式，則投資者投資 A 股票的期望報酬率為：

$$E(r) = 30\% \times 20\% + 40\% \times 15\% + 30\% \times 10\% = 15\%$$

(三) 期望報酬率的 Python 實現

在 Python 中，我們有很多方式可以用來計算期望報酬率。由公式可知，計算期望報酬率時會用到未來各種狀況下的報酬率 r_i 和發生概率 p_i。我們可以先用 Python 中的列表類型存放報酬率和發生概率，再加以計算。

1. 用 Python 實現的程式碼 I

行	程式碼	說明
01	p = [0.3, 0.4, 0.3]	# 宣告變量 p 存放機率
02	r = [0.2, 0.15, 0.1]	# 宣告變量 r 存放報酬率
03	ExpectedReturn = 0	# 計算期望報酬率
04	for i in range(len(r)):	
05	ExpectedReturn += p[i]*r[i]	
06		
07	print(f" 期望報酬率為 {ExpectedReturn:.2%}")	# 結果輸出：期望報酬率為 15.00%

2. 用 Python 實現的程式碼 II

行	程式碼	說明
01	p = [0.3, 0.4, 0.3]	# 宣告變量 p 存放機率
02	r = [0.2, 0.15, 0.1]	# 宣告變量 r 存放報酬率
03	ExpectedReturn = 0	# 計算期望報酬率
04	for i, ri in enumerate(r):	
05	ExpectedReturn += p[i]*ri	
06		
07	print(f" 期望報酬率為 {ExpectedReturn:.2%}")	# 結果輸出：期望報酬率為 15.00%

3. 用 Python 實現的程式碼 III

行	程式碼	說明
01	p = [0.3, 0.4, 0.3]	# 宣告變量 p 存放機率
02	r = [0.2, 0.15, 0.1]	# 宣告變量 r 存放報酬率
03	ExpectedReturn = 0	# 計算期望報酬率
04	for pi, ri in zip(p, r):	
05	ExpectedReturn += pi*ri	
06		
07	print(f" 期望報酬率為 {ExpectedReturn:.2%}")	# 結果輸出：期望報酬率為 15.00%

(四) 用 numpy 模組計算期望報酬率

我們也可以透過 numpy 模組來計算期望報酬率。具體來說，可以先用 numpy 中的 array 類型存放報酬率和發生概率，再用 numpy 模組提供的方法加以計算。

1. 用 numpy 實現的程式碼 I

行	程式碼	說明
01	import numpy as np	
02	p = np.array([0.3, 0.4, 0.3])	# 宣告變量 p 存放機率
03	r = np.array([0.2, 0.15, 0.1])	# 宣告變量 r 存放報酬率
04	print(f" 期望報酬率為 {np.dot(p,r):.2%}")	# 結果輸出：期望報酬率為 15.00%

2. 用 numpy 實現的程式碼 II

行	程式碼	說明
01	import numpy as np	
02	p = np.array([0.3, 0.4, 0.3])	# 宣告變量 p 存放機率
03	r = np.array([0.2, 0.15, 0.1])	# 宣告變量 r 存放報酬率
04	print(f" 期望報酬率為 {p.dot(r):.2%}")	# 結果輸出：期望報酬率為 15.00%

3. 用 numpy 實現的程式碼 III

行	程式碼	說明
01	import numpy as np	
02	p = np.array([0.3, 0.4, 0.3])	# 宣告變量 p 存放機率
03	r = np.array([0.2, 0.15, 0.1])	# 宣告變量 r 存放報酬率
04	print(f" 期望報酬率為 {np.sum(p*r):.2%}")	# 結果輸出：期望報酬率為 15.00%

4. 用 numpy 實現的程式碼 VI

行	程式碼	說明
01	import numpy as np	
02	p = np.array([0.3, 0.4, 0.3])	# 宣告變量 p 存放機率
03	r = np.array([0.2, 0.15, 0.1])	# 宣告變量 r 存放報酬率
04	print(f" 期望報酬率為 {p @ r:.2%}")	# 結果輸出：期望報酬率為 15.00%

(五) 計算期望報酬率的程式碼整理

■ 內建函數

函數	程式碼
range()	p = [0.3, 0.4, 0.3] r = [0.2, 0.15, 0.1] ExpectedReturn = 0 for i in range(len(r)): 　　ExpectedReturn += p[i]*r[i] print(f" 期望報酬率為 {ExpectedReturn:.2%}")

函數	程式碼
enumerate()	p = [0.3, 0.4, 0.3] r = [0.2, 0.15, 0.1] ExpectedReturn = 0 for i, ri in enumerate(r): ExpectedReturn += p[i]*ri print(f" 期望報酬率為 {ExpectedReturn:.2%}")
zip()	p = [0.3, 0.4, 0.3] r = [0.2, 0.15, 0.1] ExpectedReturn = 0 for pi, ri in zip(p, r): ExpectedReturn += pi*ri print(f" 期望報酬率為 {ExpectedReturn:.2%}")

■ 使用 numpy

函數	程式碼
np.dot(p,r)	import numpy as np p = np.array([0.3, 0.4, 0.3]) r = np.array([0.2, 0.15, 0.1]) print(f" 期望報酬率為 {np.dot(p,r):.2%}")
p.dot(r)	import numpy as np p = np.array([0.3, 0.4, 0.3]) r = np.array([0.2, 0.15, 0.1]) print(f" 期望報酬率為 {p.dot(r):.2%}")
np.sum(p*r)	import numpy as np p = np.array([0.3, 0.4, 0.3]) r = np.array([0.2, 0.15, 0.1]) print(f" 期望報酬率為 {np.sum(p*r):.2%}")
p @ r	import numpy as np p = np.array([0.3, 0.4, 0.3]) r = np.array([0.2, 0.15, 0.1]) print(f" 期望報酬率為 {p @ r:.2%}")

(六) 期望報酬率的風險

　　爲了度量風險，我們必須要明確兩個問題：第一是可能出現的結果，此處爲可能獲得的預期報酬；第二是概率，概率是隨機事件發生的可能性，在此爲出現某種預期報酬的可能性。在掌握所有資訊後，我們將所有可能事件或結果都列出來，並給出相應的概率，這種排列稱爲概率分布。我們可以運用 matplotlib 來繪製概率分布圖。用 Python 實現的程式碼如下：

行	程式碼	說明
01	import numpy as np	
02	import matplotlib.pyplot as plt	
03		
04	p = np.array([0.3, 0.4, 0.3])	# 宣告變量 p 存放機率
05	r = np.array([0.2, 0.15, 0.1])	# 宣告變量 r 存放報酬率
06	plt.bar(r, p, width = 0.02)	
07	plt.ylabel('Probability')	
08	plt.xlabel('Return')	
09	plt.show()	

　　在畫面上，我們會看到輸出結果如下：

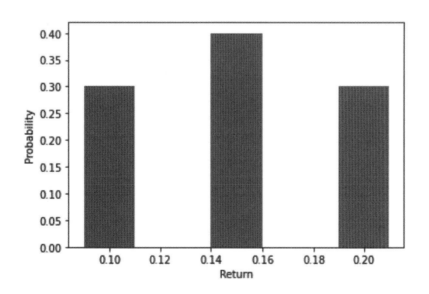

圖 13-2

其中橫軸表示為報酬率（Return），而縱軸為發生概率（Probability）。在這個例子中，我們假定只存在三種經濟狀況，債券的預期報酬也只存在三個值，並有確定的概率。像這種僅取有限個隨機結果的概率分布，我們稱為離散型概率分布。實際上，經濟情況遠不止三種，有無數可能的情況會出現。如果每種情況都能測定其報酬率和概率，可以用連續型分布描述報酬率。

風險被定義為報酬的波動性。我們可以進一步用概率分布的**標準差**（**Standard Deviation**）去度量風險，因標準差可以很好的測度報酬的波動性。標準差越小，說明報酬的波動性越小，風險越低，反之則風險越高。通常用希臘字母 σ 表示標準差，其計算步驟如下：

1. 先計算期望報酬率 E(r)。
2. 將每種可能的結果減去期望報酬率，得到離差 $r_i - E(r)$。
3. 離差平方後乘以其發生的概率 p_i，乘積加總後得到概率分布的方差 σ^2。其公式如下：

$$\sigma^2 = \sum_{i=1}^{n} (r_i - E(r))^2 p_i$$

4. 最後，將 σ^2 開平方後求得標準差 σ。

$$\sigma = \sqrt{\sum_{i=1}^{n} (r_i - E(r))^2 p_i}$$

(七) 期望報酬率風險的計算範例

我們可以用下面的例子來演示期望報酬率的風險計算。

釋例 3

假定未來經濟狀況可能會有三種：繁榮、持平與衰退。在未來不同經濟狀況下，投資 A 股票能獲得報酬的概率如下表所示：

經濟狀況	發生概率	該狀況下能獲得的報酬
繁榮	30%	20%
持平	40%	15%
衰退	30%	10%

則投資 A 股票的風險為何？請用標準差來度量。

根據標準差的計算公式，A 股票的標準差為：

$$\sigma_A = \sqrt{(20\% - 15\%)^2 \times 30\% + (15\% - 15\%)^2 \times 40\% + (10\% - 15\%)^2 \times 30\%} = 3.87\%$$

(八) 用 Python 計算期望報酬率風險

　　和計算期望報酬率一樣，在 Python 中，我們有很多方式可以用來計算標準差。由公式可知，計算標準差時，除了會用到未來各種狀況下的報酬率和發生概率，還會用到期望報酬率 E(r)。我們可以先用 Python 中的列表類型存放報酬率和發生概率，計算好期望報酬率後，再計算標準差。

1. 用 Python 實現的程式碼 I

行	程式碼	說明
01	p = [0.3, 0.4, 0.3]	# 宣告變量 p 存放機率
02	r = [0.2, 0.15, 0.1]	# 宣告變量 r 存放報酬率
03	ExpectedReturn = 0.15	# 宣告變量存放期望報酬率
04		
05	variance = 0	# 計算變異數
06	for i in range(len(r)):	
07	variance += p[i]*(r[i] - ExpectedReturn)**2	
08		
09	print(f" 變異數為 {variance:.2%}")	
10	print(f" 標準差為 {variance**(1/2):.2%}")	# 輸出結果

2. 用 Python 實現的程式碼 II

行	程式碼	說明
01	p = [0.3, 0.4, 0.3]	# 宣告變量 p 存放機率
02	r = [0.2, 0.15, 0.1]	# 宣告變量 r 存放報酬率
03	ExpectedReturn = 0.15	# 宣告變量存放期望報酬率
04		
05	variance = 0	# 計算變異數
06	for i, ri in enumerate(r):	
07	variance += p[i]*(ri - ExpectedReturn)**2	
08		
09	print(f" 變異數為 {variance:.2%}")	
10	print(f" 標準差為 {variance**(1/2):.2%}")	# 輸出結果

3. 用 Python **實現的程式碼** III

行	程式碼	說明
01	p = [0.3, 0.4, 0.3]	# 宣告變量 p 存放機率
02	r = [0.2, 0.15, 0.1]	# 宣告變量 r 存放報酬率
03	ExpectedReturn = 0.15	# 宣告變量存放期望報酬率
04		
05	variance = 0	# 計算變異數
06	for pi, ri in zip(p, r):	
07	variance += pi*(ri - ExpectedReturn)**2	
08		
09	print(f" 變異數為 {variance:.2%}")	
10	print(f" 標準差為 {variance**(1/2):.2%}")	# 輸出結果

以上程式碼，輸出的結果皆如下：

變異數為 0.15%

標準差為 3.87%

(九) 用 numpy 模組計算期望報酬率風險

我們也可以透過 numpy 模組來計算標準差。和計算期望報酬率時一樣，可以先用 numpy 中的 array 類型存放報酬率和發生概率，再用 numpy 模組提供的方法加以計算。

1. 用 numpy **實現的程式碼** I

行	程式碼	說明
01	import numpy as np	
02		
03	p = np.array([0.3, 0.4, 0.3])	# 宣告變量 p 存放機率
04	r = np.array([0.2, 0.15, 0.1])	# 宣告變量 r 存放報酬率
05		
06	ER = np.dot(p,r)	# 計算期望報酬率
07	variance = np.dot(p,(r-ER)**2)	# 計算變異數
08		
09	print(f" 變異數為 {variance:.2%}")	# 結果輸出：變異數為 0.15%
10	print(f" 標準差為 {variance**(1/2):.2%}")	# 結果輸出：標準差為 3.87%

2. 用 numpy 實現的程式碼 II

行	程式碼	說明
01	import numpy as np	
02		
03	p = np.array([0.3, 0.4, 0.3])	# 宣告變量 p 存放機率
04	r = np.array([0.2, 0.15, 0.1])	# 宣告變量 r 存放報酬率
05		
06	ER = p.dot(r)	# 計算期望報酬率
07	variance = p.dot((r-ER)**2)	# 計算變異數
08		
09	print(f" 變異數為 {variance:.2%}")	# 結果輸出：變異數為 0.15%
10	print(f" 標準差為 {variance**(1/2):.2%}")	# 結果輸出：標準差為 3.87%

3. 用 numpy 實現的程式碼 III

行	程式碼	說明
01	import numpy as np	
02		
03	p = np.array([0.3, 0.4, 0.3])	# 宣告變量 p 存放機率
04	r = np.array([0.2, 0.15, 0.1])	# 宣告變量 r 存放報酬率
05		
06	ER = np.sum(p*r)	# 計算期望報酬率
07	variance = np.sum(p*(r-ER)**2)	# 計算變異數
08		
09	print(f" 變異數為 {variance:.2%}")	# 結果輸出：變異數為 0.15%
10	print(f" 標準差為 {variance**(1/2):.2%}")	# 結果輸出：標準差為 3.87%

4. 用 numpy 實現的程式碼 VI

行	程式碼	說明
01	import numpy as np	
02		
03	p = np.array([0.3, 0.4, 0.3])	# 宣告變量 p 存放機率
04	r = np.array([0.2, 0.15, 0.1])	# 宣告變量 r 存放報酬率
05		
06	ER = p @ r	# 計算期望報酬率

行	程式碼	說明
07	variance = p @ (r-ER)**2	# 計算變異數
08		
09	print(f" 變異數為 {variance:.2%}")	# 結果輸出：變異數為 0.15%
10	print(f" 標準差為 {variance**(1/2):.2%}")	# 結果輸出：標準差為 3.87%

以上程式碼，輸出的結果皆為：

變異數為 0.15%

標準差為 3.87%

(十) 計算期望報酬率風險的程式碼整理

■ 內建函數

函數	程式碼
range()	p = [0.3, 0.4, 0.3] r = [0.2, 0.15, 0.1] ExpectedReturn = 0.15 variance = 0 for i in range(len(r)): 　　variance += p[i]*(r[i] - ExpectedReturn)**2
enumerate()	p = [0.3, 0.4, 0.3] r = [0.2, 0.15, 0.1] ExpectedReturn = 0.15 variance = 0 for i, ri in enumerate(r): 　　variance += p[i]*(ri - ExpectedReturn)**2
zip()	p = [0.3, 0.4, 0.3] r = [0.2, 0.15, 0.1] ExpectedReturn = 0.15 variance = 0 for pi, ri in zip(p, r): 　　variance += pi*(ri - ExpectedReturn)**2

■ 使用 **numpy**

函數	程式碼
np.dot(p,r)	import numpy as np p = np.array([0.3, 0.4, 0.3]) r = np.array([0.2, 0.15, 0.1]) ER = np.dot(p,r) variance = np.dot(p,(r-ER)**2)
p.dot(r)	import numpy as np p = np.array([0.3, 0.4, 0.3]) r = np.array([0.2, 0.15, 0.1]) ER = p.dot(r) variance = p.dot((r-ER)**2)
np.sum(p*r)	import numpy as np p = np.array([0.3, 0.4, 0.3]) r = np.array([0.2, 0.15, 0.1]) ER = np.sum(p*r) variance = np.sum(p*(r-ER)**2)
p @ r	import numpy as np p = np.array([0.3, 0.4, 0.3]) r = np.array([0.2, 0.15, 0.1]) ER = p @ r variance = p @ (r-ER)**2

四、歷史報酬率與風險

(一) 概念和計算方式

現實生活中，我們常利用過去已觀察到的歷史資料來計算報酬率與風險。此時的報酬率稱為**歷史報酬率**。實際上，就是過去一段時間內實際報酬率的算術平均值。公式如下：

$$\bar{r} = \frac{\sum_{t=1}^{n} r_t}{n}$$

其中，r_t 是第 t 期的實際報酬率，$\bar{r}$ 是 n 期實際報酬率的算術平均值。而利用過去的歷史資料來估計風險時，估計標準差的計算公式稍有變化：

$$\sigma = \sqrt{\frac{\sum_{t=1}^{n}(r_t - \bar{r})^2}{n-1}}$$

由於此處我們並未採用真實的期望報酬率來計算標準差，而是採用估計的平均報酬來計算標準差。平均報酬是從樣本資料中得出，在實際計算方差時只有 n − 1 個資料點可自由運用，即我們失去了一個自由度，所以標準差公式中的期數是 n − 1 而不是 n。

(二) 計算範例

我們可以用下面的例子來演示歷史報酬率及其風險的計算。

釋例 4

假定在過去 2019 至 2023 年間，A 股票的實際報酬率如下表：

年分	實際報酬率
2019	12%
2020	-15%
2021	20%
2022	10%
2023	8%

則投資 A 股票的歷史報酬率及其風險為何？

A 股票於 2019 至 2023 年間的歷史報酬率即這段期間實際報酬率的算術平均值。由公式可計算：

$$\bar{r} = \frac{(12\% - 15\% + 20\% + 10\% + 8\%)}{5} = 7\%$$

而 A 股票歷史報酬率的標準差的計算如下：

$$\sigma = \sqrt{\frac{[(12\% - 7\%)^2 + (-15\% - 7\%)^2 + (20\% - 7\%)^2 + (10\% - 7\%)^2 + (8\% - 7\%)^2]}{4}} = 13.11\%$$

(三) 歷史報酬率的 Python 實現

1. 用 Python 實現的程式碼

在 Python 中，我們有很多方式可以用來計算歷史報酬率。由公式可知，計算歷史報酬率會用到一段時間內的實際報酬率。我們可以先用 Python 中的列表類型存放實際報酬率，再加以計算。程式碼實現如下：

行	程式碼	說明
01	r = [0.12, -0.15, 0.20, 0.10, 0.08]	# 宣告變量 r 存放報酬率
02	r_mean = sum(r)/len(r)	# 計算平均報酬率
03		
04	print(f" 平均報酬率為 {r_mean:.2%}。")	# 結果輸出：平均報酬率為 7.00%。

由於歷史報酬率實際上就是這段期間各期實際報酬率的算術平均值。故在程式碼第 2 行中，用 Python 中的 sum() 函數來計算這段期間實際報酬率的總和，並用 len() 函數取得這段期間的期數。兩者相除便可算出平均報酬率為 7.00%。

2. 用 numpy 實現的程式碼

我們也可以透過 numpy 模組來計算歷史報酬率。先用 numpy 中的 array 類型存放報酬率，再用 numpy 模組提供的 mean() 方法直接計算平均值。程式碼具體實現如下：

行	程式碼	說明
01	import numpy as np	
02		
03	r = np.array([0.12, -0.15, 0.20, 0.10, 0.08])	# 宣告變量 r 存放報酬率
04	r_mean = np.mean(r)	# 計算平均報酬率
05		
06	print(f" 平均報酬率為 {r_mean:.2%} 。")	# 結果輸出：平均報酬率為 7.00%。

(四) 用 Python 計算歷史報酬率的風險

由公式可知，計算歷史報酬率的標準差時，除了會用到一段時間內的實際報酬率，還會用到歷史報酬率的平均值。我們可以先用 Python 中的列表類型存放實際報酬率，計算好歷史報酬率的平均值後，再計算標準差。

1. 用 Python 實現的程式碼

行	程式碼	說明
01	r = [0.12, -0.15, 0.20, 0.10, 0.08]	# 宣告變量 r 存放報酬率
02	r_mean = sum(r)/len(r)	# 計算平均報酬率
03		
04	variance = 0	# 計算變異數
05	for i in range(len(r)):	
06	variance += (r[i] - r_mean)**2	
07	variance /= (len(r)-1)	
08		
09	print(f" 變異數為 {variance:.2%}")	# 輸出結果：變異數為 1.72%
10	print(f" 標準差為 {variance**(1/2):.2%}")	# 輸出結果：標準差為 13.11%

結果輸出如下：

> 變異數為 1.72%
> 標準差為 13.11%

2. 用 numpy 實現的程式碼

我們也可以透過 numpy 模組來計算歷史報酬率的標準差。由公式可知，計算歷史報酬率的標準差時，除了會用到一段時間內的實際報酬率，還會用到歷史報酬率的平均值和觀察值個數。我們先用 numpy 中的 array 類型存放報酬率後，再用 numpy 模組提供的 mean() 方法直接計算平均值。還可用 array 類型提供的 size 屬性取得觀察值個數。程式碼具體實現如下：

行	程式碼	說明
01	import numpy as np	
02		
03	r = np.array([0.12, -0.15, 0.20, 0.10, 0.08])	# 宣告變量 r 存放報酬率
04	n = r.size	# 取得觀察值個數
05	r_mean = np.mean(r)	# 計算平均報酬率
06		
07	variance = np.sum((r-r_mean)**2) /(n-1)	# 計算變異數
08	print(f" 變異數為 {variance:.2%}")	# 結果輸出：變異數為 1.72%
09	print(f" 標準差為 {variance**(1/2):.2%}")	# 結果輸出：標準差為 13.11%。

結果輸出一樣為：

變異數為 1.72%

標準差為 13.11%

五、變異係數

當兩項資產的期望報酬率相同，投資人只需比較兩者的風險即可做出決策；但當投資項目的期望報酬率不相同時，可以採用**變異係數**（Coefficient of Variation, CV，也稱離散係數）來進行比較，變異係數表示單位報酬的風險，公式如下：

$$CV = \frac{標準差}{期望報酬率} = \frac{\sigma}{\bar{r}}$$

釋例 5

假定 A 股票的期望報酬率為 15%，標準差為 45%；B 股票的期望報酬率為 10%，標準差為 20%。投資者應選擇哪支股票？

經過計算，

$$CV_A = 45\%/15\% = 3$$

$$CV_B = 20\%/10\% = 2$$

投資者應當選擇 B 股票。

🔔 重點整理

■ 報酬（Return）是指投資所獲得的收益或回報。

■ 風險（Risk）則代表了投資的不確定性和可能面臨的損失風險。

■ 風險與報酬通常存在正相關，即高回報的投資往往伴隨較高的風險。

■ 期望報酬率是投資人對未來的報酬的預期。

■ 歷史報酬率是過去一段時間內實際報酬率的算術平均值。

二項資產的投資組合

♤ 了解投資組合的含義。

♤ 掌握二項資產的投資組合報酬率和風險的計算方式。

♤ 用 Python 計算投資組合的報酬率和風險。

♤ 用 Python 繪製投資組合的效率前緣。

♤ 了解投資組合分散風險的機制。

在前面一章的介紹中，我們已經學會用統計學中的標準差來度量持有單張證券時面臨的總風險。而現實生活中，投資人往往會持有多項證券。投資人購買了哪些資產？又購買了多少？投資組合便反映了投資人的資產配置狀況。有效的投資組合能夠分散風險。本章將討論投資組合的風險與報酬。為了便於了解投資組合分散風險的機制，本章以二項資產的投資組合為例子來進行說明。

一、投資組合

(一) 投資組合的定義

投資組合是指投資者所擁有的投資資產，可以包括股票、債券、現金、房地產、商品、基金等各種不同類型的資產。投資組合代表了投資者在不同類型資產之間的資金配置方式。建構投資組合的目的是實現資產配置的多樣化，以降低風險並追求更穩定的回報。通過將資金分配到不同的資產類別和個別投資，投資者可以分散風險，以應對市場波動和不確定性。如果一個資產表現不佳，其他資產可能能夠抵消損失，從而平衡整體投資組合的回報。

(二) 投資組合理論

投資組合理論是一種關於投資管理的理論框架，旨在幫助投資者在資本市場中做出最佳的投資組合決策。該理論主要由哈利·馬科維茨（Harry Markowitz）於 1952 年提出，他因此成為了現代投資組合理論的奠基人之一，並因此獲得了 1990 年的諾貝爾經濟學獎。

投資組合理論的核心概念是資產配置和分散投資的重要性。基本假設是投資者在做出投資決策時關注的是預期回報和風險。該理論提供了一種定量的方法來評估投資組合的回報和風險特徵，並幫助投資者做出理性的投資決策。根據投資組合理論，投資者可以通過將資金分散投資於多個資產，以達到更高的回報與更低的風險。

然而，該理論也有一些局限性，例如：假設市場是有效的、投資者的行為是理性的等，這些假設在現實市場中可能不總是成立。因此，在實際應用中，投資者還需要考慮其他因素並適應市場的變化。

二、二項資產的投資組合的報酬率

(一) 二項資產的投資組合是什麼？

　　二項資產的投資組合是指投資者在投資中選擇了兩個不同的資產來組成其投資組合。這兩個資產可以是不同類型的金融資產，例如：股票、債券、貨幣市場工具等。根據投資者的風險承受能力、投資目標和市場環境，二項資產的投資組合可以有很多不同的組合方式。投資者可以通過分散投資於不同類型的資產、不同地區的資產、不同規模的公司等方式來實現投資組合的多樣化，從而降低風險並追求更穩定的回報。

(二) 投資組合報酬率的計算公式

　　與單項資產相同，投資組合一樣存在期望報酬率，可以根據投資組合的構成和權重進行計算。其計算公式如下：

$$r_P = w_1r_1 + w_2r_2 + \cdots + w_nr_n = \sum_{i=1}^{n} w_ir_i$$

　　其中，r_P 表示投資組合（Portfolio）的期望報酬率；w_i 表示第 i 項資產在組合中所占的權重；r_i 表示第 i 項資產的期望報酬率。由公式可知，投資組合的期望報酬率其實就是組合中各資產期望報酬的加權平均。

　　當投資人僅投資於二項資產時，其投資組合的期望報酬率為

$$r_P = w_1r_1 + w_2r_2$$

(三) 投資組合報酬率的計算範例

釋例 1

假定投資人同時持有兩檔股票，其期望報酬率和標準差，以及在組合中所占的權重如下表：

股票	權重	期望報酬率	標準差
X 股票	0.4	20%	50%
Y 股票	0.6	8%	25%

其投資組合的期望報酬率為何？

由題意，

第 1 項資產 X 股票的權重為 0.4，期望報酬率 20%，故 $w_1 = 0.4$，$r_1 = 20\%$；

第 2 項資產 Y 股票的權重為 0.6，期望報酬率 8%，故 $w_2 = 0.6$，$r_2 = 8\%$。

透過公式，求得投資組合的期望報酬率為

$$r_P = 0.4 \times 20\% + 0.6 \times 8\% = 12.8\%$$

(四) 用 Python 計算投資組合的報酬率

投資組合的期望報酬率計算很簡單，我們可用下列的 Python 程式碼輕易實現：

行	程式碼	說明
01	r1, r2 = 0.20, 0.08	# 宣告變量存放各資產的期望報酬率
02	w1, w2 = 0.4, 0.6	# 宣告變量存放各資產的權重
03		
04	rp = r1*w1 + r2*w2	# 宣告變量 rp 並計算投資組合的期望報酬率
05		
06	print(f" 投資組合的期望報酬率為 {rp:.2%}。")	# 輸出：投資組合的期望報酬率為 12.80%。

輸出結果如下：

投資組合的期望報酬率為 12.80%。

(五) 計算期望報酬率的程式碼整理

■ 內建函數

函數	程式碼
range()	w = [0.4, 0.6] r = [0.26, 0.06] rp = 0 for i in range(len(r)): rp += w[i]*r[i]

函數	程式碼
enumerate()	w = [0.4, 0.6] r = [0.26, 0.06] rp = 0 for i, ri in enumerate(r): 　　rp += w[i]*ri
zip()	w = [0.4, 0.6] r = [0.26, 0.06] rp = 0 for wi, ri in zip(w, r): 　　rp += wi*ri
輸出	print(f" 投資組合報酬率為 {rp:.2%}")

■ 使用 **numpy**

函數	程式碼
np.dot(p,r)	import numpy as np w = np.array([0.4, 0.6])　　# 權重 r = np.array([0.26, 0.06]) # 報酬率 print(f" 投資組合報酬率為 {np.dot(w,r):.2%}")
p.dot(r)	import numpy as np w = np.array([0.4, 0.6])　　# 權重 r = np.array([0.26, 0.06]) # 報酬率 print(f" 期望報酬率為 {w.dot(r):.2%}")
np.sum(p*r)	import numpy as np w = np.array([0.4, 0.6])　　# 權重 r = np.array([0.26, 0.06]) # 報酬率 print(f" 期望報酬率為 {np.sum(w*r):.2%}")
p @ r	import numpy as np w = np.array([0.4, 0.6])　　# 權重 r = np.array([0.26, 0.06]) # 報酬率 print(f" 期望報酬率為 {w @ r:.2%}")

三、投資組合的風險概念

(一) 投資組合的風險的解說範例

前一節計算了投資組合的期望報酬率，它是組合中各資產期望報酬的加權平均。而投資組合的風險是否為組合中各資產期望風險的加權平均？我們先來看以下例子：

釋例 2

以下是 A、B 股票在 2026 年至 2030 年間所預期的報酬率資料。假定投資人以 1:1 比例同時持有 A、B 股票，建構其投資組合。

年	報酬率	
	A 股票	B 股票
2026	20%	-10%
2027	-5%	15%
2028	20%	-10%
2029	-10%	20%
2030	25%	15%

其 AB 投資組合的期望報酬率和風險為何？

我們可以用前一章所學的方法來量化 A 股票和 B 股票於 2026 至 2030 年間的平均報酬率和風險，由公式可計算：

$$\bar{r}_A = \frac{(20\% - 5\% + 20\% - 10\% + 25\%)}{5} = 10\%$$

$$\bar{r}_B = \frac{(-10\% + 15\% - 10\% + 20\% + 15\%)}{5} = 6\%$$

而 A、B 股票報酬率的標準差的計算如下：

$$\sigma_A = \sqrt{\frac{[(20\% - 10\%)^2 + (-5\% - 10\%)^2 + (20\% - 10\%)^2 + (-10\% - 10\%)^2 + (25\% - 10\%)^2]}{4}}$$

$$= 16.20\%$$

$$\sigma_B = \sqrt{\frac{[(-10\% - 6\%)^2 + (15\% - 6\%)^2 + (-10\% - 6\%)^2 + (20\% - 6\%)^2 + (15\% - 6\%)^2]}{4}} = 14.75\%$$

這時，表格整理如下：

	報酬率	
年	A 股票	B 股票
2026	20%	-10%
2027	-5%	15%
2028	20%	-10%
2029	-10%	20%
2030	25%	15%
平均報酬率	10.00%	6.00%
標準差	16.20%	14.75%

然後，我們可以用投資組合的報酬率公式，逐年來計算於 2026 至 2030 年間的 AB 投資組合的報酬率。結果如下：

	報酬率		
年	A 股票	B 股票	AB 組合
2026	20%	-10%	5%
2027	-5%	15%	5%
2028	20%	-10%	5%
2029	-10%	20%	5%
2030	25%	15%	20%
平均報酬率	10.00%	6.00%	
標準差	16.20%	14.75%	

由公式可計算 AB 投資組合的平均報酬率：

$$\bar{r}_p = \frac{(5\% + 5\% + 5\% + 5\% + 20\%)}{5} = 8\%$$

因為投資組合的報酬率，是組合中各資產報酬的加權平均。其結果等同於

$$\bar{r}_p = \frac{(\bar{r}_A + \bar{r}_B)}{2} = \frac{(10\% + 6\%)}{2} = 8\%$$

而 AB 投資組合的標準差的計算如下：

$$\sigma_p = \sqrt{\frac{[(5\% - 8\%)^2 + (5\% - 8\%)^2 + (5\% - 8\%)^2 + (5\% - 8\%)^2 + (20\% - 8\%)^2]}{4}} = 6.71\%$$

最後得到表格如下：

年	報酬率		
	A 股票	B 股票	AB 組合
2026	20%	-10%	5%
2027	-5%	15%	5%
2028	20%	-10%	5%
2029	-10%	20%	5%
2030	25%	15%	20%
平均報酬率	10.00%	6.00%	8%
標準差	16.20%	14.75%	6.71%

AB 投資組合的標準差為 6.71%，既小於 A 股票報酬率的標準差 16.20%，也小於 B 股票報酬率的標準差 14.75%。因此，投資組合的標準差不能簡單等於組合中各資產標準差的加權平均數。

(二) 基於 Python 的計算範例

1. 用 Python 實現的程式碼 I

下列的程式碼用以計算 A 股票和 B 股票於 2026 至 2030 年間的平均報酬率：

行	程式碼
01	rA = [0.2, -0.05, 0.2, -0.1, 0.25]
02	rB = [-0.1, 0.15, -0.1, 0.2, 0.15]

行	程式碼
03	
04	mean_rA = sum(rA)/len(rA)
05	mean_rB = sum(rB)/len(rB)
06	
07	print(f"A 股票的平均報酬率為 {mean_rA:.2%}。")
08	print(f"B 股票的平均報酬率為 {mean_rB:.2%}。")

輸出結果如下：

A 股票的平均報酬率為 10.00%。
B 股票的平均報酬率為 6.00%。

2. 用 Python 實現的程式碼 II

下列的程式碼用以計算 A 股票的風險：

行	程式碼
01	rA = [0.2, -0.05, 0.2, -0.1, 0.25]
02	mean_rA = sum(rA)/len(rA)
03	
04	total = 0
05	n = len(rA)
06	for ra in rA:
07	total +=(ra - mean_rA)**2
08	varA = total/(n-1)
09	stdA = varA**0.5
10	print(f"A 股票的報酬率的標準差為 {stdA:.2%}。")

輸出結果如下：

A 股票的報酬率的標準差為 16.20%。

我們也可以如法炮製，用以計算 B 股票的風險：

行	程式碼
01	rB = [-0.1, 0.15, -0.1, 0.2, 0.15]
02	mean_rB = sum(rB)/len(rB)
03	
04	total = 0
05	n = len(rB)
06	for rb in rB:
07	total +=(rb - mean_rB)**2
08	varB = total/(n-1)
09	stdB = varB**0.5
10	print(f"B 股票的報酬率的標準差為 {stdB:.2%}。")

輸出結果如下：

B 股票的報酬率的標準差為 14.75%。

3. 用 Python 實現的程式碼 III

我們可以用以下的程式碼，逐年來計算出 2026 至 2030 年間的 AB 投資組合的報酬率。

行	程式碼
01	rA = [0.2, -0.05, 0.2, -0.1, 0.25]
02	rB = [-0.1, 0.15, -0.1, 0.2, 0.15]
03	
04	rP = []
05	year = 2026
06	for ra, rb in zip(rA, rB):
07	rp = (ra+rb)/2
08	rP.append(rp)
09	print(f"{year} 年，AB 投資組合的報酬率為 {rp:>6.2%}。")
10	year+=1

結果如下：

2026 年，AB 投資組合的報酬率為 5.00%。
2027 年，AB 投資組合的報酬率為 5.00%。
2028 年，AB 投資組合的報酬率為 5.00%。
2029 年，AB 投資組合的報酬率為 5.00%。
2030 年，AB 投資組合的報酬率為 20.00%。

上述程式碼有將 AB 投資組合各年的報酬率記錄在變量 rP 中。於是我們可以用前面處理單項資產的方式來計算投資組合的平均報酬率和風險。

Python 程式碼實現如下：

行	程式碼
01	mean_rP = sum(rP)/len(rP)
02	
03	print(f"AB 投資組合的平均報酬率為 {mean_rP:.2%}。")
04	
05	total = 0
06	n = len(rP)
07	for rp in rP:
08	total +=(rp - mean_rP)**2
09	varP = total/(n-1)
10	stdP = varP**0.5
11	print(f"AB 投資組合的標準差為 {stdP:.2%}。")

輸出結果如下：

AB 投資組合的平均報酬率為 8.00%。
AB 投資組合的標準差為 6.71%。

(三) 計算投資組合風險的程式碼整理

■ 內建函數

函數	程式碼
range()	w = [0.4, 0.6] r = [0.26, 0.06] rp = 0.14 variance = 0 for i in range(len(r)): variance += p[i]*(r[i] - ExpectedReturn)**2
enumerate()	p = [0.3, 0.4, 0.3] r = [0.2, 0.15, 0.1] ExpectedReturn = 0.15 variance = 0 for i, ri in enumerate(r): variance += p[i]*(ri - ExpectedReturn)**2
zip()	p = [0.3, 0.4, 0.3] r = [0.2, 0.15, 0.1] ExpectedReturn = 0.15 variance = 0 for pi, ri in zip(p, r): variance += pi*(ri - ExpectedReturn)**2

■ 輸出資訊

程式碼
print(f" 變異數為 {variance:.4f}") print(f" 標準差為 {variance**(1/2):.2%}")

■ 使用 numpy

函數	程式碼
np.dot(p,r)	import numpy as np p = np.array([0.3, 0.4, 0.3]) r = np.array([0.2, 0.15, 0.1]) ER = np.dot(p,r) variance = np.dot(p,(r-ER)**2)

函數	程式碼
p.dot(r)	import numpy as np p = np.array([0.3, 0.4, 0.3]) r = np.array([0.2, 0.15, 0.1]) ER = p.dot(r) variance = p.dot((r-ER)**2)
np.sum(p*r)	import numpy as np p = np.array([0.3, 0.4, 0.3]) r = np.array([0.2, 0.15, 0.1]) ER = np.sum(p*r) variance = np.sum(p*(r-ER)**2)
p @ r	import numpy as np p = np.array([0.3, 0.4, 0.3]) r = np.array([0.2, 0.15, 0.1]) ER = p @ r variance = p @ (r-ER)**2

四、二項資產的投資組合風險計算

為了弄清楚投資組合的風險，我們先來看幾個概念。

(一) 共變異數（協方差）

1. 定義和計算

共變異數（**Covariance**），也稱**協方差**是兩個隨機變數偏離其各自均值的離差的乘積的期望值。協方差可用於測量兩資產報酬率的共同變動程度，$COV(r_i, r_j)$ 表示，計算如下公式：

$$COV(r_i, r_j) = E[(r_i - \overline{r_i})(r_j - \overline{r_j})]$$

而利用歷史資料計算共變異數（協方差）時，公式如下：

$$COV(r_i, r_j) = \frac{1}{n-1}\Sigma(r_i - \overline{r_i})(r_j - \overline{r_j})$$

其中，n 為歷史期數。以上一例題來說明，共變異數為：

$COV(r_A, r_B)$

$$= \frac{\left[\begin{array}{c}(20\% - 10\%)(-10\% - 6\%) + (-5\% - 10\%)(15\% - 6\%) + (20\% - 10\%)(-10\% - 6\%) \\ + (-10\% - 10\%)(20\% - 6\%) + (25\% - 10\%)(15\% - 6\%)\end{array}\right]}{4}$$

$= -1.5\%$

2. 用 Python 實現的程式碼

我們可用下列的 Python 程式碼實現計算協方差：

行	程式碼
01	rA = [0.2, -0.05, 0.2, -0.1, 0.25]
02	rB = [-0.1, 0.15, -0.1, 0.2, 0.15]
03	
04	mean_rA = sum(rA)/len(rA)
05	mean_rB = sum(rB)/len(rB)
06	
07	n = len(rA)
08	total = 0
09	for ra, rb in zip(rA, rB):
10	total+=(ra - mean_rA)*(rb - mean_rB)
11	cov = total/(n-1)
12	
13	print(f" 協方差為 {cov:.2%} 。")

輸出結果如下：

協方差為 -1.50% 。

(二) 相關係數

1. 定義和計算

相關係數（Correlation）可進一步量化兩資產的互動程度，其計算公式如下：

$$\rho_{ij} = \frac{COV(r_i, r_j)}{\sigma_i \sigma_j}$$

相關係數總是在 –1 到 1 之間變動。

當相關係數在 –1 到 0 之間變動時，說明兩資產的報酬率呈相反方向變動，相關係數越趨近於 –1，其反向變動的趨勢越明顯；

當相關係數等於 –1 時，兩資產的報酬率呈反比例變動；

當相關係數在 0 到 1 之間變動時，說明兩資產的報酬率呈相同方向變動，相關係數越趨近於 1，其同向變動的趨勢越明顯；

當相關係數等於 1 時，兩資產的報酬率呈正比例變動；

當相關係數等於 0 時，兩資產的報酬率不存在同向或反向的變動趨勢，兩者是獨立的。

在前面的例子中，

$$\rho_{AB} = \frac{COV(r_A, r_B)}{\sigma_A \sigma_B} = \frac{-1.5\%}{16.20\% \times 14.75\%} = -0.6278$$

2. 用 Python 實現的程式碼

我們可用下面的 Python 程式碼計算相關係數：

行	程式碼
01	cov = -0.015
02	stdA, stdB = 0.1620, 0.1475
03	corr = cov/(stdA*stdB)
04	
05	print(f" 相關係數為 {corr:.4f}。")

輸出結果如下：

相關係數為 -0.6277。

(三) 投資組合風險的計算公式

1. 計算公式

以兩資產的投資組合為例，其標準差為：

$$\sigma_{ij} = \sqrt{\sigma_{ij}^2} = \sqrt{w_i^2\sigma_i^2 + w_j^2\sigma_j^2 + 2w_iw_j\text{Cov}(r_i, r_j)}$$

透由該公式，我們可計算前面例子中的投資組合風險。

$$\sigma_p = \sigma_{AB} = \sqrt{\sigma_{AB}^2} = \sqrt{w_A^2\sigma_A^2 + w_B^2\sigma_B^2 + 2w_Aw_B\text{Cov}(r_A, r_B)}$$
$$= \sqrt{0.5^2 \times (16.20\%)^2 + 0.5^2 \times (14.75\%)^2 + 2 \times 0.5 \times 0.5 \times (-1.5\%)}$$
$$= 6.71\%$$

計算結果同為 6.71%。而根據協方差與相關係數的關係，上述公式也可寫為：

$$\sigma_{ij} = \sqrt{w_i^2\sigma_i^2 + w_j^2\sigma_j^2 + 2w_iw_j\rho_{ij}\sigma_i\sigma_j}$$

其中，w_i、w_j 分別為第 i 檔股票在組合中的權重。ρ_{ij} 表示兩種股票的相關係數。經過該公式，算出來的投資組合報酬率的標準差一樣 6.71%：

$$\sigma_p = \sigma_{AB} = \sqrt{\sigma_{AB}^2} = \sqrt{w_A^2\sigma_A^2 + w_B^2\sigma_B^2 + 2w_Aw_B\rho_{AB}\sigma_A\sigma_B}$$
$$= \sqrt{0.5^2 \times (16.20\%)^2 + 0.5^2 \times (14.75\%)^2 + 2 \times 0.5 \times 0.5 \times (-0.6278 \times 16.20\% \times 14.75\%)}$$
$$= 6.71\%$$

2. 用 Python 實現的程式碼 I

基於公式 $\sigma_{AB} = \sqrt{w_A^2\sigma_A^2 + w_B^2\sigma_B^2 + 2w_Aw_B\text{Cov}(r_A, r_B)}$，我們可用下面的 Python 程式碼計算投資組合的標準差：

行	程式碼
01	cov = -0.015
02	stdA, stdB = 0.1620, 0.1475
03	wA, wB = 0.5, 0.5
04	
05	varp = (wA*stdA)**2 + (wB*stdB)**2 + 2*(wA*wB)*cov
06	std = varp**0.5
07	print(f" 投資組合的標準差為 {std:.2%} 。")

輸出結果如下：

投資組合的標準差為 6.71%。

3. 用 Python 實現的程式碼 II

下面的程式碼透過實現 $\sigma_{AB} = \sqrt{w_A^2\sigma_A^2 + w_B^2\sigma_B^2 + 2w_Aw_B\rho_{AB}\sigma_A\sigma_B}$ ，計算出投資組合的標準差：

行	程式碼
01	rho = -0.6277
02	stdA, stdB = 0.1620, 0.1475
03	wA, wB = 0.5, 0.5
04	
05	varp = (wA*stdA)**2 + (wB*stdB)**2 + 2*rho*(wA*wB)*(stdA*stdB)
06	std = varp**0.5
07	print(f" 投資組合的標準差為 {std:.2%}。")

輸出結果如下：

投資組合的標準差為 6.71%。

五、風險分散的機制

(一) 原理解說

我們知道二項資產的投資組合的標準差可經由下列式子計算：

$$\sigma_{ij} = \sqrt{w_i^2\sigma_i^2 + w_j^2\sigma_j^2 + 2w_iw_j\rho_{ij}\sigma_i\sigma_j}$$

從公式可以看出，只要相關係數小於 1，投資組合的標準差就小於各股票報酬率標準差的加權平均數，即風險會被分散。如在釋例 2 中，因為 A 股票和 B 股票報酬率的相關係數為 –0.6278，算出來的 AB 投資組合的標準差為 6.71%，既小於 A 股票報酬率的標準差16.20%，也小於 B 股票報酬率的標準差 14.75%，風險有被分散到。

我們可以在釋例 2 的基礎上，假定 A 股票和 B 股票報酬率有不同的相關係數。透過Python 編程，來觀察在不同相關係數的情況下，AB 投資組合的標準差的變化。如下例：

(二) 基於 Python 的計算範例

釋例 3

假定投資人同時持有兩檔股票，其期望報酬率和標準差，以及在組合中所占的權重如下表：

股票	權重	期望報酬率	標準差
A 股票	0.5	10%	16.20%
B 股票	0.5	6%	14.75%

其 AB 投資組合，在相關係數為 -1、-0.5、0、0.5、1 等的情況下，其標準差為何？

程式碼實現如下：

行	程式碼
01	stdA, stdB = 0.1620, 0.1475
02	wA, wB = 0.5, 0.5
03	
04	for rho in [-1, -0.5, 0, 0.5, 1]:
05	varp = (wA*stdA)**2 + (wB*stdB)**2 + 2*rho*(wA*wB)*(stdA*stdB)
06	std = varp**0.5
07	print(f" 相關係數 ρ = {rho:>4} 時，投資組合的標準差為 {std:>6.2%}。")

輸出結果如下：

相關係數 ρ = -1 時，投資組合的標準差為 0.72%。

相關係數 ρ = -0.5 時，投資組合的標準差為 7.76%。

相關係數 ρ = 0 時，投資組合的標準差為 10.95%。

相關係數 ρ = 0.5 時，投資組合的標準差為 13.41%。

相關係數 ρ = 1 時，投資組合的標準差為 15.47%。

我們可以觀察出，當相關係數越大時，投資組合的風險也越大。故為降低風險，資產間的相關係數越小越好。我們還可進一步用 matplotlib 去描繪相關係數和投資組合風險之間的關係。

程式碼實現如下：

行	程式碼
01	stdA, stdB = 0.1620, 0.1475
02	wA, wB = 0.5, 0.5
03	rhos = []
04	stdP = []
05	N = 100
06	for i in range(N):
07	rho = -1 + i*(2/N)
08	varp = (wA*stdA)**2 + (wB*stdB)**2 + 2*rho*(wA*wB)*(stdA*stdB)
09	stdp = varp**0.5
10	rhos.append(rho)
11	stdP.append(stdp)
12	
13	import matplotlib.pyplot as plt
14	plt.plot(rhos, stdP)
15	plt.xlabel("ρ")
16	plt.ylabel(" σ ")
17	plt.show()

產生相關係數和投資組合風險的關係圖如下：

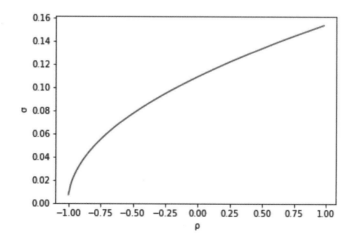

圖 14-1

其中，橫軸爲相關係數，縱軸爲投資組合的標準差。可以發現，當相關係數越大時，投資組合的風險也越大。

六、投資組合的效率前緣

(一) 效率前緣的定義

投資組合的效率前緣是投資組合理論中的一個重要概念，代表了所有可能的投資組合的組合線，由各種不同風險和回報水平的投資組合組成的。這些投資組合具有不同的資產配置比例。投資者可以根據自己的風險承受能力和投資目標來選擇最適合自己的投資組合。如果投資者的目標是追求最高的回報，他們可以選擇效率前緣上的較高風險投資組合，而如果他們更關注風險控制，他們可以選擇效率前緣上的較低風險投資組合。

效率前緣顯示了在給定風險水平下，可以實現的最高預期回報，或在給定預期回報下，可以實現的最低風險。效率前緣上的每個投資組合都是在給定資產類別中最優的投資組合。

(二) 基於 Python 的計算範例

前面我們已經得出結論，投資組合中資產間的相關係數將影響投資組合的風險，實際上，組合中各證券的權重也將影響投資組合的風險。以兩檔股票爲例：

釋例 4

假定投資人同時持有兩檔股票，其期望報酬率和標準差如下表：

股票	期望報酬率	標準差
X 股票	20%	50%
Y 股票	8%	25%

求在不同相關係數情況下，不同股票權重所得出的組合期望報酬率與標準差。

以標準差爲橫軸，期望報酬率爲縱軸，我們由座標軸來反映將會更直觀。

1. 相關係數為 0

我們先來看相關係數為 0，即兩檔股票不相關下的期望報酬率與標準差，程式碼實現如下：

行	程式碼
01	r1, r2 = 0.20, 0.08
02	sig1, sig2 = 0.5, 0.25
03	
04	rets = []
05	sigs = []
06	rho = 0
07	for i in range(101):
08	w1 = i*0.01
09	w2 = 1 - w1
10	
11	rp = r1*w1 + r2*w2
12	rets.append(rp)
13	
14	varp = (w1*sig1)**2 + (w2*sig2)**2 + 2*rho*(w1*w2)*(sig1*sig2)
15	std = varp**0.5
16	sigs.append(std)
17	
18	import matplotlib.pyplot as plt
19	plt.plot(sigs,rets)
20	plt.xlabel("Risk")
21	plt.ylabel("Return")
22	plt.show()

圖形輸出如下：

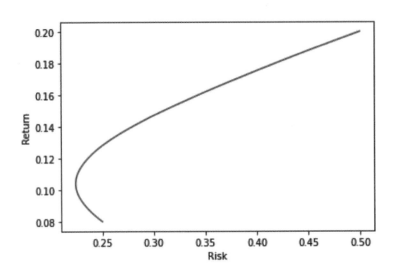

圖 14-2

　　上圖的曲線列示了給定相關係數下，投資者所有可選的不同權重的投資組合。我們看到，僅投資 X 股票，標準差為 50%，期望報酬率為 20%；而僅投資 Y 股票時，標準差為 25%，期望報酬率為 8%。圖中很多不同權重的投資組合都可以使投資者獲得更高的期望報酬。有些權重的投資組合還可以讓投資者同時承擔更低的風險。因此，僅投資 Y 股票並不是投資者的最佳選擇。

　　如果一個投資組合從期望報酬率和標準差兩方面都比現有組合更好，則稱現有組合為無效投資組合（Inefficient Portfolio）。相應的，如果無法在不降低投資組合的期望報酬率的同時降低風險，該組合可以稱為有效投資組合（Efficient Portfolio）。

2. 相關係數為 1

　　再來看相關係數為 1，即兩檔股票完全相關下的期望報酬率與標準差。只要改一下程式碼第 6 行的相關係數即可。圖形輸出如下。我們發現，當相關係數為 1 時，投資組合集在連接 X、Y 兩點的直線上，此時，風險完全沒有被分散。

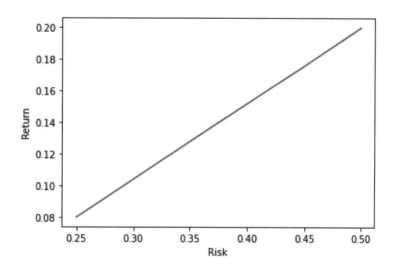

圖 14-3

3. 相關係數為 –1

　　將程式碼第 6 行的相關係數改為 –1，即兩檔股票完全負相關下的期望報酬率與標準差。當相關係數等於 –1 時，風險被完全分散，投資組合集曲線成為兩條直線。圖形輸出如下：

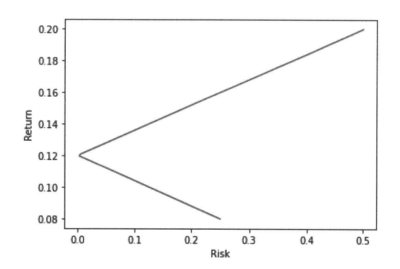

圖 14-4

4. 三者比較

我們還可以透過程式碼，在同一座標軸上繪製在不同相關係數情況下，不同股票權重所得出的組合期望報酬率與標準差。效果將會更直觀。程式碼實現如下：

行	程式碼
01	r1, r2 = 0.20, 0.08
02	sig1, sig2 = 0.5, 0.25
03	
04	rets = []
05	sigs={}
06	for rho in [-1, 0 , 1]:
07	rets=[]
08	sigs[rho]=[]
09	for i in range(101):
10	w1 = i*0.01
11	w2 = 1 - w1
12	rp = r1*w1 + r2*w2
13	rets.append(rp)
14	
15	varp = (w1*sig1)**2 + (w2*sig2)**2 + 2*rho*(w1*w2)*(sig1*sig2)
16	std = varp**0.5
17	sigs[rho].append(std)
18	
19	import matplotlib.pyplot as plt
20	
21	for rho in [-1, 0 , 1]:
22	plt.plot(sigs[rho],rets)
23	
24	x = 0.05
25	for rho in [-1, 0 , 1]:
26	plt.text(x, 0.12, f"rho = {rho}", ha='center', va='top', fontsize=10)
27	x += 0.15
28	
29	plt.xlabel("Risk")
30	plt.ylabel("Return")
31	plt.show()

圖形輸出如下：

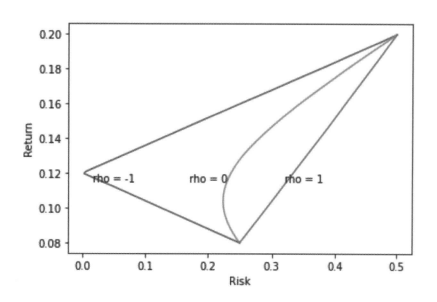

圖 14-5

我們可以發現：隨著相關係數逐漸向 −1 趨近，在同等的期望報酬率下，組合的風險逐漸降低，因此，投資組合集曲線呈現出左凸的特徵。直到相關係數等於 −1 時，風險被完全分散。

需要注意的是，投資組合效率前緣的形狀除了相關性之外，還取決於資產類別的組合和預期回報和風險的變化。如果投資組合包含高風險、高回報的資產，那麼效率前緣可能呈現較高的斜率，即在承擔更高風險的情況下，可以獲得更高的預期回報。相反，如果投資組合偏向於低風險、低回報的資產，那麼效率前緣可能呈現較平緩的斜率，即在較低的風險水平下，預期回報也較低。形狀在不同市場環境下可能有所變化。它受到市場條件、經濟狀況和投資者的偏好等因素的影響。

七、無風險資產與風險資產的有效組合

在前面，我們已經考察了由風險投資構成的投資組合的風險和報酬。通過分散化投資，能有效降低投資者的風險。除此之外，投資者也可以通過將部分投資轉移到無風險資產,即持有無風險資產和風險資產的組合,來降低風險。接下來,我們來推導當投資組合由無風險資產和風險資產構成時的報酬和風險。

(一) 報酬

原本,當投資人僅投資於二項資產時,其投資組合的期望報酬率為

$$r_P = w_1 r_1 + w_2 r_2$$

假定投資者將 w 比例的資金投資於風險資產上,其期望報酬率為 r_s;其餘 $1 - w$ 比例的資金投資於無風險的國債,國債利率為 r_f。則該組合的報酬率

$$r_P = w r_s + (1 - w) r_f = r_f + w(r_s - r_f)$$

其中,w 是風險資產的投資比例,$(r_s - r_f)$ 是風險資產組合的風險溢價。因此,$w(r_s - r_f)$ 是投資比例 w 的風險資產總共能獲得的風險溢價。因此,無風險資產與風險資產組合的期望報酬率由無風險利率和其能獲得的風險溢價構成。

(二) 風險

接下來計算無風險資產與風險資產組合的標準差。我們知道二項資產的投資組合的標準差可經由下列式子計算:

$$\sigma_P = \sqrt{w_i^2 \sigma_i^2 + w_j^2 \sigma_j^2 + 2 w_i w_j \rho_{ij} \sigma_i \sigma_j}$$

因為無風險資產標準差為 0,故

$$\sigma_P = \sqrt{w^2 \sigma_s^2} = w \sigma_s$$

上式中,σ_s 為風險資產組合的標準差。因此,無風險資產與風險資產組合的風險取決於風險資產組合的投資比例及風險資產組合的標準差。

(三) 基於 Python 的計算範例

釋例 5

假定投資人同時持有無風險資產和股票的投資組合，其期望報酬率和標準差如下表：

投資組合	期望報酬率	標準差
股票	20%	50%
無風險資產	3%	0%

求在不同權重所得出的組合期望報酬率與標準差。

程式碼實現如下：

行	程式碼
01	r1, r2 = 0.20, 0.03
02	sig1, sig2 = 0.5, 0
03	rets = []
04	sigs = []
05	rho = -1
06	for i in range(101):
07	w1 = i*0.01
08	w2 = 1 - w1
09	
10	rp = r1*w1 + r2*w2
11	rets.append(rp)
12	
13	varp = (w1*sig1)**2 + (w2*sig2)**2 + 2*rho*(w1*w2)*(sig1*sig2)
14	std = varp**0.5
15	sigs.append(std)
16	
17	import matplotlib.pyplot as plt
18	plt.plot(sigs,rets)
19	plt.xlabel("Risk")
20	plt.ylabel("Return")
21	plt.show()

圖形輸出如下：

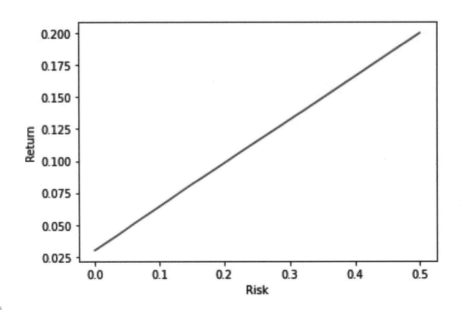

圖 14-6

可以看到，風險取決於風險資產組合的投資比例及風險資產組合的標準差。

🔔 重點整理

- ■ 投資組合是指投資者所擁有的投資資產，代表了投資者在不同類型資產之間的資金配置方式。
- ■ 二項資產的投資組合是指投資者在投資中選擇了兩個不同的資產來組成其投資組合。
- ■ 建構投資組合的目的是實現資產配置的多樣化，以降低風險並追求更穩定的回報。
- ■ 相關係數在 –1 到 1 之間變動，可量化兩資產的互動程度。
- ■ 投資組合的效率前緣代表了所有可能的投資組合的組合線。

多項資產的投資組合

🔔 了解含有多種資產的投資組合的報酬率與風險。

🔔 理解變異數—共變異數方法。

🔔 掌握報酬率向量和共變異數矩陣的表示方法。

🔔 用 Python 繪製效率前緣。

🔔 用 Python 求解有效投資組合的權重

在前面一章，我們已經以二項資產的投資組合爲例，介紹投資組合分散風險的原理。接下來，我們將公式一般化，焦點放在含有多種資產的投資組合。

一、變異數—共變異數方法

(一) 簡介

變異數—共變異數方法（Variance-Covariance method）是一種用於評估投資組合風險的常見方法，也稱爲 Markowitz 模型。是由哈里·馬科維茨（Harry Markowitz）於 1952 年提出的一個重要的投資理論和方法。這種方法基於資產之間的變異數和共變異數來計算投資組合的風險。是一種系統化評估和選擇投資組合的方法，旨在幫助投資者在面臨風險時做出最佳的投資組合選擇。

Markowitz 模型提供了重要的理論基礎。核心思想是投資者可以通過資產配置來達到在給定風險水平下的最佳風險——報酬平衡。該模型假設投資者對風險有所反應並希望在可接受的風險水平下實現最大收益。投資者的風險偏好通常體現在對風險和報酬之間的權衡上。投資者的目標是最大化預期收益，同時最小化投資組合的風險。Markowitz 模型引入了效率前緣的概念，該前沿描述了在給定風險水平下可以實現的最高期望收益的集合。投資者可以在效率前緣上選擇最佳的投資組合，以達到其風險偏好和預期收益目標。

(二) 基本步驟

以下是變異數—共變異數方法的基本步驟：

1. **收集資產數據**：收集投資組合中每個資產的歷史收益率數據。

2. **計算資產收益率的平均值**：對於每個資產，計算其歷史收益率的平均值。

3. **計算資產收益率的變異數和共變異數**：使用資產收益率的歷史數據，計算每個資產的變異數和不同資產之間的共變異數。

4. **構建變異數—共變異數矩陣**：將資產的變異數和共變異數組合成一個矩陣。該矩陣稱爲變異數—共變異數矩陣。

5. **計算投資組合風險**：使用變異數—共變異數矩陣和投資組合中每個資產的權重，計算投資組合的變異數和標準差（波動率）。這些指標反映了投資組合的風險水平。

二、投資組合的報酬率與風險

(一) 投資組合的報酬率

　　假定投資者不僅持有兩檔資產，而是持有多種資產，則投資組合的期望報酬率，其計算公式如下：

$$r_P = w_1 r_1 + w_2 r_2 + \cdots + w_n r_n = \sum_{i=1}^{n} w_i r_i$$

　　其中，n 為組合中資產的種類，r_p 表示投資組合的期望報酬率；w_i 表示第 i 項資產在組合中所占的權重；r_i 表示第 i 項資產的期望報酬率。

(二) 投資組合的風險

　　統計學中的變異數（方差）和標準差可用以衡量投資組合的風險。其中，由 n 種資產構成的投資組合，其變異數（方差）的計算公式為：

$$\sigma_p^2 = COV(r_P, r_P) = COV\left(\sum_{i=1}^{n} w_i r_i, \sum_{j=1}^{n} w_j r_j\right) = \sum_{i=1}^{n} \sum_{j=1}^{n} w_i w_j COV(r_i, r_j)$$

　　其中，n 為投資組合中資產的種類數量，w_i 是第 i 種資產在投資組合中的權重，w_j 是第 j 種資產在投資組合中的權重。其中，$COV(r_i, r_j)$ 是第 i 種資產與第 j 種資產的共變異數（協方差），當 i = j 時，$COV(r_i, r_j) = \sigma_i^2 = \sigma_j^2$。

　　開根號後，得到標準差為：

$$\sigma_P = \sqrt{\sum_{i=1}^{n} \sum_{j=1}^{n} w_i w_j COV(r_i, r_j)}$$

又因為相關係數公式為

$$\rho_{ij} = \frac{COV(r_i, r_j)}{\sigma_i \sigma_j}$$

從中，我們知道

$$COV(r_i, r_j) = \rho_{ij} \sigma_i \sigma_j$$

將其代入標準差公式，可以得到

$$\sigma_P = \sqrt{\sum_{i=1}^{n}\sum_{j=1}^{n} w_i w_j \rho_{ij}\sigma_i\sigma_j}$$

由於這些是一般化的公式，我們當然也可以拿來計算二項資產的投資組合的報酬率和風險。

(三) 基於 Python 的計算範例一

釋例 1

假定投資人同時持有兩檔股票，其期望報酬率和標準差，以及在組合中所占的權重如下表：

股票	權重	期望報酬率	標準差
X 股票	0.4	20%	50%
Y 股票	0.6	8%	25%

若 X 股票和 Y 股票的協方差為 0.05，則其投資組合的期望報酬率和風險為何？

1. 投資組合的期望報酬率

投資組合的報酬率計算很簡單，我們可用下列的 Python 程式碼輕易實現：

行	程式碼	說明
01	w = [0.40, 0.60]	# 宣告變量存放各資產的權重
02	r = [0.20, 0.08]	# 宣告變量存放各資產的期望報酬率
03		
04	rp = 0	# 宣告變量 rp 並計算投資組合的期望報酬率
05	for wi, ri in zip(w, r):	
06	rp += wi*ri	
07		
08	print(f" 投資組合報酬率為 {rp:.2%}")	# 輸出：投資組合的期望報酬率為 12.80%。

輸出結果如下：

投資組合的期望報酬率為 12.80%。

2. 投資組合的風險

我們可用下列的 Python 程式碼計算求得投資組合的風險：

行	程式碼
01	w = [0.40, 0.60]
02	COV = [[0.50**2, 0.05],
03	[0.05, 0.25**2]]
04	
05	variance = 0
06	for i, r in enumerate(COV):
07	for j, c in enumerate(r):
08	variance += w[i]*w[j]*c
09	
10	print(f" 投資組合報酬率的方差為 {variance:.2%}。")
11	print(f" 投資組合報酬率的標準差為 {variance**0.5:.2%}。")

輸出結果如下：

投資組合報酬率的方差為 8.65%。
投資組合報酬率的標準差為 29.41%。

(四) 基於 Python 的計算範例二

由相關係數，我們同樣能求得投資組合的報酬率的方差和標準差。

釋例 2

假定投資人同時持有兩檔股票，其期望報酬率和標準差，以及在組合中所占的權重如下表：

股票	權重	期望報酬率	標準差
X 股票	0.4	20%	50%
Y 股票	0.6	8%	25%

若 X 股票和 Y 股票的相關係數為 0.4，則其投資組合的風險為何？

Python 程式碼實現如下：

行	程式碼
12	w = [0.40, 0.60]
13	std = [0.50, 0.25]
14	COR = [[1.0, 0.4],
15	[0.4, 1.0]]
16	
17	variance = 0
18	for i, r in enumerate(COR):
19	for j, c in enumerate(r):
20	variance += w[i]*w[j]*c*std[i]*std[j]
21	
22	print(f" 投資組合報酬率的方差為 {variance:.2%}。")
23	print(f" 投資組合報酬率的標準差為 {variance**0.5:.2%}。")

輸出結果如下：

投資組合報酬率的方差為 8.65%。
投資組合報酬率的標準差為 29.41%。

在前面一章，我們已經得出結論，投資組合中資產間的相關係數將影響投資組合的風險。實際上，由公式分析來看，投資組合中各資產的權重也將影響投資組合的風險。當各資產的權重大於零時，除非全部資產彼此間的相關係數都均爲 1，否則投資組合就能起到分散風險的作用。

一般說來，隨著投資組合中資產數量的增加，投資組合的風險進一步被分散。投資組合包含的資產種類越多，組合的風險越小；資產間同向變動的**趨勢**越小，差異越大，投資組合的風險也越小。然而，投資者並不能通過構建投資組合將個別證券的風險完全分散掉。因爲在現實中，多數證券的報酬率**趨**向於同方向變動，且相關係數小於 1。

三、向量和矩陣的表示

(一) 報酬率向量

假定 n 爲投資組合中資產的種類數量，w_i 是第 i 種資產在投資組合中的權重，則權重可用向量表示爲：

$$w = \begin{bmatrix} w_1 \\ w_2 \\ \vdots \\ w_n \end{bmatrix}$$

同理，報酬率向量可以表示爲：

$$r = \begin{bmatrix} r_1 \\ r_2 \\ \vdots \\ r_n \end{bmatrix}$$

其中，r_i 表示第 i 項資產的期望報酬率。則投資組合的期望報酬率計算如下：

$$r_p = w^T \cdot r$$

(二) 共變異數矩陣

使用資產收益率的歷史數據，計算每個資產的變異數和不同資產之間的共變異數（協方差）。假定 σ_{ij} 是第 i 種資產與第 j 種資產的共變異數（協方差），當 i = j 時，σ_{ij} = COV(r_i, r_j) = σ_i^2 = σ_j^2。將資產的變異數（方差）和共變異數（協方差）組合成一個矩陣。則共變異數

矩陣可表示為

$$\Sigma = \begin{bmatrix} \sigma_1^2 & \sigma_{12} & \cdots & \sigma_{1n} \\ \sigma_{21} & \sigma_2^2 & & \sigma_{2n} \\ \vdots & \vdots & \ddots & \vdots \\ \sigma_{n1} & \sigma_{n2} & \cdots & \sigma_n^2 \end{bmatrix}$$

該矩陣稱為變異數—共變異數矩陣，簡稱為共變異數矩陣。透過權重向量和共變異數矩陣 Σ，投資組合報酬率的風險為

$$\sigma_p^2 = w^T \Sigma w$$

(三) 基於 Python 的計算範例一

釋例 3
假定投資人同時持有兩檔股票，其期望報酬率和標準差，以及在組合中所占的權重如下表：

股票	權重	期望報酬率	標準差
X 股票	0.4	20%	50%
Y 股票	0.6	8%	25%

若 X 股票和 Y 股票的共變異數（協方差）為 0.05，則其投資組合的期望報酬率和風險為何？

1. 投資組合的期望報酬率

我們可以利用 numpy 輕易計算投資組合的報酬率。程式碼實現如下：

行	程式碼	說明
01	import numpy as np	
02		
03	w = np.array([0.40, 0.60])	# 宣告變量存放各資產的權重

行	程式碼	說明
04	r = np.array([0.20, 0.08])	# 宣告變量存放各資產的期望報酬率
05		
06	print(f" 投資組合報酬率為 {w @ r:.2%}")	# 輸出：投資組合的期望報酬率為 12.80%。

輸出結果如下：

投資組合的期望報酬率爲 12.80%。

而更爲規範的表達方式如下：

行	程式碼	說明
01	import numpy as np	
02		
03	w = np.array([0.40, 0.60]).reshape((-1,1))	# 宣告變量存放各資產的權重
04	r = np.array([0.20, 0.08]).reshape((-1,1))	# 宣告變量存放各資產的期望報酬率
05	rp = w.T @ r	# 計算投資組合的期望報酬率
06		
07	print(f" 投資組合報酬率為 {float(rp):.2%}")	# 輸出：投資組合的期望報酬率為 12.80%。

權重向量爲

$$w = \begin{bmatrix} 0.4 \\ 0.6 \end{bmatrix}$$

程式碼第 3 行生成變量 w 爲：

array([[0.4],
    [0.6]])

同理，期望報酬率向量爲

$$r = \begin{bmatrix} 0.20 \\ 0.08 \end{bmatrix}$$

程式碼第 4 行生成變量 r 為：

```
array([[0.20],
       [0.08]])
```

投資組合報酬率的計算公式為

$$r_p = w^T \cdot r = \begin{bmatrix} 0.4 & 0.6 \end{bmatrix} \begin{bmatrix} 0.20 \\ 0.08 \end{bmatrix} = 0.4 \times 0.20 + 0.6 \times 0.08 = 0.128$$

其中的轉置向量 w^T 在 numpy 中，用 T 來表示，故程式碼第 5 行的 w.T 表示為：

```
array([[0.4, 0.6]])
```

用 w.T @ r 來計算投資組合的期望報酬率，並存放在變量 rp 中。此時的 rp 為：

```
array([[0.128]])
```

為 numpy 的數組型態（numpy.ndarray）。為了在 print() 函數中輸出，我們用 float() 函數將 rp 轉換為浮點數。輸出結果一樣為：

```
投資組合的期望報酬率為 12.80%。
```

2. 投資組合的風險

我們可用下列的 Python 程式碼計算求得投資組合的風險：

行	程式碼
01	import numpy as np
02	
03	w = np.array([0.40, 0.60])
04	COV = np.array([[0.50**2, 0.05],

行	程式碼
05	[0.05,　　0.25**2]])
06	
07	variance = w.T @ COV @ w
08	print(f" 投資組合報酬率的方差為 {variance:.2%}。")
09	print(f" 投資組合報酬率的標準差為 {variance**0.5:.2%}。")

由題意，我們知道共變異數矩陣為

$$\Sigma = \begin{bmatrix} 0.50^2 & 0.05 \\ 0.05 & 0.25^2 \end{bmatrix}$$

故在程式碼第 4 行宣告變量 COV 來存放共變異數矩陣。

投資組合報酬率的變異數（方差）計算公式為

$$\sigma_p^2 = w^T \Sigma w = \begin{bmatrix} 0.4 & 0.6 \end{bmatrix} \begin{bmatrix} 0.50^2 & 0.05 \\ 0.05 & 0.25^2 \end{bmatrix} \begin{bmatrix} 0.4 \\ 0.6 \end{bmatrix}$$

該公式對應程式碼第 7 行 variance = w.T @ COV @ w。輸出結果如下：

投資組合報酬率的方差為 8.65%。
投資組合報酬率的標準差為 29.41%。

較為規範的表達如前述，將變量 w 明確表達為 column vector。程式碼調整如下：

行	程式碼
01	import numpy as np
02	
03	w = np.array([0.40, 0.60]).reshape((-1,1))
04	COV = np.array([[0.50**2, 0.05],
05	[0.05,　　0.25**2]])
06	
07	variance =float(w.T @ COV @ w)
08	print(f" 投資組合報酬率的方差為 {variance:.2%}。")
09	print(f" 投資組合報酬率的標準差為 {variance**0.5:.2%}。")

　　我們在程式碼第 4 行和第 7 行做了調整。第 4 行明確將權重向量表達為 column vector。此時 w.T @ COV @ w 計算出的方差為 numpy 的數組型態（numpy.ndarray）。為了在 print() 函數中輸出，我們用 float() 函數轉換為浮點數。輸出結果一樣為：

> 投資組合報酬率的方差為 8.65%。
> 投資組合報酬率的標準差為 29.41%。

(四) 基於 Python 的計算範例二

　　由相關係數，我們同樣能求得投資組合的報酬率的方差和標準差。

釋例 4

假定投資人同時持有兩檔股票，其期望報酬率和標準差，以及在組合中所占的權重如下表：

股票	權重	期望報酬率	標準差
X 股票	0.4	20%	50%
Y 股票	0.6	8%	25%

若 X 股票和 Y 股票的相關係數為 0.4，則其投資組合的風險為何？

　　由題意，我們知道相關係數矩陣為：

$$\begin{bmatrix} \rho_{11} & \rho_{12} \\ \rho_{21} & \rho_{22} \end{bmatrix} = \begin{bmatrix} 1 & 0.4 \\ 0.4 & 1 \end{bmatrix}$$

　　而共變異數矩陣可經由相關係數矩陣推導：

$$\Sigma = \begin{bmatrix} \sigma_1^2 & \rho_{12}\sigma_1\sigma_2 \\ \rho_{21}\sigma_1\sigma_2 & \sigma_2^2 \end{bmatrix} = \begin{bmatrix} 0.50^2 & 0.4 \times 0.50 \times 0.25 \\ 0.4 \times 0.50 \times 0.25 & 0.25^2 \end{bmatrix}$$

　　拆解公式，發現其中的

$$\begin{bmatrix} \sigma_1^2 & \rho_{12}\sigma_1\sigma_2 \\ \rho_{21}\sigma_1\sigma_2 & \sigma_2^2 \end{bmatrix}$$

為

$$\begin{bmatrix} 1 & \rho_{12} \\ \rho_{21} & 1 \end{bmatrix}$$

和

$$\begin{bmatrix} \sigma_1^2 & \sigma_1\sigma_2 \\ \sigma_1\sigma_2 & \sigma_2^2 \end{bmatrix}$$

的兩矩陣內的元素相乘而來。而

$$\begin{bmatrix} \sigma_1^2 & \sigma_1\sigma_2 \\ \sigma_1\sigma_2 & \sigma_2^2 \end{bmatrix} = \begin{bmatrix} \sigma_1 \\ \sigma_2 \end{bmatrix} \begin{bmatrix} \sigma_1 & \sigma_2 \end{bmatrix}$$

Python 程式碼實現如下：

行	程式碼
01	import numpy as np
02	
03	w = np.array([0.40, 0.60]).reshape((-1,1))
04	std = np.array([0.50, 0.25]).reshape((-1,1))
05	CORR = np.array([[1, 0.4],
06	[0.4, 1]])
07	COV = CORR * (std @ std.T)
08	
09	variance =float(w.T @ COV @ w)
10	print(f" 投資組合報酬率的方差為 {variance:.2%}。")
11	print(f" 投資組合報酬率的標準差為 {variance**0.5:.2%}。")

　　程式碼第 3 行到第 5 行分別宣告變量以存放權重、標準差和相關係數矩陣。程式碼第 7 行中的 std @ std.T 對應上述計算式：

$$\begin{bmatrix} \sigma_1^2 & \sigma_1\sigma_2 \\ \sigma_1\sigma_2 & \sigma_2^2 \end{bmatrix} = \begin{bmatrix} \sigma_1 \\ \sigma_2 \end{bmatrix} \begin{bmatrix} \sigma_1 & \sigma_2 \end{bmatrix}$$

CORR * (std @ std.T) 用運算符 * 進行兩矩陣內的元素相乘。輸出結果一樣為：

投資組合報酬率的方差為 8.65%。

投資組合報酬率的標準差為 29.41%。

四、求解權重

(一) 計算原理

假設市場上有 n 種風險資產，第 i 種資產的收益率為 r_i。投資者在第 i 種資產上的配置比例為 w_i，則投資組合的收益率為

$$r_P = \sum_{i=1}^{n} w_i r_i$$

其中

$$\sum_{i=1}^{n} w_i = 1$$

從而，投資組合的期望收益率為

$$E(r_P) = \sum_{i=1}^{n} w_i E(r)_i$$

投資組合的收益率方差的計算為：

$$\sigma_p^2 = \sum_{i=1}^{n} \sum_{j=1}^{n} w_i w_j COV(r_i, r_j)$$

投資者的決策過程是：在達成預期收益的前提下，實現投資組合的風險最小化。該決策問題可以用數學表達如下：

$$\min_{w_i} \sigma_p^2$$

$$\text{s.t.} \begin{cases} E(r_P) = \sum_{i=1}^{n} w_i E(r)_i \\ \sum_{i=1}^{n} w_i = 1 \end{cases}$$

若用矩陣和向量來表示則為：

$$\min_{w} \sigma_p^2 = w^T \Sigma w$$

$$\text{s.t.} \begin{cases} r_P = w^T \cdot r \\ e^T \cdot w = 1 \end{cases}$$

其中，r 為 n 種資產收益的期望值構成的 column vector，Σ 為收益率的協方差矩陣，e 為 n×1 的單位向量。該問題可以用 Lagrange 方法求解，一階條件為：

$$\begin{pmatrix} \Sigma & r & e \\ r^T & 0 & 0 \\ e^T & 0 & 0 \end{pmatrix} \begin{pmatrix} w \\ \lambda_1 \\ \lambda_2 \end{pmatrix} = \begin{pmatrix} 0 \\ r_P \\ 1 \end{pmatrix}$$

(二) 計算範例

釋例 5

假定投資人同時持有兩檔股票，X 股票和 Y 股票，相關係數為 0.4。期望報酬率和標準差，以及在組合中所占的權重如下表：

股票	權重	期望報酬率	標準差
X 股票	0.4	20%	50%
Y 股票	0.6	8%	25%

若投資人的期望報酬率為 10%，則投資人應該如何配置資產，決定權重，才能讓投資組合的風險最小？

由題意，期望報酬率向量為

$$r = \begin{bmatrix} 0.20 \\ 0.08 \end{bmatrix}$$

共變異數矩陣推導如下：

$$\Sigma = \begin{bmatrix} \sigma_1^2 & \rho_{12}\sigma_1\sigma_2 \\ \rho_{21}\sigma_1\sigma_2 & \sigma_2^2 \end{bmatrix} = \begin{bmatrix} 0.50^2 & 0.4\times0.50\times0.25 \\ 0.4\times0.50\times0.25 & 0.25^2 \end{bmatrix} = \begin{bmatrix} 0.25 & 0.05 \\ 0.05 & 0.0625 \end{bmatrix}$$

投資人的期望報酬率為 10%，故 $r_P = 10\%$。而單位向量 e 為

$$e = \begin{bmatrix} 1 \\ 1 \end{bmatrix}$$

將以上符號代入方程組：

$$\begin{pmatrix} \Sigma & r & e \\ r^T & 0 & 0 \\ e^T & 0 & 0 \end{pmatrix} \begin{pmatrix} w \\ \lambda_1 \\ \lambda_2 \end{pmatrix} = \begin{pmatrix} 0 \\ r_P \\ 1 \end{pmatrix}$$

可以建構方程組如下：

$$\begin{pmatrix} 0.2500 & 0.0500 & 0.2000 & 0.1000 \\ 0.0500 & 0.0625 & 0.0800 & 1.0000 \\ 0.2000 & 0.0800 & 0 & 0 \\ 1.0000 & 1.0000 & 0 & 0 \end{pmatrix} \begin{pmatrix} w_1 \\ w_2 \\ \lambda_1 \\ \lambda_2 \end{pmatrix} = \begin{pmatrix} 0 \\ 0 \\ 0.1000 \\ 1.0000 \end{pmatrix}$$

進行矩陣運算，

$$\begin{pmatrix} w_1 \\ w_2 \\ \lambda_1 \\ \lambda_2 \end{pmatrix} = \begin{pmatrix} 0.2500 & 0.0500 & 0.2000 & 0.1000 \\ 0.0500 & 0.0625 & 0.0800 & 1.0000 \\ 0.2000 & 0.0800 & 0 & 0 \\ 1.0000 & 1.0000 & 0 & 0 \end{pmatrix}^{-1} \begin{pmatrix} 0 \\ 0 \\ 0.1000 \\ 1.0000 \end{pmatrix}$$

可解得

$$w_1 = 0.16666667$$
$$w_2 = 0.83333333$$

　　故投資人應該將 16.67% 的錢放在 X 股票，83.33% 的錢放在 Y 股票，方能在達成預期收益 10% 的前提下，實現投資組合的風險最小化。

(三) 用 Python 計算求解權重

　　Python 程式碼實現如下：先宣告變量，儲放期望報酬率向量、標準差向量和相關係數矩陣。並進一步計算共變異數矩陣。

行	程式碼
01	import numpy as np
02	
03	w = np.matrix([0.40, 0.60]).T
04	n = len(w)
05	
06	r = np.matrix([0.20, 0.08]).T
07	std = np.matrix([0.50, 0.25]).T
08	CORR = np.matrix([[1, 0.4],
09	[0.4, 1]])
10	
11	COV = np.multiply(CORR, std @ std.T)

　　計算出來共變異數矩陣存放在 COV 變量中，其值如下：

```
matrix([[0.25  , 0.05  ],
        [0.05  , 0.0625]])
```

　　和我們算的一樣。接下來，開始逐步建構矩陣 $\begin{pmatrix} \Sigma & r & e \\ r^T & 0 & 0 \\ e^T & 0 & 0 \end{pmatrix}$。

行	程式碼
12	row1 = np.append(COV, r, axis=1)
13	row1 = np.append(row1, np.ones((n, 1)), axis=1)
14	row2 = np.append(r.T, [np.zeros(2)], axis=1)
15	row3 = np.append([np.ones(n)], [np.zeros(2)], axis=1)

行	程式碼
16	
17	A = np.append(row1, row2 , axis=0)
18	A = np.append(A, row3 , axis=0)

這邊我們利用 numpy 提供的 append() 函數來對矩陣和向量進行合併。一開始 COV 變量為

```
matrix([[0.25  , 0.05  ],
        [0.05  , 0.0625]])
```

而 r 變量為

```
matrix([[0.2 ],
        [0.08]])
```

執行程式碼第 12 行，會將期望報酬率向量加在共變異數矩陣後面，並存放在變量 row1 中。執行結果如下：

```
matrix([[0.25  , 0.05  , 0.2   ],
        [0.05  , 0.0625, 0.08  ]])
```

程式碼第 13 行利用 numpy 的 ones() 函數創建單位向量，然後繼續添加在上述矩陣後面。執行第 13 行程式碼後，變量 row1 更新如下：

```
matrix([[0.25  , 0.05  , 0.2   , 1.     ],
        [0.05  , 0.0625, 0.08  , 1.     ]])
```

於是我們建構好矩陣中最上面的 $(\Sigma \quad r \quad e)$。接下來，程式碼第 14 行，建構矩陣中間的 $(r^T \quad 0 \quad 0)$，並存放在變量 row2 中。執行結果如下：

```
matrix([[0.2 , 0.08, 0.  , 0.  ]])
```

程式碼第 15 行，建構矩陣中間的 $(e^T \quad 0 \quad 0)$，並存放在變量 row3 中。執行結果如下：

```
array([[1., 1., 0., 0.]])
```

程式碼第 17 行到第 18 行，將變量 row1、row2、row3 進行合併並儲放在變量 A 中，也就是將 $(\Sigma \quad r \quad e)$、$(r^T \quad 0 \quad 0)$、$(e^T \quad 0 \quad 0)$ 合併成 $\begin{pmatrix} \Sigma & r & e \\ r^T & 0 & 0 \\ e^T & 0 & 0 \end{pmatrix}$。執行結果如下：

```
matrix([[0.25 , 0.05 , 0.2 , 1.     ],
        [0.05 , 0.0625, 0.08 , 1.    ],
        [0.2  , 0.08 , 0.    , 0.    ],
        [1.   , 1.   , 0.    , 0.    ]])
```

接下來，建構等式右邊的向量 $\begin{pmatrix} 0 \\ r_P \\ 1 \end{pmatrix}$。

程式碼實現如下：

行	程式碼
19	r_target = 0.10
20	b = np.append(np.zeros(n), [r_target, 1], axis=0).reshape(n+2, 1)

程式碼第 19 行將預期收益 10% 存放在變量 r_target 中。建構好的向量存放在變量 b 中。變量 b 為：

```
array([[0. ],
       [0. ],
       [0.1],
       [1. ]])
```

接下來，使用 scipy 來進行求解。程式碼實現如下：

行	程式碼
21	from scipy import linalg
22	X = linalg.solve(A, b)
23	W = X[:-2]

其中，程式碼第 22 行將求得的解存放在變量 X 中。變量 X 即是公式中的 $\begin{pmatrix} w_1 \\ w_2 \\ \lambda_1 \\ \lambda_2 \end{pmatrix}$。

檢視變量 X，畫面輸出如下：

```
array([[ 0.16666667],
       [ 0.83333333],
       [-0.19097222],
       [-0.04513889]])
```

其中前兩項，便是權重。程式碼第 23 行將權重存放在變量 W 中。W 為

```
array([[0.16666667],
       [0.83333333]])
```

我們可將上述求解權重的過程包裝成函數，方便求解。程式碼實現如下：

行	程式碼
01	from scipy import linalg
02	
03	def getWeights(r, COV, r_target):
04	row1 = np.append(COV, r, axis=1)
05	row1 = np.append(row1, np.ones((n, 1)), axis=1)
06	row2 = np.append(r.T, [np.zeros(2)], axis=1)

行	程式碼
07	row3 = np.append([np.ones(n)], [np.zeros(2)], axis=1)
08	
09	A = np.append(row1, row2 , axis=0)
10	A = np.append(A, row3 , axis=0)
11	b = np.append(np.zeros(n), [r_target, 1], axis=0).reshape(n+2, 1)
12	
13	X = linalg.solve(A, b)
14	W = X[:-2]
15	return W

定義好函數後，輸入

行	程式碼
16	getWeights(r, COV, 0.10)

得到結果輸出如下：

```
array([[0.16666667],
       [0.83333333]])
```

此函數可在給定期望報酬率向量 r、共變異數矩陣 COV 和期望報酬率 r_target 的情況下，計算風險最小的投資組合配置權重。

五、效率前緣

(一) 效率前緣的定義

有效的投資組合是在賺取同樣收益的情況下，承擔的風險比其他可能組合小的投資組合。或者承擔同樣風險的情況下，賺取比其他可能組合多的收益。而**效率前緣**（**Efficient Frontier**）是投資組合理論中的概念，用於描述在給定風險水平下，可以達到的最高期望收益的集合。它代表了所有有效的投資組合所構成的組合線，這些有效的投資組合在風險和收益之間達到最佳平衡。

效率前緣的概念是由哈里‧馬科維茨（Harry Markowitz）在其著名的現代投資組合理論（Modern Portfolio Theory）中提出的。根據這一理論，投資者可以通過在不同風險水平下選擇不同的資產配置來達到最佳的風險——報酬平衡。

(二) 在 Python 中實現效率前緣

我們可在前一節的基礎上，去建構各種預期報酬下的最佳投資組合。由投資組合風險計算公式，$\sigma_p^2 = w^T\Sigma w$，我們知道藉由權重向量 w 和共變異數矩陣 COV 便可計算投資組合報酬率的方差。我們先編寫計算投資組合風險的函數。程式碼實現如下：

行	程式碼
01	def PortfolioVariance(w, COV):
02	varp = (w.T @ COV @ w)[0, 0]
03	return varp

接著，生成效率前緣的程式碼如下：

行	程式碼
01	target_returns = []
02	portfolio_variance = []
03	for i in range(100):
04	rp = (-20 + i)/100
05	target_returns.append(rp)
06	
07	w = getWeights(r, COV, rp)
08	var = PortfolioVariance(w, COV)
09	portfolio_variance.append(var)

程式碼第 3 行到第 5 行，為生成期望報酬率序列，在本例中生成的期望報酬率範圍在 –20% 到 80%。程式碼第 5 行將產生的期望報酬率放在列表變量 target_returns 中。

程式碼第 7 行去求在不同的期望報酬率下，風險最小的投資組合配置權重。然後程式碼第 8 行進一步去計算在此權重下，投資組合的風險為何？程式碼第 9 行將計算得到的方差放在列表變量 portfolio_variance 中。

接下來，可以利用 matplotlib 繪製效率前緣。程式碼如下：

行	程式碼
01	import matplotlib.pyplot as plt
02	
03	plt.plot(portfolio_variance, target_returns)
04	plt.xlabel('Variance')
05	plt.ylabel('Expected Return')
06	plt.title('Efficient Frontier')

產生圖形如下：

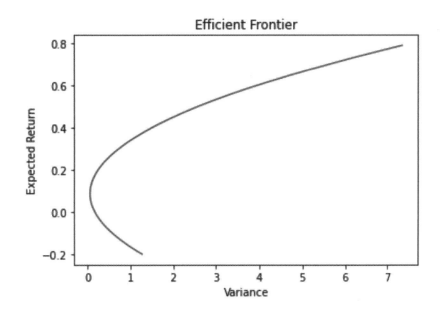

圖 15-1

　　如圖縱軸是預期收益，橫軸是用變異數所衡量的風險。效率前緣曲線通常是一條向左凸起的曲線，顯示了投資組合的不同組合方式所對應的風險和預期收益之間的關係。在效率前緣下方的投資組合則被認為是低效的，因為它們在給定風險下具有較低的預期收益。是無效的投資組合。

　　投資者可以根據自己的風險偏好和目標收益，選擇位於效率前緣上的投資組合。通過在效率前緣上的選擇，投資者可以最大限度地提高預期收益，同時在風險可接受範圍內控制風險。

效率前緣的形狀和位置取決於可選的資產和它們之間的相關性。不同的資產配置和風險水平會導致不同的效率前緣。投資者可以通過組合不同的資產，以及調整資產之間的權重，來探索不同的效率前緣，以滿足其特定的投資需求和目標。

完整的程式碼如下：

行	程式碼
01	import numpy as np
02	from scipy import linalg
03	import matplotlib.pyplot as plt
04	
05	w = np.matrix([0.40, 0.60]).T
06	n = len(w)
07	
08	r = np.matrix([0.20, 0.08]).T
09	std = np.matrix([0.50, 0.25]).T
10	CORR = np.matrix([[1, 0.4],
11	[0.4, 1]])
12	
13	COV = np.multiply(CORR, std @ std.T)
14	
15	def getWeights(r, COV, r_target):
16	row1 = np.append(COV, r, axis=1)
17	row1 = np.append(row1, np.ones((n, 1)), axis=1)
18	row2 = np.append(r.T, [np.zeros(2)], axis=1)
19	row3 = np.append([np.ones(n)], [np.zeros(2)], axis=1)
20	
21	A = np.append(row1, row2 , axis=0)
22	A = np.append(A, row3 , axis=0)
23	b = np.append(np.zeros(n), [r_target, 1], axis=0).reshape(n+2, 1)
24	
25	X = linalg.solve(A, b)
26	W = X[:-2]
27	return W
28	
29	def PortfolioVariance(w, COV):
30	varp = (w.T @ COV @ w)[0, 0]
31	return varp

行	程式碼
32	
33	target_returns = []
34	portfolio_variance = []
35	for i in range(100):
36	rp = (-20 + i)/100
37	target_returns.append(rp)
38	
39	w = getWeights(r, COV, rp)
40	var = PortfolioVariance(w, COV)
41	portfolio_variance.append(var)
42	
43	plt.plot(portfolio_variance, target_returns)
44	plt.xlabel('Variance')
45	plt.ylabel('Expected Return')
46	plt.title('Efficient Frontier')

六、系統風險與非系統風險

通過前面的介紹，我們知道，一項資產的風險可以用其變異數（方差）或標準差來度量。資產種類足夠多的投資組合能夠分散大部分的風險，但並不能完全消除風險。變異數（方差）或標準差度量的是資產的整體風險，它是由系統風險和非系統風險組成。

(一) 系統風險

風險中，無法藉由構建投資組合而分散的部分稱為市場風險、不可分散風險或系統風險。**系統風險（Systematic Risk）**來源於影響整個市場的系統因素，如戰爭、通貨膨脹、利息升降等。由於整個市場環境會對絕大多數的資產造成相同影響，所以多樣化無法消除系統風險。市場會給予投資者承擔系統風險的補償。因此，投資者投資一項資產能夠獲得的風險溢價僅由其承擔的系統風險來決定。

(二) 非系統風險

風險中，可以分散的部分稱為公司特有風險、可分散風險或非系統風險。**非系統風險**

（**Unsystematic Risk**）是由公司特有事件引起的，如法律訴訟、研發計畫成敗、公司政策等。這些事件是隨機的，投資人藉由多樣化投資，可以消除個別公司事件對投資組合的影響。由於非系統風險可以通過分散投資標的來消除，故一個完善的投資組合幾乎沒有任何非系統風險，只受系統風險影響。前面介紹過，投資者承擔風險時會要求額外的風險溢價。因為非系統風險可透過構建投資組合來消除，屬於不必要的成本，市場不會就投資者所承擔的非系統風險給予任何補償。

🔔 重點整理

- 變異數—共變異數方法（Variance-Covariance method）是一種用於評估投資組合風險的常見方法，也稱為 Markowitz 模型。
- 有效的投資組合是在賺取同樣收益的情況下，承擔的風險比其他可能組合小的投資組合。或者承擔同樣風險的情況下，賺取比其他可能組合多的收益。
- 效率前緣（Efficient Frontier）代表了所有有效的投資組合所構成的組合線。
- 系統風險（Systematic Risk）來源於影響整個市場的系統因素。非系統風險（Unsystematic Risk）是由公司特有事件引起的。

16

資本資產定價模型

學習目標

- 理解資本資產定價模型。
- 理解系統風險、風險溢酬、資本市場線和證券市場線的定義。
- 用 Python 計算系統風險和風險溢酬。
- 用 Python 描繪資本市場線和證券市場線。

一、資本資產定價模型

(一) 資本資產定價模型概述

資本資產定價模型（Capital Asset Pricing Model，簡稱 CAPM）是一個用於評估資本資產預期報酬率的金融模型。1962 年，William Sharpe 對投資組合的公式和模型進行簡化，提出了該模型。

CAPM 模型的核心概念是：資產的預期報酬率與其系統風險有關[1]。CAPM 並進一步量化了風險與報酬的關係，假設投資者對於系統風險是敏感的，並且會要求更高的報酬來承擔更高的風險。這是因為投資者有風險厭惡的特性，將要求更高的預期報酬率來彌補承擔這種風險的代價。換句話說，資產的預期報酬率與其系統風險呈正相關。當資產的系統風險係數（β）越高時，預期報酬率也越高。這意味著高系統風險的資產預期報酬率將高於無風險利率和市場風險溢酬。CAPM 可以計算出投資者承擔系統風險時所應該獲得的風險溢酬，並可用來估計投資者在投資中應獲得的報酬。

(二) 資本資產定價模型的主要假設

資本資產定價模型基於以下主要假設：

1.理性投資者：CAPM 假設投資者是理性的，能夠根據預期報酬和風險來做出投資決策。他們會考慮多種資產的組合，並選擇能夠最大化效用的投資組合。

2.市場效率：CAPM 假設市場是有效的，即資訊是公開且迅速反映在資產價格中的。投資者能夠獲得所有相關信息並對其進行分析，並且市場價格反映了所有可用信息的共識。

3.單一期望報酬：CAPM 假設投資者對於預期報酬具有一致的期望。這意味著投資者根據市場的預期報酬來評估資產的價值。

4.分散化投資：CAPM 假設投資者將資金分散投資於多個資產，以降低特定風險。投資者關注的是整個投資組合的風險和報酬，而不僅僅是單一資產。

5.無限分割時間：CAPM 假設投資者可以在任何時間點對投資進行分割。這意味著投資者可以自由地進行買入或賣出資產，並且沒有任何交易成本或限制。

6.無風險利率：CAPM 假設存在一個無風險資產，投資者可以隨時以無風險利率進行借貸或借入。無風險利率反映了無風險投資所能獲得的預期報酬。

---

[1] 系統風險指的是一個資產在整個市場中的波動性，而非特定於該資產的獨立風險。

這些假設爲 CAPM 模型提供了一個理論框架，用於評估資產的價值和預期報酬。然而，這些假設在現實世界中可能並不完全成立，因此在應用 CAPM 模型時，需要謹慎考慮其他因素和實際情況。

二、系統風險

(一) 系統風險的定義

系統風險（Systematic Risk）是指影響整個市場或市場中大多數資產的風險因素。它是與整體經濟、市場環境和市場波動相關的風險。源頭可以包括宏觀經濟因素、金融市場的整體波動性、利率變動、政府政策變化、地緣政治風險等。這些因素影響著整個市場或多個資產的價格和表現。例如：當經濟不景氣時，整個市場的股票價格可能下跌，從而影響到市場中的多個資產。系統風險無法通過分散投資來消除，因爲它與整個市場相關聯。

由於一項資產的風險溢價取決於其系統風險，我們應當首先計量其系統風險。系統風險通常透過市場組合的風險來衡量。**市場組合**（Market Portfolio）指的是一個包含市場上所有資產，如股票、債券、房地產和其他有價證券等的投資組合。一般認爲市場組合能夠分散絕大部分的非系統風險，是風險分散化後的最佳組合。因此，市場組合的風險即爲系統風險。

(二) 系統風險的計量

一項資產的系統風險常用貝塔係數來計量，並用希臘字母 β 表示。**貝塔係數**（β）是一項資產的報酬率波動相對於市場整體報酬率波動的敏感度。β 係數的具體公式計算如下：

$$\beta_i = \frac{COV(r_i, r_M)}{\sigma_M^2} = \frac{\rho_{iM}\sigma_i\sigma_M}{\sigma_M^2} = \frac{\rho_{iM}\sigma_i}{\sigma_M}$$

其中，$COV(r_i, r_M)$ 是第 i 項資產與市場組合的協方差；σ_M 爲市場組合的標準差，ρ_{iM} 是第 i 項資產與市場組合的相關係數；σ_i 是第 i 項資產的標準差。

在資本資產定價模型（CAPM）中，系統風險體現在資產的系統風險係數（β）中。系統風險係數衡量著一個資產相對於整個市場的波動性。一個系統風險係數高的資產意味著其價格波動與整個市場的波動相關性較高，反之則較低。

由公式，我們可以推導出市場組合的 β 係數爲 1。推導如下：

$$\beta_M = \frac{COV(r_M, r_M)}{\sigma_M^2} = \frac{\sigma_M^2}{\sigma_M^2} = 1$$

所以，市場組合的 β 係數為 1。當某項資產的 β 係數等於 1，說明該項資產報酬率波動性和市場整體報酬率波動性相同，震盪幅度和市場大盤一般；當某項資產的 β 係數大於 1，則說明該項資產報酬率波動性大於市場整體報酬率波動性，如某項資產的 β 係數為 2，說明該項資產報酬率波動性是市場整體報酬率波動性的 2 倍，震盪幅度比市場大盤更為劇烈；若某項資產的 β 係數小於 1，則說明該項資產報酬率波動性小於市場整體報酬率波動性，震盪幅度比市場大盤小，較為穩定。

(三) 在 Python 中實現系統風險係數的計算

釋例 1
假定投資者持有某股票，該股票的標準差是 40%，與市場組合的相關係數是 2，市場組合的標準差為 50%，則該股票的 β 係數是多少？

由題意，股票的標準差是 40%，故 $\sigma_i = 40\%$，市場組合的標準差為 50%，故 $\sigma_m = 50$，相關係數是 2，故 $\rho_{iM} = 2$。代入公式

$$\beta = \frac{\rho_{iM}\sigma_i}{\sigma_M} = \frac{40\% \times 2}{50\%} = 1.6$$

我們得到 β 係數為 1.6。

■ 用 **Python** 實現的程式碼

β 係數的計算很簡單，我們可用下列的 Python 程式碼輕易實現：

行	程式碼	說明
01	std_stock = 0.4	# 宣告變量存放股票的標準差
02	std_market = 0.5	# 宣告變量存放市場組合的標準差
03	rho = 2	# 宣告變量存放相關係數
04	beta = (rho*std_stock)/std_market	# 計算 β 係數
05	print(f"β 係數為 {beta}。")	# 輸出：β 係數為 1.6。

輸出結果如下：

> β 係數爲 1.6。

　　β 係數也可採用迴歸係數法來計算。運用同一時期內的資產報酬率與市場組合報酬率的歷史資料，可建立迴歸方程 y = a + bx，通過最小二乘法求解出係數 b，即爲我們所求的 β 係數。此處具體計算方法略。

(四) 投資組合的 β 係數

　　如果投資者持有投資組合，該組合的 β 係數等於組合中各項資產 β 係數的加權平均。公式計算如下：

$$\beta_P = w_1\beta_1 + w_2\beta_2 + \cdots + w_n\beta_n = \sum_{j=1}^{n} w_j\beta_j$$

釋例 2

假定投資者將其擁有的 100 萬元現金進行投資。其中的 90 萬投資在 β 係數 1.6 的股票上，其餘的 10 萬投資在 β 係數 0.9 的債券。則投資組合的 β 係數爲何？

　　因爲

$$\beta_P = 0.9 \times 1.6 + 0.1 \times 0.9 = 1.53$$

　　投資組合的 β 係數爲 1.53。

■ 用 **Python** 實現的程式碼

　　β 係數的計算很簡單，我們可用下列的 Python 程式碼輕易實現：

行	程式碼	說明
01	w1, w2 = 90/100, 10/100	# 宣告變量存放權重
02	beta1, beta2 = 1.6, 0.9	# 宣告變量存放 β 係數
03	beta = w1*beta1 + w2*beta2	# 計算投資組合的 β 係數
04		
05	print(f" 投資組合的 β 係數為 {beta:.2f} 。")	# 輸出結果

輸出結果如下：

投資組合的 β 係數為 1.53。

三、風險溢酬

(一) 風險溢酬的定義

高風險資產通常具有較高的波動性和不確定性，而投資者對投資的風險通常持有厭惡態度。風險溢酬是投資者投資一項資產時，由其承擔的風險所期望獲得的額外報酬。即總報酬中超過無風險收益的部分，它代表了投資者因投資高風險資產而要求的補償，以激勵他們承擔更高的風險。

(二) 市場組合的風險溢酬

市場組合的風險溢酬反映了投資者要求承擔整體市場風險所期望的額外報酬。在資本資產定價模型（CAPM）中，市場組合的風險溢酬是評估資本市場整體風險和回報之間關係的重要指標。它是市場預期報酬率減去無風險利率的差額。假定 r_f 是無風險利率，r_M 表示市場組合的期望報酬率，則市場組合的風險溢酬可以表示為 $r_M - r_f$。即

$$市場組合的風險溢酬 = r_M - r_f$$

其中無風險利率 r_f 是指投資者在不承擔任何風險的情況下能夠獲得的利率，例如：政府債券的收益率。當市場風險溢酬增加時，投資者將要求更高的預期報酬來彌補風險。需要注意的是，市場組合的風險溢酬會隨著市場環境和投資者對風險的評價而變化。它可以根據市場參與者的預期、市場風險和無風險利率等因素進行估計。

(三) 個別項資產的風險溢酬

根據 CAPM，個別資產的預期報酬率與市場組合的風險溢酬成正比，並且與該資產的系統風險 β 係數相乘。而 β 係數可進一步地表示當市場組合的風險溢價每變動 1%，某一項資產風險溢價變動的百分比。假定 β_i 是某一項資產 i 的貝塔係數，則資產 i 的風險溢價為 $\beta_i(r_M - r_f)$。

$$資產\ i\ 的風險溢酬 = \beta_i(r_M - r_f)$$

由於市場僅就其承擔的系統風險給予風險溢價。因此，投資者投資一項風險資產，爲了補償其付出的貨幣時間價值以及所承擔的系統風險，投資者投資該項資產的報酬應爲：

$$r_i = r_f + \beta_i(\overline{r_M} - r_f)$$

換句話說，個別資產的預期報酬率取決於市場組合的風險溢酬和該資產的系統風險。此處計算出來的報酬，稱爲**必要報酬率**（Required Return）。是投資者持有資產所要求的最低報酬率。在前面章節，我們學會利用概率分布計算了一項資產或組合的**期望報酬率**（Expected Return）。若一項資產的期望報酬率低於其必要報酬率，則投資者不會購買持有該項資產；當期望報酬率等於或高於必要報酬率時，投資者才會購買該項資產。

(四) 用 Python 計算 CAPM

釋例 3

假定無風險利率爲 4%，市場組合的期望報酬率爲 10%，某股票的 β 係數是 1.6，則該股票的必要報酬率應當是多少？

$$r_i = r_f + \beta_i(\overline{r_M} - r_f) = 4\% + 1.6 \times (10\% - 4\%) = 13.6\%$$

■用 Python 實現的程式碼

CAPM 的實現很簡單，我們可用下面的程式碼：

行	程式碼	說明
01	rf = 0.04	# 宣告變量 rf 存放無風險利率
02	rm = 0.10	# 宣告變量 rm 存放市場組合的期望報酬率
03	beta = 1.6	# 宣告變量 beta 存放係數
04		
05	ri = rf + beta*(rm - rf)	# 計算必要報酬率
06	print(f" 該股票的必要報酬率應當爲 {ri:.2%}。")	# 輸出結果

輸出結果如下：

該股票的必要報酬率應當爲 13.60%。

四、資本市場線

(一) 簡介

CAPM 理論的結論可以用兩個模型來高度概括：這就是資本市場線（Capital Market Line, CML）模型與證券市場線（Security Market Line, SML）模型。市場上所有的投資者將會選擇投資不同比例的無風險資產和市場組合。經過前面的推導，我們知道，市場組合是最佳的風險資產組合。

原本，當投資人僅投資於二項資產時，其投資組合的期望報酬率為

$$r_P = w_1 r_1 + w_2 r_2$$

假定投資者將 w 比例的資金投資於市場組合上，其期望報酬率為 r_M；其餘 $1 - w$ 比例的資金投資於無風險的國債，國債利率為 r_f。則該投資組合的期望報酬率計算如下：

$$r_P = w r_M + (1 - w) r_f = r_f + w(r_M - r_f)$$

而二項資產的投資組合的標準差可經由下列式子計算：

$$\sigma_P = \sqrt{w_i^2 \sigma_i^2 + w_j^2 \sigma_j^2 + 2 w_i w_j \rho_{ij} \sigma_i \sigma_j}$$

因為無風險資產標準差為 0，故投資組合的標準差計算如下：

$$\sigma_P = \sqrt{w^2 \sigma_M^2} = w \sigma_M$$

上式中，σ_M 為市場組合的標準差。

當 w 大於 1 時，說明投資者以無風險利率借入資金增加市場組合的投資比例；當 w 小於 1 時，說明投資者貸出資金，減少市場組合的投資比例。

由公式

$$\sigma_P = w \sigma_M$$

我們知道

$$w = \frac{\sigma_P}{\sigma_M}$$

將其代入公式

$$r_P = r_f + w(r_M - r_f)$$

則資本市場線也可以表示如下：

$$r_P = r_f + \frac{\sigma_P}{\sigma_M}(r_M - r_f)$$

$\frac{(r_M - r_f)}{\sigma_M}$ 反映市場組合的報酬率每波動 1%，所要求的風險溢酬。因此，資本市場線反映了給定標準差下，該投資組合[2]能獲得的最高期望報酬率。

(二) 用 Python 繪製出資本市場線

釋例 4

假定無風險利率爲 4%，市場組合的期望報酬率爲 10%，標準差 50%。請繪製出資本市場線。

1. 用 Python 實現的程式碼 I

行	程式碼
01	rf, rm = 0.04, 0.10
02	std_market = 0.5
03	risk_premium = (rm - rf)/std_market
04	
05	rets = []
06	stdP = []
07	N = 100
08	for i in range(N):
09	std = i/N
10	stdP.append(std)
11	
12	rp = rf + std*risk_premium
13	rets.append(rp)

---

[2] 指無風險資產與市場組合共同組成的投資組合。

行	程式碼
14	
15	import matplotlib.pyplot as plt
16	import matplotlib as mpl
17	mpl.rcParams["font.sans-serif"] =["SimHei"]
18	mpl.rcParams["axes.unicode_minus"] =False
19	
20	plt.plot(stdP, rets)
21	plt.xlabel(" 標準差 ")
22	plt.ylabel(" 期望報酬率 ")
23	plt.show()

產生資本市場線如下：

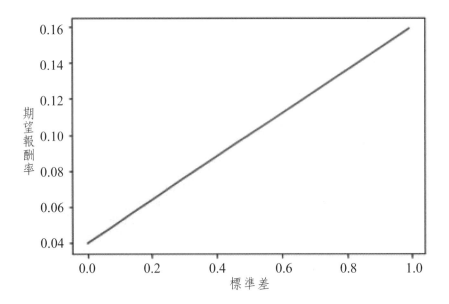

圖 16-1

2. 用 Python 實現的程式碼 II

行	程式碼
01	r1, r2 = 0.15, 0.06
02	sig1, sig2 = 1.0, 0.4
03	

行	程式碼
04	rets = []
05	sigs = []
06	rho = 0
07	for i in range(101):
08	w1 = i*0.01
09	w2 = 1 - w1
10	
11	rp = r1*w1 + r2*w2
12	rets.append(rp)
13	
14	varp = (w1*sig1)**2 + (w2*sig2)**2 + 2*rho*(w1*w2)*(sig1*sig2)
15	std = varp**0.5
16	sigs.append(std)
17	
18	rf, rm = 0.04, 0.10
19	std_market = 0.5
20	risk_premium = (rm - rf)/std_market
21	
22	rets_cml = []
23	stdP = []
24	N = 100
25	for i in range(N):
26	std = i/N
27	stdP.append(std)
28	
29	rp = rf + std*risk_premium
30	rets_cml.append(rp)
31	
32	import matplotlib.pyplot as plt
33	import matplotlib as mpl
34	mpl.rcParams["font.sans-serif"] =["SimHei"]
35	mpl.rcParams["axes.unicode_minus"] =False
36	
37	plt.plot(stdP, rets_cml)
38	plt.xlabel(" 標準差 ")
39	plt.ylabel(" 期望報酬率 ")
40	
41	plt.plot(sigs,rets)
42	plt.show()

產生的圖形如下：

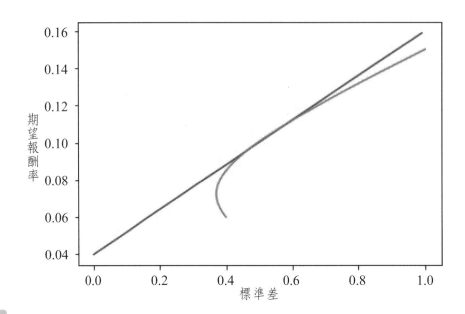

　　市場組合是最佳的風險資產組合，市場上所有的投資者將會選擇投資不同比例的無風險資產和市場組合。上圖中的切線表示了投資者同時投資無風險資產和市場組合時所有可能的投資機會。即是說，市場上所有投資者的投資都將在這條切線上，這條切線就是資本市場線 CML。

五、證券市場線

(一) 簡介

　　證券市場線（Security Market Line，簡稱 SML）是一條表示資本資產定價模型（CAPM）關係的線性模型。SML 反映了一項資產或投資組合的必要報酬率與 β 係數的線性關係。對於任何一項資產來說，系統風險可以由 β 係數衡量。資產的必要報酬率等於無風險利率與風險溢酬之和。

　　與資本市場線（CML）不同的是：證券市場線（SML）所在的座標軸以 β 係數為橫軸，以期望報酬率為縱軸。所有資產的必要報酬率和 β 係數都應當分布在這條證券市場線上。

SML 上的每個點代表一個資產，並顯示了該資產對應的系統風險和預期報酬率。SML 描繪了不同資產的預期報酬率與其系統風險之間的關聯。證券市場線的斜率由市場的預期報酬率減去無風險利率得出，表示單位系統風險的風險溢酬。

　　證券市場線為投資者提供了一個參考框架，用於評估資產的價值。證券市場線以上的資產代表著高於無風險利率的預期報酬，相對於其系統風險而言，投資者對於這些資產會期望較高的回報。證券市場線以下的資產則代表著低於無風險利率的預期報酬，相對於其系統風險而言，投資者對於這些資產會期望較低的回報。投資者可以使用證券市場線來比較資產的預期報酬率與其系統風險的關係，並選擇適合自己的投資組合。

(二) 用 Python 繪製出證券市場線

釋例 5
假定無風險利率為 4%，市場組合的期望報酬率為 10%。請繪製出證券市場線。

■ 用 Python 實現的程式碼

行	程式碼
01	rf, rm = 0.04, 0.10
02	
03	N = 100
04	Betas = []
05	Returns = []
06	for i in range(N):
07	beta = 2*i/N
08	Betas.append(beta)
09	
10	ri = rf + beta*(rm - rf)
11	Returns.append(ri)
12	
13	import matplotlib.pyplot as plt
14	import matplotlib as mpl
15	mpl.rcParams["font.sans-serif"] =["SimHei"]
16	mpl.rcParams["axes.unicode_minus"] =False
17	

行	程式碼
18	plt.plot(Betas, Returns)
19	plt.axhline(y=0.1,c='black',ls=":",xmax=0.5) #x 軸
20	plt.axvline(x=1,c='black',ls=":",ymax=0.5) #y 軸
21	plt.xlabel("β 係數 ")
22	plt.ylabel(" 必要報酬率 ")
23	
24	plt.plot(0,0.04, "ro")
25	plt.text(0.1, 0.05, f" 無風險利率 ", ha='center', va='top', fontsize=10)
26	
27	plt.plot(1,0.1, "ro")
28	plt.text(1,0.11, f" 市場組合的期望報酬率 ", ha='center', va='top', fontsize=10)
29	
30	plt.show()

產生證券市場線如下：

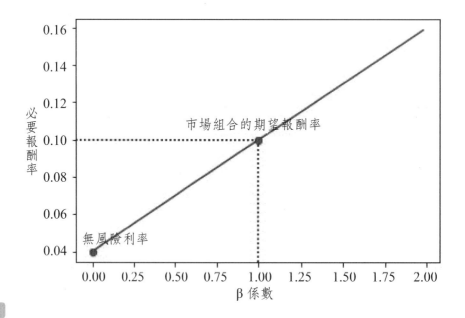

圖 16-3

(三) 證券市場線的斜率

　　證券市場線的斜率 $(r_m - r_f)$ 反映了投資者對風險規避的程度。投資者對風險規避的程度越強，對風險資產要求的補償越大，證券市場線的斜率越大。

釋例 6
假定傳統市場的期望報酬率為 10%，而新興市場的期望報酬率為 15%。無風險利率皆為 4%。請繪製並比較兩市場的證券市場線。

■ 用 Python 實現的程式碼

行	程式碼
01	rf = 0.04
02	rm1, rm2 = 0.10, 0.15
03	
04	N = 100
05	Betas = []
06	Returns1, Returns2 = [], []
07	for i in range(N):
08	beta = 2*i/N
09	Betas.append(beta)
10	
11	r1 = rf + beta*(rm1 - rf)
12	Returns1.append(r1)
13	r2 = rf + beta*(rm2 - rf)
14	Returns2.append(r2)
15	
16	import matplotlib.pyplot as plt
17	import matplotlib as mpl
18	mpl.rcParams["font.sans-serif"] =["SimHei"]
19	mpl.rcParams["axes.unicode_minus"] =False
20	
21	plt.plot(Betas, Returns1)
22	plt.plot(Betas, Returns2)
23	
24	plt.xlabel("β 係數 ")
25	plt.ylabel(" 必要報酬率 ")

行	程式碼
26	
27	plt.text(1, 0.10, f" 傳統市場 ", ha='center', va='top', fontsize=10)
28	plt.text(1,0.15, f" 新興市場 ", ha='center', va='top', fontsize=10)
29	
30	plt.show()

產生證券市場線如下圖，反映當投資者對風險規避的程度變高時，證券市場線的變化。

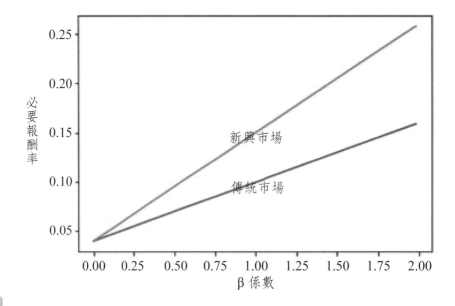

圖 16-4

資產的必要報酬率還取決於無風險利率（SML 在縱軸上的截距）。由於名義無風險利率包括實際無風險利率和通貨膨脹率，當通貨膨脹率增加時，名義無風險利率會增加，這會引起資產必要報酬率的同幅度增長。

(四) 無風險利率的影響

釋例 7

假定原先無風險利率為 4%，市場組合的期望報酬率為 10%。現在通貨膨脹率增加 4%，使得無風險利率提高為 8%，市場組合的期望報酬率升為 14%。請繪製並比較通貨膨脹發生前後的證券市場線。

■ 用 Python 實現的程式碼

行	程式碼
01	rf1, rf2 = 0.04, 0.08
02	rm1, rm2 = 0.10, 0.14
03	
04	N = 100
05	Betas = []
06	Returns1, Returns2 = [], []
07	for i in range(N):
08	beta = 2*i/N
09	Betas.append(beta)
10	
11	r1 = rf1 + beta*(rm1 - rf1)
12	Returns1.append(r1)
13	r2 = rf2 + beta*(rm2 - rf2)
14	Returns2.append(r2)
15	
16	import matplotlib.pyplot as plt
17	import matplotlib as mpl
18	mpl.rcParams["font.sans-serif"] =["SimHei"]
19	mpl.rcParams["axes.unicode_minus"] =False
20	
21	plt.plot(Betas, Returns1)
22	plt.plot(Betas, Returns2)
23	
24	plt.xlabel("β 係數 ")
25	plt.ylabel(" 必要報酬率 ")
26	plt.text(1, 0.10, f" 通貨膨脹率不變 ", ha='center', va='top', fontsize=10)
27	plt.text(1,0.14, f" 通貨膨脹率增加 ", ha='center', va='top', fontsize=10)
28	plt.show()

產生圖形如下：

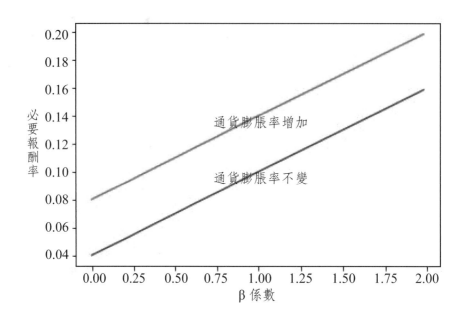

圖 16-5

🔔 重點整理

■ 資本資產定價模型可用來估計投資者在投資中應獲得的報酬。核心概念是：資產的預期報酬率與其系統風險呈正相關。

■ CAPM 模型的假設在現實世界中可能並不完全成立，因此在應用 CAPM 模型時，需要謹慎考慮其他因素和實際情況。

■ 系統風險是指影響整個市場或市場中大多數資產的風險因素。

■ 市場組合指的是一個包含市場上所有資產的投資組合。能夠分散絕大部分的非系統風險，是風險分散化後的最佳組合。

Chapter

17

資本預算的基本方法

學習目標

♤ 理解什麼是資本預算。
♤ 掌握會計收益率法並利用 Python 來計算。
♤ 掌握投資回收期法並利用 Python 來計算。
♤ 掌握折現投資回收期法並利用 Python 來計算。

在前面的章節，我們學習了如何對金融資產進行估價，從本章開始，我們將學習如何對固定資產投資進行評估，即如何進行固定資產價值的投資決策。

一、資本預算

(一) 概述

資本預算（**Capital Budget**）是指企業或組織在特定時間範圍內，用於購買、建造或維護資本資產（Capital Asset）的預算。舉凡像是企業購買設備、土地、建設廠房、引進新產品、進行新的研發方案等長期投資，都涉及投入大量資金。但這些資本資產通常是長期使用並帶來收益的。與固定資產相關資金支出又稱為**資本性支出**。

企業的價值創造與長遠發展取決於當前所做的**長期投資**（**Long-term Investment**）。長期投資通常獲取收益的持續期間超過 1 年以上，能在長時間內影響企業經營獲利能力。**資本預算**是一個重要的企業管理工具，幫助企業合理分配資本資源，優化投資決策，以實現長期增長和獲利能力。因此，**資本預算**，也稱為**長期投資決策**（Long-term Investment Decision）。本質上是一個資本支出計畫，該計畫詳細說明了一個投資專案在未來若干階段現金流入和流出的具體情況。資本預算決策涉及對諸如土地、建築物、設備、車輛等資本資產進行投資或支出的規劃和評估。目的是在有限的資源下，確定最佳的資本支出方案，以實現企業的長期目標和獲利能力。這包括評估投資項目的風險和回報，以及在各個項目之間進行優先順序的選擇。

(二) 投資計畫的分類

■ 重置型與擴張型

設備和廠房等固定資產用久了便會損壞或過時。「是否應該投資新資產以替代現有的舊資產？」這一類的資本預算決策便屬於**重置型**的資本預算決策。

如果公司正在考慮是否應當增加現有資產，以提高當前產品的品質或生產新產品來擴大經營，這類的決策即為**擴張型**資本預算決策。

■ 獨立型與互斥型

在資本預算決策中，公司可能需要評估多個投資計畫，並從中做出選擇。如果各投資計畫的現金流量互不影響，這類資本預算決策稱為**獨立型**資本預算決策。反之，如果接受某個投資計畫，須拒絕其他所有的投資計畫，這類資本預算決策稱為**互斥型**資本預算決策。

　　針對**獨立型**資本預算決策，若所有的獨立投資計畫均具備可接受性，公司可以採納所有投資計畫。對於**互斥型**資本預算決策，儘管所有互斥投資計畫均具備可接受性，公司也只能採納其中一個投資計畫。

(三) 評估方法的分類

　　為評估投資計畫，從中做出選擇，我們必須先了解一些基本的評估方法。評估方法可區分為兩大類：折現現金流量方法和非折現現金流量方法。**折現現金流量方法**涉及現值的計算。具體而言，如果在評估和選擇投資計畫時，我們需要計算未來現金流量的現值這種方法稱為折現現金流量方法。而無需計算未來現金流量的現值的方法稱為**非折現現金流量方法**。這些方法不考慮貨幣的時間價值與風險價值。

二、會計收益率法

(一) 會計收益率的定義

　　會計收益率（**Accounting Rate of Return, ARR**）是一種用於評估投資項目的財務指標方法。**會計收益率**基於投資項目的會計收益來計算預期的投資回報率。為年平均淨收益占總投資成本的百分比，計算如下：

$$會計收益率 = \frac{預期年平均淨收益}{總投資成本} \times 100\%$$

有的教科書採用平均投資成本來計算：

$$會計收益率 = \frac{預期年平均淨收益}{平均投資成本} \times 100\%$$

　　會計收益率使用了會計學上成本和收益的概念，能反映整個專案在營運週期內的盈利性。計算簡單，易於理解，它不需要複雜的財務模型或精細的數據分析，而是使用簡單的會計數據進行計算，便能提供初步的投資回報估計。且計算方式相對統一，容易比較不同投資項目的收益性。這有助於企業在多個投資機會中做出選擇，以找到最有價值的項目。所以**會計收益率法**是一種使用廣泛的資本預算決策方法。

　　會計收益率法存在一些限制。因其關注投資項目的盈利能力，使用帳面收益而非現金流量，故是一種非折現現金流量方法。**會計收益率法**也未能考慮時間價值和折舊對現金流量的影響。公式中，使用預期年平均淨收益來計算，即假設每年的收益相等，並忽略了現金流量的時間分布。並未考慮其他重要因素，如風險、資金成本、項目的生命週期等。因此，在使用會計收益率法進行資本預算決策時，應該綜合考慮其他評估方法和指標，以獲得更全面和準確的結果。

(二) 在 Python 中實現會計收益率的計算範例一

釋例 1
假定某公司有個 400 萬的投資計畫。預期淨收益如下：

年度	1	2	3	4
淨收益	160 萬	120 萬	80 萬	40 萬

則該計畫的會計收益率為何？

該計畫的年平均淨收益為

$$\frac{(160+120+80+40)}{4}=100 \text{ 萬}$$

總投資成本為 400 萬。故會計收益率為

$$\frac{100}{400} \times 100\% = 25\%$$

由公式，得到會計收益率為 25%。

■ 在 Python 中實現

會計收益率的價值計算公式很簡單，我們可用下列的 Python 程式碼輕易實現：

行	程式碼
01	NetIncome =[-400, 160,120, 80, 40]
02	ARR = -sum(NetIncome[1:])/len(NetIncome[1:])/NetIncome[0]
03	
04	print(f" 會計收益率為 {ARR:.2%}。")

其中程式碼第 1 行將總投資和預期淨收益存放在變量 NetIncome 中。NetIncome[0] 爲總投資，預期淨收益則存放在 NetIncome[1:]。sum(NetIncome[1:]) 計算預期淨收益總和，len(NetIncome[1:]) 爲期數。故 sum(NetIncome[1:])/len(NetIncome[1:]) 爲年平均淨收益。再除以總投資 NetIncome[0] 便可以得到會計收益率。

輸出結果如下：

會計收益率爲 25.00%。

(三) 在 Python 中實現會計收益率的計算範例二

釋例 2

假定某公司有兩個投資計畫，都需投入 400 萬。預期淨收益如下：

年度	1	2	3	4
A 計畫淨收益	160 萬	120 萬	80 萬	40 萬
B 計畫淨收益	40 萬	80 萬	120 萬	160 萬

則兩計畫的會計收益率各爲何？

A 計畫的年平均淨收益爲

$$\frac{(160+120+80+40)}{4} = 100 \text{ 萬}$$

故會計收益率爲

$$\frac{100}{400} \times 100\% = 25\%$$

B 計畫的年平均淨收益爲

$$\frac{(40+80+120+160)}{4} = 100 \text{ 萬}$$

故會計收益率同為

$$\frac{100}{400} \times 100\% = 25\%$$

■ 在 Python 中定義會計收益率函數

為讓程式碼重複使用，我們可將會計收益率的計算定義成函數。Python 程式碼實現如下：

行	程式碼
01	ARR = lambda NetIncome:-sum(NetIncome[1:])/len(NetIncome[1:])/NetIncome[0]
02	
03	NetIncomeA = [-400, 160, 120, 80, 40]
04	NetIncomeB = [-400, 40, 80, 120, 160]
05	
06	print(f"A 計畫的會計收益率為 {ARR(NetIncomeA):.2%}。")
07	print(f"B 計畫的會計收益率為 {ARR(NetIncomeB):.2%}。")

其中程式碼第 1 行將會計收益率的計算定義成了匿名函數。程式碼第 3 行和第 4 行分別將 A 計畫和 B 計畫的總投資、預期淨收益存放在變量 NetIncomeA 和 NetIncomeB 中。

輸出結果如下：

A 計畫的會計收益率為 25.00%。
B 計畫的會計收益率為 25.00%。

三、投資回收期法

(一) 投資回收期的定義

投資回收期（Payback Period, PBP）是一個財務指標，指的是從投資開始到回收全部投資成本所需要的時間。例如：一項計畫投資了 500 萬，何時能回收投資成本 500 萬，由投資計畫引起的現金流入累計到與投資額 500 萬相等所需要的時間，便是**投資回收期**。

投資回收期法是一種最簡單、最古老的評價方法，用於評估投資項目的回收時間。藉著計算投資回收期，我們可以得知投資項目回收成本的速度。回收期越短表示投資回報速度越快。因爲資金能更快地回流，風險越低。而投資回收期的長短通常根據企業的投資策略和特定的業務需求。一般而言，長期投資計畫可能容許較長的投資回收期，而短期投資計畫可能需要較短的投資回收期。

然而，投資回收期也有其局限性，因爲它未考慮時間價值的因素，忽略了現金流量的時間分布。僅考慮投資成本的回收，並未直接關注項目的長期盈利能力。因此，在使用投資回收期進行評估時，應該結合其他財務指標和評估方法，以獲得更全面和準確的評估結果。

(二) 投資回收期的計算方法

投資回收期的計算方法很簡單，計算如下：

$$投資回收期 = 投資成本回收前的年數 + \frac{回收年年初尚未收回的投資額}{回收年產生的總現金流量}$$

如果每年產生的現金流量一樣，投資回收期可以使用以下公式：

$$投資回收期 = \frac{投資成本}{年度現金流量}$$

其中，投資成本是指投入到項目中的初始成本，年度現金流量是指項目每年產生的正現金流入。

(三) 投資回收期的計算範例

下面舉例說明投資回收期的計算。

釋例 3					
假定某公司有個 300 萬的投資計畫。預期淨現金流量如下：					

年度	0	1	2	3	4
淨現金流量	-300 萬	150 萬	120 萬	90 萬	30 萬

則該計畫的投資回收期爲何？

該計畫的投資回收期計算如下：

年度	0	1	2	3	4
淨現金流量	-300 萬	150 萬	120 萬	90 萬	30 萬
累計淨現金流量	-300 萬	-150 萬	-30 萬	60 萬	90 萬

由表格中的累計淨現金流量，我們可以知道第 3 年開始轉虧為盈，故第 3 年為投資成本完全**回收年**。回收年年初尚未收回的投資額有 30 萬。而回收年整年的總現金流量為 90 萬。故投資回收期 = 2 + 30/90 = 2.33 年。

(四) 在 Python 中實現投資回收期法

我們逐步用 Python 來實現投資回收期法。依照前面章節的做法，我們先宣告變量存放現金流量。程式碼如下：

行	程式碼
01	CashFlow =[-300, 150, 120, 90, 30]

然後可用 matplotlib 檢視一下現金流量的變化。程式碼如下：

行	程式碼
02	import matplotlib.pyplot as plt
03	import matplotlib as mpl
04	mpl.rcParams["font.sans-serif"] =["SimHei"]
05	mpl.rcParams["axes.unicode_minus"] =False
06	
07	plt.bar(range(len(CashFlow)), CashFlow,color='r')
08	plt.title(" 現金流 ")
09	plt.xlabel(" 期數 ")
10	plt.ylabel(" 現金 ")
11	fig = plt.figure()
12	plt.show()

產生現金流量的圖形如下：

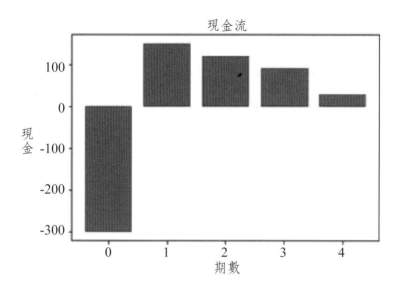

圖 17-1

然後計算累計現金流量：

行	程式碼
13	L = len(CashFlow)
14	aCashFlow =[]
15	sum = 0
16	for i in range(L):
17	sum += CashFlow[i]
18	aCashFlow.append(sum)

累計現金流量存放 aCashFlow 變量中。aCashFlow 爲一列表，如下：

```
[-300, -150, -30, 60, 90]
```

然後一樣可用 matplotlib 檢視一下累計現金流量。程式碼如下：

行	程式碼
19	plt.bar(range(len(aCashFlow)), aCashFlow,color='g')
20	plt.title(" 現金流 ")
21	plt.xlabel(" 期數 ")
22	plt.ylabel(" 現金 ")
23	fig = plt.figure()
24	plt.show()

產生現金流量的圖形如下：

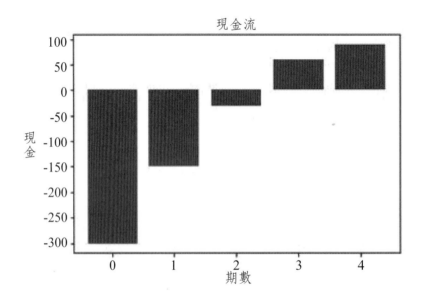

圖 17-2

可以清楚看到是從第 3 年開始轉虧為盈，故第 3 年為投資成本完全**回收年**。我們可以用以下的程式碼找出轉正那一年：

行	程式碼
25	i=0
26	year = 0
27	for acf in aCashFlow:
28	if(acf > 0):
29	year = i
30	break

行	程式碼
31	i+=1
32	print(f" 第 {year} 年的現金流量轉正。")

輸出結果如下：

第 3 年的現金流量轉正。

可進一步地在此程式碼的基礎上，計算出投資回收期。程式碼實現如下：

行	程式碼
33	paybackperiod = (year-1) - aCashFlow[year-1] / CashFlow[year]
34	print(f" 投資回收期為：{paybackperiod:.2f} 年。")

輸出結果如下：

投資回收期為：2.33 年。

或者修改程式碼，直接計算出投資回收期。程式碼實現如下：

行	程式碼
35	i=0
36	for acf in aCashFlow:
37	if(acf > 0):
38	paybackperiod = (i-1) - aCashFlow[i-1] / CashFlow[i]
39	print(f" 投資回收期為：{paybackperiod:.2f} 年。")
40	break
41	i+=1

輸出結果如下：

投資回收期為：2.33 年。

(五) 投資回收期法的評估原則

　　利用投資回收期法進行投資計畫的評估原則是：投資回收期越短越好。一般而言，投資回收期越短，說明投資回收的速度越快。此外，因為時間越長，越難以估計未來的現金流量，風險越大。故投資回收期越短的投資計畫，其風險越低。投資回收期方法簡單，容易理解。但該方法忽略了時間價值，也未能考慮回收期以後的現金流量。會使得公司接受短期項目而放棄有戰略意義的長期項目。

釋例 4					

假定某公司有兩個投資計畫，都需投入 300 萬。預期淨現金流量如下：

年度	0	1	2	3	4
X 計畫淨現金流量	-300 萬	150 萬	120 萬	90 萬	30 萬
Y 計畫淨現金流量	-300 萬	30 萬	90 萬	120 萬	150 萬

則公司該選擇哪一項計畫？

　　由前例，我們已經計算 X 計畫的投資回收期為 2.33 年。Y 計畫的投資回收期計算如下：

年度	0	1	2	3	4
淨現金流量	-300 萬	30 萬	90 萬	120 萬	150 萬
累計淨現金流量	-300 萬	-270 萬	-180 萬	-60 萬	90 萬

　　由表格中的累計淨現金流量，我們可以知道 Y 計畫第 4 年開始轉虧為盈，故第 4 年為 Y 計畫的投資成本完全**回收年**。回收年年初尚未收回的投資額有 60 萬。而回收年整年的總現金流量為 150 萬。故投資回收期 = 3 + 60/150 = 3.40 年。

　　通過上表計算發現，X 計畫的投資回收期更短，因此優於 Y 計畫。公司在進行決策時，如果一個項目的回收期小於公司所確定的最大成本收回時間，那麼它是可以接受的。

(六) 在 Python 中定義投資回收期函數

　　為讓程式碼重複使用，我們可將投資回收期的計算定義成函數。Python 程式碼實現如下：

行	程式碼
01	def paybackPeriod(CashFlow):
02	L = len(CashFlow)
03	pyear = -1
04	aCashFlow =[]
05	total = 0
06	for i in range(L):
07	total += CashFlow[i]
08	aCashFlow.append(total)
09	if(pyear == -1 and total>0):
10	pyear = i
11	paybackperiod = (pyear-1) - aCashFlow[pyear-1] / CashFlow[pyear]
12	return paybackperiod

然後用以下程式碼計算 X 計畫的投資回收期：

行	程式碼
13	CashFlowX =[-300, 150, 120, 90, 30]
14	print(f"X 計畫的投資回收期為：{paybackPeriod(CashFlowX):.2f} 年。")

輸出結果如下：

X 計畫的投資回收期為：2.33 年。

用以下程式碼計算 Y 計畫的投資回收期：

行	程式碼
15	CashFlowY =[-300, 30, 90, 120, 150]
16	print(f"Y 計畫的投資回收期為：{paybackPeriod(CashFlowY):.2f} 年。")

輸出結果如下：

Y 計畫的投資回收期為：3.40 年。

四、折現的投資回收期

(一) 折現投資回收期的定義

　　為了克服投資回收期沒有考慮時間價值的缺陷，我們可以計算投資計畫的**折現回收期**（Discounted Payback Period, DPB）。這是一種改進的投資評估方法，考慮了現金流量的時間價值，並以折現的方式計算投資項目的回收時間。即根據投資所產生的現金流量折現後所計算的回收期。因此更準確地評估投資項目的回收時間。這有助於投資者更全面地評估項目的價值和風險。為便於區分，我們也將折現回收期稱為動態回收期，而傳統回收期稱為非折現回收期或靜態回收期。

(二) 折現投資回收期的計算範例

釋例 5

某公司有個 300 萬的投資計畫。預期淨現金流量如下：

年度	0	1	2	3	4
淨現金流量	-300 萬	150 萬	120 萬	90 萬	30 萬

假定折現率為 10%，則該計畫的折現投資回收期為何？

　　該計畫的投資回收期計算如下：

年度	0	1	2	3	4
淨現金流量	-300 萬	150 萬	120 萬	90 萬	30 萬
淨現金流量現值	-300 萬	136.36 萬	99.17 萬	67.62 萬	20.49 萬
累計淨現金流量	-300 萬	-163.64 萬	-64.47 萬	3.15 萬	23.64 萬

　　由表格中的累計淨現金流量，我們可以知道第 3 年開始轉虧為盈，故第 3 年為投資成本完全**回收年**。回收年年初尚未收回的投資額現值有 64.47 萬。而回收年整年的總現金流量為 67.62 萬。故投資回收期 = 2 + 64.47/67.62 = 2.9533 年。

(三) 在 Python 中定義折現投資回收期函數

　　為讓程式碼重複使用，我們可先將折現投資回收期的計算定義成函數。Python 程式碼實現如下：

行	程式碼
01	def discountedPaybackPeriod(CashFlow, r):
02	L = len(CashFlow)
03	pyear = -1
04	pvCashFlow =[]
05	aCashFlow =[]
06	
07	total = 0
08	for i in range(L):
09	PV = CashFlow[i]*(1+r)**-i
10	total += PV
11	pvCashFlow.append(PV)
12	aCashFlow.append(total)
13	if(pyear == -1 and total>0):
14	pyear = i
15	paybackperiod = (pyear-1) - aCashFlow[pyear-1] / pvCashFlow[pyear]
16	return paybackperiod

　　然後用以下程式碼計算計畫的折現投資回收期：

行	程式碼
17	r = 0.1
18	CashFlowX =[-300, 150, 120, 90, 30]
19	print(f" 折現投資回收期為：{discountedPaybackPeriod(CashFlowX, r):.2f} 年。")

　　輸出結果如下：

折現投資回收期為：2.95 年。

🔔 重點整理

■ 資本預算，也稱爲長期投資決策，本質上是一個資本支出計畫。
■ 投資計畫可分爲重置型與擴張型。並依現金流量相互影響有無可分爲獨立型與互斥型。
■ 資本預算評估方法可分爲折現現金流量方法和非折現現金流量方法。
■ 會計收益率使用了會計學上成本和收益的概念，能反映整個專案在營運週期內的盈利性。
■ 投資回收期用於評估投資項目的回收時間。
■ 折現回收期是一種改進的投資評估方法，考慮了現金流量的時間價值。

💻 核心程式碼

資本預算的方法	程式碼
會計收益率法	CashFlow =[-30000,15000,12000,8000,3000] ARR = -sum(CashFlow[1:])/len(CashFlow[1:])/CashFlow[0] print(f" 會計收益率爲 :{ARR:.2%}")

投資回收期函數	def paybackPeriod(CashFlow):
	    L = len(CashFlow)
	    pyear = -1
	    aCashFlow =[]
	    sum = 0
	    for i in range(L):
	        sum += CashFlow[i]
	        aCashFlow.append(sum)
	        if(pyear == -1 and sum>0):
	            pyear = i
	    paybackperiod = (pyear-1) - aCashFlow[pyear-1] / CashFlow[pyear]
	    return aCashFlow,pyear,paybackperiod
	paybackPeriod(CashFlow)

資本預算的方法	程式碼

折現投資回收期函數	```python
	def discountedPaybackPeriod(CashFlow, r):
	    L = len(CashFlow)
	    pyear = -1
	    pvCashFlow =[]
	    aCashFlow =[]
	
	    sum = 0
	    for i in range(L):
	        PV = CashFlow[i]*(1+r)**-i
	        sum += PV
	        pvCashFlow.append(PV)
	        aCashFlow.append(sum)
	        if(pyear == -1 and sum>0):
	            pyear = i
	    paybackperiod = (pyear-1) - aCashFlow[pyear-1] / pvCashFlow[pyear]
	    return pvCashFlow, aCashFlow,pyear,paybackperiod
	discountedPaybackPeriod(CashFlow, 0.1)
	``

淨現值法

♫ 理解淨現值的定義和計算。

♫ 掌握淨現值法的評估原則。

♫ 利用 Python 程式碼來計算淨現值。

♫ 利用 Python 程式碼描繪淨現值曲線。

♫ 掌握淨現值曲線的交點計算。

一、財務管理中的淨現值法

(一) 淨現值的定義

　　淨現值（Net Present Value, NPV）是一種用於評估投資計畫的財務指標。如果我們用一項投資計畫所產生的預期未來現金流量的現值減去投資成本，計算結果即是淨現值（NPV），即淨現值＝現值總額－投資成本。

　　淨現值反映進行一項投資計畫所產生的淨收益。使用淨現值法進行評估時，會根據淨現值的正負來評判項目的可行性。具體而言，在投資計畫評價中，如果該計畫的**淨現值為正**（即 NPV > 0），說明該投資計畫增加了公司的價值，該投資計畫可行。說明公司償還債務和提供給股東必要報酬後，還有餘下的收益由股東分享。因此，一個公司採取的淨現值為正的投資計畫，股東的狀況將得以改善，公司價值將增大。反之，如果該計畫的**淨現值為負**（即 NPV < 0），說明該投資計畫無法增加公司的價值，該投資計畫不可行。而當一個投資計畫的淨現值為零時（即 NPV = 0），說明該計畫的現金流入恰好收回投入的資本。如此用於比較不同投資計畫之間的優先順序，以選擇最具價值的投資計畫。

(二) 淨現值的計算

　　NPV 的計算方法如下：

$$NPV = CF_0 + \frac{CF_1}{(1+r)^1} + \frac{CF_2}{(1+r)^2} + \cdots + \frac{CF_n}{(1+r)^n} = \sum_{t=0}^{n} \frac{CF_t}{(1+r)^t}$$

　　其中，CF_t 表示第 t 期的預期淨現金流量，r 為公司投資該計畫的必要報酬率。CF_0 為現金流出量，即投資計畫的投資成本。

(三) 淨現值的計算範例

釋例 1

某公司有個 300 萬的投資計畫。預期淨現金流量如下：

年度	0	1	2	3	4
淨現金流量	-300 萬	150 萬	120 萬	90 萬	30 萬

假定必要報酬率為 10%，則該計畫的淨現值為何？

我們先計算各年度淨現金流量的現值，

年度	0	1	2	3	4
淨現金流量	-300 萬	150 萬	120 萬	90 萬	30 萬
現值	-300 萬	136.36 萬	99.17 萬	67.62 萬	20.49 萬

淨現值為該投資計畫所產生的預期未來現金流量的現值減去投資成本。

$$\text{NPV} = -300 + \frac{150}{(1+10\%)^1} + \frac{120}{(1+10\%)^2} + \frac{90}{(1+10\%)^3} + \frac{30}{(1+10\%)^4} = 23.64$$

由計算結果，得知該計畫的淨現值為 23.64 萬。該計畫的淨現值為正（即 NPV > 0），說明該投資計畫增加了公司的價值，該投資計畫可行。

二、在 Python 中實現淨現值法

以上一節的題目為例，我們逐步用 Python 來實現淨現值法。

(一) 用 Python 實現

依照前面章節的做法，我們先宣告變量存放現金流量。程式碼如下：

行	程式碼
01	CashFlow =[-300, 150, 120, 90, 30]

然後可先定義好用以計算複利現值的函數。程式碼如下：

行	程式碼
02	def PV(FV, r, n):
03	return FV*(1+r)**-n

接下來，可依照前面章節的做法，輸出表格呈現各年度淨現金流量和他們的現值。程式碼實現如下：

行	程式碼
04	r = 0.1
05	print('{0}{1:>8}{2:>8}'.format(' 期數 ', ' 現金流 ', ' 現值 '))
06	for n in range(len(CashFlow)):
07	print(' 第 {0} 期 :{1:>8}　{2:>8}'.format(n, CashFlow[n], round(PV(CashFlow[n], r, n),2)))

執行後，會產生如下的表格：

期數	現金流	現值
第 0 期 :	-300	-300.0
第 1 期 :	150	136.36
第 2 期 :	120	99.17
第 3 期 :	90	67.62
第 4 期 :	30	20.49

結果和我們計算的一樣。然後，我們可以用以下程式碼來計算淨現值。

行	程式碼
08	r = 0.1
09	NPV = 0
10	for n in range(len(CashFlow)):
11	NPV += PV(CashFlow[n], r, n)
12	
13	print(f' 該計畫的淨現值為 {NPV:.2f} 萬。')

結果輸出如下：

該計畫的淨現值為 23.65 萬。

1. 不定義函數

如果無須知道各年度淨現金流量的現值，也不想定義複利現值的函數，可以改用以下程式碼直接計算出淨現值：

行	程式碼
01	CashFlow =[-300,150,120,90,30]
02	
03	r = 0.1
04	NPV = 0
05	for n in range(len(CashFlow)):
06	NPV += PV(CashFlow[n], r, n)
07	
08	print(f' 該計畫的淨現值為 {NPV:.2f} 萬。')

結果輸出一樣為：

該計畫的淨現值為 23.65 萬。

2. 列表生成式

我們也可以善用列表生成式，一行計算出淨現值。程式碼實現如下：

行	程式碼
01	CashFlow =[-300,150,120,90,30]
02	r = 0.1
03	
04	NPV = sum([CF*(1+r)**-n for n, CF in enumerate(CashFlow)])
05	
06	print(f' 該計畫的淨現值為 {NPV:.2f} 萬。')

具體而言，程式碼第 4 行中的為列表生成式如下：

[CF*(1+r)**-n for n, CF in enumerate(CashFlow)]

該程式碼片段會計算各年度淨現金流量的現值，並生成如下的列表：

[–300.0, 136.363636363636, 99.1735537190083, 67.618332081142, 20.4904036609521]

　　利用 sum() 函數進行加總後，即得淨現值。

(二) 用 numpy 實現

　　我們也可以用 numpy 中的多項式來計算淨現值。程式碼如下：

行	程式碼
01	import numpy as np
02	
03	CashFlow =[-300,150,120,90,30]
04	p = np.poly1d(CashFlow[::-1])
05	r=0.1
06	NPV = p(1/(1+r))
07	
08	print(f' 該計畫的淨現值為 {NPV:.2f} 萬。')

　　程式碼第 3 行宣告變量存放現金流量。第 4 行利用 numpy 中的 poly1d 生成一個多項式。輸入 print(p)，可以看到結果輸出如下：

```
        4       3        2
30 x  +  90 x  +  120 x  +  150 x  -300
```

　　比照一下之前的計算式，

$$NPV = -300 + \frac{150}{(1+10\%)^1} + \frac{120}{(1+10\%)^2} + \frac{90}{(1+10\%)^3} + \frac{30}{(1+10\%)^4}$$

可發現多項式中的 x 相當於 1/(1+r)。也就是

$$x = \frac{1}{(1+r)} = \frac{1}{(1+10\%)}$$

故程式碼第 6 行將 1/(1+r) 代入多項式，便可計算出淨現值。

　　結果輸出一樣為：

```
該計畫的淨現值為 23.65 萬。
```

(三) 使用 Sympy 符號運算

我們也可以用 sympy 來計算淨現值。程式碼如下：

行	程式碼
01	import sympy as sym
02	sym.init_printing(order='rev-lex')
03	r = sym.Symbol('r')
04	
05	CashFlow =[-300,150,120,90,30]
06	
07	NPV = 0
08	for n, CF in enumerate(CashFlow):
09	NPV = NPV + CF/(1+r)**n
10	
11	print(f' 該計畫的淨現值為 {NPV.evalf(subs={r:0.1}):.2f} 萬。')

程式碼第 3 行利用 sympy 創建利率 r 的變量符號。程式碼第 5 行宣告變量存放現金流量。程式碼第 7 行到第 9 行建構淨現值公式。輸入 NPV，可以看到 NPV 公式如下：

$$\frac{30}{(1+r)^4} + \frac{90}{(1+r)^3} + \frac{120}{(1+r)^2} + \frac{150}{1+r} - 300$$

程式碼第 11 行利用 evalf 方法，將利率 r=0.1 代入，即可計算出淨現值。結果輸出一樣為：

該計畫的淨現值為 23.65 萬。

三、淨現值法的評估原則

(一) 評估原則

一般而言,如果淨現值大於零,表示該投資項目的現值總額超過投資成本,具有正向現金流量,因此可能是一個有價值的投資機會。如果淨現值小於零,則意味著項目的現值總額低於投資成本,可能不具備投資價值。

(二) 計算範例

我們利用以下範例來介紹淨現值法的評估原則。

釋例 2

假定某公司有三個投資計畫,都需投入 300 萬。預期淨現金流量如下:

年度	0	1	2	3	4
X 計畫淨現金流量	-300 萬	150 萬	120 萬	90 萬	30 萬
Y 計畫淨現金流量	-300 萬	30 萬	90 萬	120 萬	150 萬
Z 計畫淨現金流量	-300 萬	120 萬	150 萬	90 萬	30 萬

假定必要報酬率為 10%,則按淨現值法來評估,公司該選擇哪一項計畫?

■X 計畫的淨現值

由前例,我們已經計算出 X 計畫的淨現值為 23.65 萬。

■Y 計畫的淨現值

我們先計算 Y 計畫各年度淨現金流量的現值,

年度	0	1	2	3	4
淨現金流量	-300 萬	30 萬	90 萬	120 萬	150 萬
現值	-300 萬	27.27 萬	74.38 萬	90.16 萬	102.45 萬

淨現值為該投資計畫所產生的預期未來現金流量的現值減去投資成本。

$$NPV = -300 + \frac{30}{(1+10\%)^1} + \frac{90}{(1+10\%)^2} + \frac{120}{(1+10\%)^3} + \frac{150}{(1+10\%)^4} = -5.74$$

由計算結果，得知 Y 計畫的淨現值為 −5.74 萬。該計畫的**淨現值為負**（即 NPV < 0），說明該投資計畫無法增加公司價值，該投資計畫不可行。

■Z 計畫的淨現值

我們先計算 Z 計畫各年度淨現金流量的現值，

年度	0	1	2	3	4
淨現金流量	-300 萬	120 萬	150 萬	90 萬	30 萬
現值	-300 萬	109.09 萬	123.97 萬	67.62 萬	20.49 萬

淨現值為該投資計畫所產生的預期未來現金流量的現值減去投資成本。

$$NPV = -300 + \frac{120}{(1+10\%)^1} + \frac{150}{(1+10\%)^2} + \frac{90}{(1+10\%)^3} + \frac{30}{(1+10\%)^4} = 21.17$$

由計算結果，得知 Z 計畫的淨現值為 21.17 萬。該計畫的**淨現值為正**（即 NPV>0），說明該投資計畫可行。經過計算，我們看到 X 計畫和 Z 計畫的淨現值均大於零，而 X 計畫具有更高的 NPV。在這種情況下，需要先判斷投資計畫的決策屬於獨立型或是互斥型。如果 X 計畫和 Z 計畫屬於互斥型投資計畫，則我們應當投資 NPV 更高的 X 計畫；如果 X 計畫和 Z 計畫屬於獨立型投資計畫，則兩個投資計畫均可接受。

(三) 用 Python 實現的程式碼

為讓程式碼重複使用，我們可將淨現值的計算定義成函數。Python 程式碼實現如下：

行	程式碼
01	def NPV(CashFlow, r):
02	return sum([CF*(1+r)**-n for n, CF in enumerate(CashFlow)])

該函數僅有一行計算式，故也可寫成匿名函數：

行	程式碼
03	NPV = lambda CashFlow, r:sum([CF*(1+r)**-n for n, CF in enumerate(CashFlow)])

然後可用以下程式碼呼叫 NPV() 函數來計算 X 計畫的淨現值：

行	程式碼
04	r = 0.1
05	CashFlowX =[-300, 150, 120, 90, 30]
06	print(f"X 計畫的淨現值為：{NPV(CashFlowX, 0.1):.2f} 萬元。")

輸出結果如下：

X 計畫的淨現值為：23.65 萬元。

用以下程式碼來計算 Y 計畫的淨現值：

行	程式碼
01	r = 0.1
02	CashFlowY =[-300, 30, 90, 120, 150]
03	print(f"Y 計畫的淨現值為：{NPV(CashFlowY, 0.1):.2f} 萬元。")

輸出結果如下：

Y 計畫的淨現值為：-5.74 萬元。

用以下程式碼來計算 Z 計畫的淨現值：

行	程式碼
01	r = 0.1
02	CashFlowZ =[-300, 120, 150, 90, 30]
03	print(f"Z 計畫的淨現值為：{NPV(CashFlowZ, 0.1):.2f} 萬元。")

輸出結果如下：

Z 計畫的淨現值為：21.17 萬元。

四、淨現值曲線

(一) 淨現值曲線的定義

淨現值曲線（Net Present Value Curve）可表示不同折現率下的淨現值變化。它顯示了投資計畫的折現率對於計畫的淨現值的影響。前面我們學到淨現值（NPV）計算方法如下：

$$NPV = CF_0 + \frac{CF_1}{(1+r)^1} + \frac{CF_2}{(1+r)^2} + \cdots + \frac{CF_n}{(1+r)^n} = \sum_{t=0}^{n} \frac{CF_t}{(1+r)^t}$$

根據淨現值的計算公式，

$$NPV = \sum_{t=0}^{n} \frac{CF_t}{(1+r)^t}$$

可以發現：

● 淨現值（NPV）是各期**現金流**和**折現率**（即必要報酬率）的函數。
● 當折現率發生變化，NPV 必然發生變動。
● 當折現率**上升**時，項目的 NPV 呈現出**下降趨勢**。

(二) 淨現值曲線的描繪

淨現值曲線可以用來描繪一個投資計畫，其淨現值與折現率之間的關係。我們利用以下範例來描繪淨現值曲線。

釋例 3

某公司有個 300 萬的投資計畫。預期淨現金流量如下：

年度	0	1	2	3	4
淨現金流量	-300 萬	150 萬	120 萬	90 萬	30 萬

請繪製該計畫的淨現值曲線。

■ 用 Python 實現的程式碼

我們逐步用 Python 來實現淨現值法。我們先宣告變量存放現金流量。程式碼如下：

行	程式碼
01	CashFlow =[-300, 150, 120, 90, 30]

然後依照前面章節的做法，先定義好用以計算淨現值的函數。程式碼如下：

行	程式碼
02	def NPV(CashFlow, r):
03	return sum([CF*(1+r)**-n for n, CF in enumerate(CashFlow)])

淨現值是各期現金流和折現率的函數。接下來，用列表生成式生成 0% 到 100% 的折現率。程式碼如下：

行	程式碼
04	rs = [i/100 for i in range(101)]

同樣，用列表生成式生成不同折現率下的淨現值：

行	程式碼
05	NPVs = [NPV(CashFlow, r) for r in rs]

可依照前面章節的做法，利用 matplotlib 來繪製該計畫的淨現值曲線。程式碼實現如下：

行	程式碼
06	import matplotlib.pyplot as plt
07	
08	plt.plot(rs, NPVs)
09	plt.axhline(y=0, color ='black', lw=1)
10	
11	plt.xlabel("r")
12	plt.ylabel("NPV")
13	plt.show()

繪製出來的淨現值曲線如下：

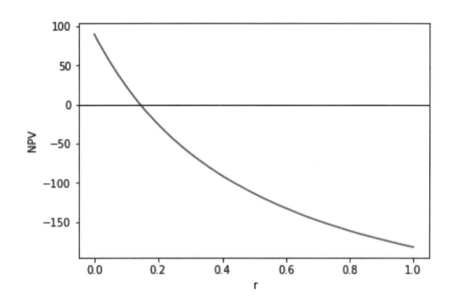

圖 18-1

在淨現值曲線中，橫軸通常表示折現率 r，縱軸表示淨現值 NPV。可以發現：當折現率上升時，項目的 NPV 呈現出下降趨勢。換句話說：NPV 是折現率 r 的單調減函數。

(三) 多個投資計畫的淨現值曲線比較

釋例 4

假定某公司有三個投資計畫，都需投入 300 萬。預期淨現金流量如下：

年度	0	1	2	3	4
X 計畫淨現金流量	-300 萬	150 萬	120 萬	90 萬	30 萬
Y 計畫淨現金流量	-300 萬	30 萬	90 萬	120 萬	150 萬
Z 計畫淨現金流量	-300 萬	120 萬	150 萬	90 萬	30 萬

請繪製各計畫的淨現值曲線。

■ 用 Python 實現的程式碼

我們也可以利用 matplotlib 來繪製多個計畫的淨現值曲線。用列表生成式生成 0% 到 100% 的折現率。程式碼實現如下：

行	程式碼
01	r = 0.1
02	CashFlowX =[-300, 150, 120, 90, 30]
03	CashFlowY =[-300, 30, 90, 120, 150]
04	CashFlowZ =[-300, 120, 150, 90, 30]
05	
06	rs = [i/100 for i in range(101)]
07	NPVs_X = [NPV(CashFlowX, r) for r in rs]
08	NPVs_Y = [NPV(CashFlowY, r) for r in rs]
09	NPVs_Z = [NPV(CashFlowZ, r) for r in rs]
10	
11	import matplotlib.pyplot as plt
12	
13	plt.plot(rs, NPVs_X, label='Project X')
14	plt.plot(rs, NPVs_Y, label='Project Y')
15	plt.plot(rs, NPVs_Z, label='Project Z')
16	plt.axhline(y=0, color ='black', lw=1)
17	
18	plt.xlabel("r")
19	plt.ylabel("NPV")
20	plt.legend()
21	
22	plt.show()

繪製出來的圖形如下:

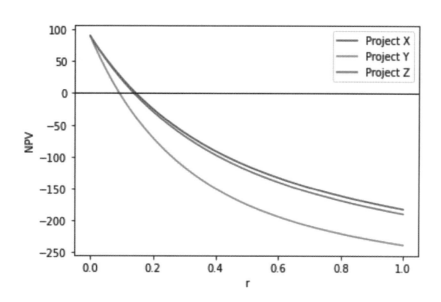

圖 18-2

五、淨現值曲線的交點

(一) 說明與釋例

當兩個投資計畫的淨現值曲線交叉時,表示在某個特定折現率下,兩個計畫的淨現值相等。淨現值曲線的交點代表了兩個投資計畫在具有相同淨現值時的必要報酬率。我們利用以下範例來說明。

釋例 5

假定某公司有兩個投資計畫,都需投入 300 萬。預期淨現金流量如下:

年度	0	1	2	3	4
A 計畫淨現金流量	-300 萬	150 萬	120 萬	80 萬	30 萬
B 計畫淨現金流量	-300 萬	40 萬	90 萬	130 萬	150 萬

請繪製各計畫的淨現值曲線,並試求兩個投資計畫具有相同淨現值時的必要報酬率。

計畫 A 的淨現值函數為：

$$NPV_A = -300 + \frac{150}{(1+r)^1} + \frac{120}{(1+r)^2} + \frac{80}{(1+r)^3} + \frac{30}{(1+r)^4}$$

計畫 B 的淨現值函數為：

$$NPV_B = -300 + \frac{40}{(1+r)^1} + \frac{90}{(1+r)^2} + \frac{130}{(1+r)^3} + \frac{150}{(1+r)^4}$$

利用公式，可以計算出，當必要報酬率為 10% 時，計畫 A 和計畫 B 的淨現值分別是 16.13 萬元和 10.86 萬元。根據公式，可以發現，如果折現率發生變化，計畫 A 和計畫 B 的淨現值必然發生變動。淨現值曲線的交點代表兩個投資計畫具有相同淨現值時的必要報酬率。換句話說，將交點代入淨現值公式時，會讓兩個投資計畫的淨現值相同。即 $NPV_A = NPV_B$

$$-300 + \frac{150}{(1+r)^1} + \frac{120}{(1+r)^2} + \frac{80}{(1+r)^3} + \frac{30}{(1+r)^4} = -300 + \frac{40}{(1+r)^1} + \frac{90}{(1+r)^2} + \frac{130}{(1+r)^3} + \frac{150}{(1+r)^4}$$

解出來的 r 便是淨現值曲線的交點。

(二) 用 Python 實現

我們也可以用前面的方法來繪製多個計畫的淨現值曲線。完整程式碼實現如下：

行	程式碼
01	r = 0.1
02	CashFlowA =[-300,150,120,80,30]
03	CashFlowB =[-300,40,90,130,150]
04	
05	rs = [i/100 for i in range(21)]
06	NPVs_A = [NPV(CashFlowA, r) for r in rs]
07	NPVs_B = [NPV(CashFlowB, r) for r in rs]
08	
09	
10	import matplotlib.pyplot as plt
11	
12	plt.plot(rs, NPVs_A, label='Project A')

行	程式碼
13	plt.plot(rs, NPVs_B, label='Project B')
14	plt.axhline(y=0, color ='black', lw=1)
15	
16	plt.xlabel("r")
17	plt.ylabel("NPV")
18	plt.legend()
19	
20	plt.show()

　　程式碼第 5 行，為突顯兩計畫的淨現值曲線交點，我們調整用列表生成式生成 0% 到 20% 的折現率。繪製出來的圖形如下：

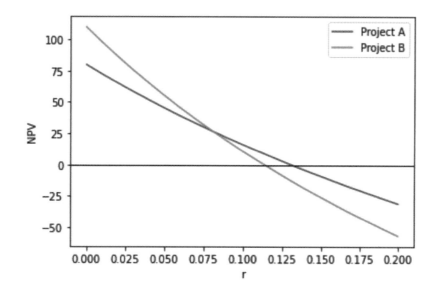

圖 18-3

　　我們從圖也可以看到，計畫 B 的淨現值線比計畫 A 的淨現值線要更陡，說明計畫 B 的淨現值對折現率的變化更敏感。這是因為計畫 B 的現金流量回收得更遲一些。如果投資計畫現金流量大部分都發生前期，即使必要報酬率升高，淨現值也不會降低太多；反之，如果投資計畫現金流量大部分發生在後期，並且必要報酬率升高，其淨現值就會較大幅度的下降。投資計畫現金流量的回收期越長，其對折現率越敏感。

(三) 求解交點

1. 方法一

我們可以參考前面所學的方法，按以下步驟，利用 scipy 來求解。先定義好用以計算淨現值的函數。程式碼如下：

行	程式碼
01	def NPV(CashFlow, r):
02	return sum([CF*(1+r)**-n for n, CF in enumerate(CashFlow)])

由於淨現值是各期現金流和折現率的函數，計畫 A 和計畫 B 的現金流不同。須再分別定義計畫 A 和計畫 B 在不同折現率下的淨現值函數。

計畫 A 的淨現值函數如下：

行	程式碼
03	def NPV_A(r):
04	CashFlow =[-300,150,120,80,30]
05	return NPV(CashFlow, r)

計畫 B 的淨現值函數如下：

行	程式碼
06	def NPV_B(r):
07	CashFlow =[-300,40,90,130,150]
08	return NPV(CashFlow, r)

費雪交叉利率代表兩個投資計畫具有相同淨現值時的必要報酬率。換句話說，將費雪交叉利率代入淨現值公式時，會讓兩個投資計畫的淨現值相同。可定義費雪交叉利率的方程式如下：

行	程式碼
09	def NPV_intersect(r):
10	return NPV_A(r) - NPV_B(r)

最後，利用 scipy 來求解。程式碼實現如下：

行	程式碼
11	from scipy import optimize
12	
13	roots = optimize.root(NPV_intersect, x0=0.2)
14	print(f" 費雪交叉利率為 {roots.x[0]:.2%}。")

輸出結果如下：

費雪交叉利率爲 8.11%。

2. 方法二

我們也可以利用兩計畫的現金流差異來求解。費雪交叉利率代表兩個投資計畫具有相同淨現值時的必要報酬率。由 $NPV_A = NPV_B$，得知 $NPV_A - NPV_B = 0$

$$NPV_A - NPV_B = \frac{110}{(1+r)^1} + \frac{30}{(1+r)^2} + \frac{-50}{(1+r)^3} + \frac{-120}{(1+r)^4} = 0$$

解出來的 r 便是費雪交叉利率。我們可以按以下步驟，利用 scipy 來求解。計畫 A 和計畫 B 的現金流不同。先宣告變量分別存放計畫 A 和計畫 B 的現金流。

行	程式碼
01	r = 0.1
02	CashFlowA =[-300,150,120,80,30]
03	CashFlowB =[-300,40,90,130,150]

同樣，利用列表生成式生成兩計畫的現金流差異：

行	程式碼
04	CashFlow_diff = [cf_A - cf_B for cf_A, cf_B in zip(CashFlowA, CashFlowB)]

定義方程式的函數如下：

行	程式碼
05	def NPV_f(r):
06	return sum([CF*(1+r)**-n for n, CF in enumerate(CashFlow_diff)])

最後，利用 scipy 來求解。程式碼實現如下：

行	程式碼
07	from scipy import optimize
08	
09	roots = optimize.root(NPV_f, x0=0.2)
10	print(f" 費雪交叉利率為 {roots.x[0]:.2%} 。")

輸出結果如下：

費雪交叉利率為 8.11%。

完整的程式碼參考如下：

行	程式碼
01	from scipy import optimize
02	
03	r = 0.1
04	CashFlowA =[-300,150,120,80,30]
05	CashFlowB =[-300,40,90,130,150]
06	
07	CashFlow_diff = [cf_A - cf_B for cf_A, cf_B in zip(CashFlowA, CashFlowB)]
08	
09	def NPV_f(r):
10	return sum([CF*(1+r)**-n for n, CF in enumerate(CashFlow_diff)])
11	
12	roots = optimize.root(NPV_f, x0=0.2)
13	print(f" 費雪交叉利率為 {roots.x[0]:.2%} 。")

🔔 重點整理

■淨現值（NPV）＝現值總額 − 投資成本，是一種用於評估投資計畫的財務指標。

■淨現值法的評估原則

● NPV>0，說明該投資計畫增加了公司的價值，該投資計畫可行。

● NPV<0，說明該投資計畫損害了公司的價值，該投資計畫不可行。

● NPV=0，說明該計畫的現金流入恰好收回投入的資本。

■淨現值曲線可以用來描繪投資計畫淨現值與折現率之間的關係。

■在 Python 中，可以善用列表生成式，一行計算出淨現值。也可以用 numpy、sympy 來計算淨現值。

💻 核心程式碼

■NPV 的計算

程式碼
r=0.05 CashFlow =[0, 10000, 10000, 10000] NPV = sum([CF*(1+r)**-n for n, CF in enumerate(CashFlow)]) print(format(NPV,".4f"))

■NPV 的函數

程式碼
def NPV(r, CashFlow): 　　return sum([CF*(1+r)**-n for n, CF in enumerate(CashFlow)])

■NPV 的 lambda 函數

程式碼
NPV = lambda r, CashFlow: sum([CF*(1+r)**-n for n, CF in enumerate(CashFlow)])

19

獲利指數法

學習目標

- 理解獲利指數的定義和計算。
- 利用 Python 來計算獲利指數。
- 掌握獲利指數法的評估原則。

一、財務管理中的獲利指數法

(一) 獲利指數的定義

　　獲利指數（Profitability index, PI）是一種用於評估投資計畫的財務指標。根據投資計畫的現金流量，計算出每一單位投資成本所產生的現金流量。藉由比較投資項目的現值與投資成本的比例，來確定該項目的可行性。可以直觀地評估投資計畫的可行性和潛在獲利能力，並與其他投資機會進行比較。

(二) 獲利指數的計算

　　獲利指數指的是投資計畫未來現金流量的淨現值與投資成本的比值。投資成本指進行該投資計畫所需的資金投入，也就是初始現金流出量。計算公式如下：

$$獲利指數 = \frac{現值總額}{投資成本}$$

　　它可以表示為

$$PI = \frac{\dfrac{CF_1}{(1+r)^1} + \dfrac{CF_2}{(1+r)^2} + \cdots + \dfrac{CF_n}{(1+r)^n}}{|CF_0|} = \frac{\sum_{t=1}^{n} \dfrac{CF_t}{(1+r)^t}}{|CF_0|}$$

　　其中，r 為必要報酬率，$|CF_0|$ 指初始現金流出量（Initial Cash Outflow）的絕對值，也算是投資計畫的投資成本。

　　在使用獲利指數法進行評估時，一般的原則是：如果該計畫的獲利指數 PI 大於 1，表示該投資項目有潛在的獲利能力，投資計畫就可以考慮接受、進行投資。反之，如果該計畫的獲利指數 PI 小於 1，則意味著計畫的現值總額小於投資成本，該投資計畫無法增加公司的價值，該投資計畫不可行。

　　對於任何給定的投資計畫，淨現值法和獲利指數法的結論會一致（因為淨現值大於零時，項目未來現金流量現值也將大於初始現金流出量）。但淨現值法能具體計算出某專案對股東財富的經濟貢獻，而獲利指數僅僅能表明專案的相對盈利性。獲利指數也有一些限制。因此，在做出投資決策時，還需要考慮其他財務指標和風險評估方法來進行綜合分析。

(三) 獲利指數的計算範例

釋例 1

某公司有個 300 萬的投資計畫。預期淨現金流量如下：

年度	0	1	2	3	4
淨現金流量	-300 萬	150 萬	120 萬	90 萬	30 萬

假定必要報酬率為 10%，則該計畫的獲利指數為何？

我們先計算各年度淨現金流量的現值，

年度	0	1	2	3	4
淨現金流量	-300 萬	150 萬	120 萬	90 萬	30 萬
現值	-300 萬	136.36 萬	99.17 萬	67.62 萬	20.49 萬

前一章，我們算過該計畫的淨現值為 23.64 萬。

$$\text{NPV} = -300 + \frac{150}{(1+10\%)^1} + \frac{120}{(1+10\%)^2} + \frac{90}{(1+10\%)^3} + \frac{30}{(1+10\%)^4} = 23.64$$

獲利指數為該投資計畫所產生的預期未來現金流量的現值與初始現金流出量的比值。

$$\text{PI} = \frac{\dfrac{150}{(1+10\%)^1} + \dfrac{120}{(1+10\%)^2} + \dfrac{90}{(1+10\%)^3} + \dfrac{30}{(1+10\%)^4}}{300} = \frac{323.65}{300} = 1.0788$$

由計算結果，得知該計畫的獲利指數為 1.0788。該計畫的獲利指數大於 1（即 PI > 1），說明該投資計畫增加了公司的價值，該投資計畫可行。得出這個結論非常易於理解：對於淨現值與獲利指數，淨現值為正時獲利指數肯定大於 1，所以這兩種方法結論往往是一致的。

二、用 Python 實現獲利指數法

以上一節的題目為例，我們逐步用 Python 來實現獲利指數法。

(一) 基礎方法

依照前面章節的做法，我們先宣告變量 CashFlow 來存放現金流量。程式碼如下：

行	程式碼
01	CashFlow =[-300, 150, 120, 90, 30]

然後可先定義好用以計算複利現值的函數。程式碼如下：

行	程式碼
02	def PV(FV, r, n):
03	return FV*(1+r)**-n

然後，我們可以用以下程式碼來計算未來（即從第一期到最後一期）現金流量的現值總和。並記錄在 value 變量中。

行	程式碼
04	r = 0.1
05	value = 0
06	for n in range(1, len(CashFlow)):
07	value += PV(CashFlow[n], r, n)
08	
09	print(f' 未來現金流量的現值總合為 {value:.2f} 萬。')

注意其中的程式碼第 6 行中的 range() 函數起始值為 1。結果輸出如下：

未來現金流量的現值總合為 323.65 萬。

變量 CashFlow 中的第一筆現金流量，即為初始現金流出量。用以下程式碼取出變量 CashFlow 中的第一個元素，並放在變量 CF0 中。

行	程式碼
10	CF0 = CashFlow[0]

最後，依據公式計算獲利指數 PI，並輸出結果：

行	程式碼
11	PI = value/abs(CF0)
12	print(f" 獲利指數為 {PI:.4f}。")

輸出結果如下：

獲利指數為 1.0788。

如果無須知道各年度淨現金流量的現值，也不想定義複利現值的函數，可以改用以下程式碼直接計算出獲利指數：

行	程式碼
01	CashFlow =[-300,150,120,90,30]
02	
03	r = 0.1
04	value = 0
05	for n in range(1, len(CashFlow)):
06	value += PV(CashFlow[n], r, n)
07	PI = value/abs(CashFlow[0])
08	
09	print(f" 獲利指數為 {PI:.4f}。")

結果輸出一樣為：

獲利指數為 1.0788。

(二) 列表生成式

我們也可以善用列表生成式，一行計算出獲利指數。程式碼實現如下：

行	程式碼
01	CashFlow =[-300,150,120,90,30]
02	r=0.1
03	
04	PI = sum([CF*(1+r)**-n for n, CF in enumerate(CashFlow[1:], 1)])/-CashFlow[0]
05	
06	print(f" 獲利指數為 {PI:.4f}。")

具體而言，程式碼第 4 行中的為列表生成式如下：

```
[CF*(1+r)**-n for n, CF in enumerate(CashFlow[1:], 1)]
```

該程式碼片段會計算從第一期到最後一期淨現金流量的現值，並生成如下的列表：

```
[136.36363636363635, 99.17355371900825, 67.61833208114197, 20.490403660952115]
```

利用 sum() 函數進行加總後，即得現值總和。將現值總和除以初始現金流出量（CashFlow[0]），即解得獲利指數。

三、獲利指數法的評估原則

(一) 評估原則

使用獲利指數法進行評估時，一般的原則是：

● 如果獲利指數大於 1，表示該投資項目有潛在的獲利能力，可以考慮進行投資。

● 如果獲利指數小於 1，則意味著項目的現值總額小於投資成本，可能不具備投資價值。

(二) 計算範例

以下我們利用範例來介紹。

釋例 2

假定某公司有三個投資計畫，都需投入 300 萬。預期淨現金流量如下：

年度	0	1	2	3	4
X 計畫淨現金流量	-300 萬	150 萬	120 萬	90 萬	30 萬
Y 計畫淨現金流量	-300 萬	30 萬	90 萬	120 萬	150 萬
Z 計畫淨現金流量	-300 萬	120 萬	150 萬	90 萬	30 萬

假定必要報酬率為 10%，則按獲利指數法來評估，公司該選擇哪一項計畫？

■ X 計畫的獲利指數

　　由前例，我們已經計算出 X 計畫的獲利指數為 1.0788。

■ Y 計畫的獲利指數

　　我們先計算 Y 計畫各年度淨現金流量的現值，

年度	0	1	2	3	4
淨現金流量	-300 萬	30 萬	90 萬	120 萬	150 萬
現值	-300 萬	27.27 萬	74.38 萬	90.16 萬	102.45 萬

　　獲利指數為該投資計畫所產生的預期未來現金流量的現值除以投資成本。

$$PI = \dfrac{\dfrac{30}{(1+10\%)^1} + \dfrac{90}{(1+10\%)^2} + \dfrac{120}{(1+10\%)^3} + \dfrac{150}{(1+10\%)^4}}{300} = \dfrac{294.26}{300} = 0.9809$$

　　由計算結果，得知 Y 計畫的獲利指數為 0.9809。PI 小於 1，說明該投資計畫無法增加公司的價值，該投資計畫不可行。前一章，我們算過 Y 計畫的淨現值為 −5.74 萬。所以這兩種方法結論是一致的。

■ Z 計畫的獲利指數

　　我們先計算 Z 計畫各年度淨現金流量的現值，

年度	0	1	2	3	4
淨現金流量	-300 萬	120 萬	150 萬	90 萬	30 萬
現值	-300 萬	109.09 萬	123.97 萬	67.62 萬	20.49 萬

然後依照公式計算獲利指數，

$$PI = \frac{\frac{120}{(1+10\%)^1} + \frac{150}{(1+10\%)^2} + \frac{90}{(1+10\%)^3} + \frac{30}{(1+10\%)^4}}{300} = \frac{321.17}{300} = 1.0706$$

由計算結果，得知 Z 計畫的獲利指數為 1.0706，該計畫的獲利指數大於 1（即 NPV > 1），說明該投資計畫增加了公司的價值，該投資計畫可行。前一章，我們算過 Z 計畫的淨現值為 21.17 萬，淨現值為正（即 NPV > 0）。和前一章的結論一致。

經過計算，我們看到 X 計畫和 Z 計畫的獲利指數均大於 1，而 X 計畫具有更高的 PI 和 NPV。在這種情況下，仍需要先判斷投資計畫的決策屬於獨立型或是互斥型。如果 X 計畫和 Z 計畫屬於互斥型投資計畫，則我們應當投資 PI 更高的 X 計畫；如果 X 計畫和 Z 計畫屬於獨立型投資計畫，則兩個投資計畫均可接受。

(三) 用 Python 實現的程式碼

為讓程式碼重複使用，我們可將獲利指數的計算定義成函數。Python 程式碼實現如下：

行	程式碼
01	def PI(CashFlow, r):
02	return sum([CF*(1+r)**-n for n, CF in enumerate(CashFlow[1:], 1)])/-CashFlow[0]

該函數僅有一行計算式，故也可寫成匿名函數：

行	程式碼
01	PI = lambda CashFlow, r:sum([CF*(1+r)**-n for n, CF in enumerate(CashFlow[1:], 1)])/-CashFlow[0]

然後可用以下程式碼呼叫 PI() 函數來計算 X 計畫的獲利指數：

行	程式碼
02	r = 0.1
03	CashFlowX =[-300, 150, 120, 90, 30]
04	print(f"X 計畫的獲利指數為 {PI(CashFlowX, 0.1):.4f}。")

輸出結果如下：

X 計畫的獲利指數為 1.0788。

用以下程式碼來計算 Y 計畫的獲利指數：

行	程式碼
01	r = 0.1
02	CashFlowY =[-300, 30, 90, 120, 150]
03	print(f"Y 計畫的獲利指數為 {PI(CashFlowY, 0.1):.4f}。")

輸出結果如下：

Y 計畫的獲利指數為 0.9809。

用以下程式碼來計算 Z 計畫的獲利指數：

行	程式碼
01	r = 0.1
02	CashFlowZ =[-300, 120, 150, 90, 30]
03	print(f"Z 計畫的獲利指數為 {PI(CashFlowZ, 0.1):.4f}。")

輸出結果如下：

Z 計畫的獲利指數為 1.0706。

重點整理

■ 獲利指數（Profitability index, PI）是一種用於評估投資計畫的財務指標。
■ 如果計畫的獲利指數 PI 大於 1，投資計畫就可以考慮接受。如果該計畫的獲利指數 PI 小於 1，則投資計畫不可行。
■ 可以善用列表生成式，一行計算出獲利指數。

核心程式碼

■ 獲利指數法

程式碼
CashFlow =[-30000,15000,12000,8000,3000] r=0.1 PI = sum([CF*(1+r)**-n for n, CF in enumerate(CashFlow[1:], 1)])/-CashFlow[0] print(f" 獲利指數為 {PI:.4f} 。")

內含報酬率法

學習目標

- 理解內含報酬率的定義和計算。
- 利用 numpy 和 scipy 來計算內含報酬率。
- 用 Python 程式碼描繪淨現值線和內含報酬率。
- 掌握內含報酬率法的評估原則和了解內含報酬率法的局限。
- 掌握修正內含報酬率法的計算。

一、財務管理中的內含報酬率

(一) 內含報酬率的定義

內含報酬率（Internal Rates of Return, IRR）一種用於評估投資項目獲利能力的指標。具體而言，是公司採用某一投資計畫並經營到其壽命週期結束時，預期將獲得的報酬率，因此也常被視為一種財務指標。內含報酬率可以幫助管理者更好的比較各個投資計畫的優劣，相當直觀和易於理解，故廣泛受到管理者的歡迎。當內含報酬率大於預期的資本成本、最小收益要求或必要報酬率時，該投資項目被視為可接受的。並且無需如同淨現值法一樣，在評估投資項目時就確定折現率，因為內含報酬率本身就是能使投資項目的現金流量的淨現值等於零的折現率。在評估投資計畫時，內含報酬率（IRR）常與其他如淨現值（NPV）的財務指標一起使用，以提供更全面的評估。

(二) 內含報酬率的計算公式

內含報酬率的計算使用了折現現金流量的概念，即將未來現金流量折現回當前的價值。計算內含報酬率時，需要考慮項目的現金流入（Cash Inflows）和現金流出（Cash Outflows）。通常，這些現金流量包括初始投資（現金流出）和未來期望的現金流入。假定 CF_i 為第 i 期的現金流量，則下列公式可用於計算投資項目的內含報酬率：

$$NPV = CF_0 + \frac{CF_1}{(1+IRR)^1} + \frac{CF_2}{(1+IRR)^2} + \cdots + \frac{CF_n}{(1+IRR)^n} = \sum_{t=0}^{n} \frac{CF_t}{(1+IRR)^t} = 0$$

由公式進一步來看，內含報酬率指使一個投資計畫淨現值為零的折現率。該概念的數學表達式為：

$$NPV = \sum_{t=0}^{n} \frac{CF_t}{(1+IRR)^t} = 0$$

在教科書中，CF_0 常表示為一個投資計畫的初始投資成本。故內含報酬率指使投資計畫預期未來現金流量的現值等於初始投資成本時的折現率。該概念的數學表達式為：

$$CF_0 = \frac{CF_1}{(1+IRR)^1} + \frac{CF_2}{(1+IRR)^2} + \cdots + \frac{CF_n}{(1+IRR)^n}$$

在投資計畫評價中，如果計畫的內含報酬率高於公司對這一項目的必要報酬率，則該投資計畫可行。

(三) 內含報酬率的計算範例

釋例 1

某公司有個 300 萬的投資計畫。預期淨現金流量如下：

年度	0	1	2	3	4
淨現金流量	-300 萬	150 萬	120 萬	90 萬	30 萬

假定必要報酬率為 10%，則該計畫的內含報酬率為何？

由公式和定義，內含報酬率是使投資計畫淨現值為 0 的折現率。淨現值公式為

$$NPV = -300 + \frac{150}{(1+r)^1} + \frac{120}{(1+r)^2} + \frac{90}{(1+r)^3} + \frac{30}{(1+r)^4}$$

使投資計畫淨現值為 0 的折現率就是內含報酬率。故當 r = IRR 時，淨現值為 0。即下列方程式所示：

$$NPV = -300 + \frac{150}{(1+IRR)^1} + \frac{120}{(1+IRR)^2} + \frac{90}{(1+IRR)^3} + \frac{30}{(1+IRR)^4} = 0$$

計算投資計畫的內含報酬率，我們可利用前面介紹過的試錯法。

第一步，先找出一個折現率，使得 NPV 大於零：

當 r = 12% 時，

$$NPV = -300 + \frac{150}{(1+12\%)^1} + \frac{120}{(1+12\%)^2} + \frac{90}{(1+12\%)^3} + \frac{30}{(1+12\%)^4} = 12.7176$$

第二步，再找出一個折現率，使得 NPV 小於零：

當 r = 16% 時，

$$NPV = -300 + \frac{150}{(1+16\%)^1} + \frac{120}{(1+16\%)^2} + \frac{90}{(1+16\%)^3} + \frac{30}{(1+16\%)^4} = -7.2822$$

第三步，列出方程式，每一個折現率都對應一個淨現值：

$$\frac{12.7176 - (-7.2822)}{12\% - 16\%} = \frac{12.7176 - 0}{12\% - IRR}$$

第四步，求解方程：解得 IRR = 14.49%。

該計畫的內含報酬率求解得 IRR=14.49%。計畫的內含報酬率高於公司對這一計畫的必要報酬率 10%，則該投資計畫可行。但需要注意的是，不同公司對投資計畫的必要報酬率一般都不同。而另一公司的必要報酬率為 15%，就不應當接受該投資計畫。

二、在 Python 中實現內含報酬率

由於內含報酬率（IRR）的計算涉及複雜的數學公式值，實務上常需要使用電腦或電子試算表來完成計算。在 Python 中，我們可以用第三方模組所提供的功能來實現。本節介紹如何用 numpy 和 scipy 來計算內含報酬率。

(一) 用 numpy 實現

我們可以用 numpy 中的多項式（poly1d）來計算內含報酬率。程式碼如下：

行	程式碼	說明
01	import numpy as np	# 引用 numpy 模組
02		
03	CashFlow =[-300,150,120,90,30]	# 宣告變量存放現金流量
04	p = np.poly1d(CashFlow)	# 生成一個多項式
05	IRR = p.roots[0].real-1	# 求解
06		
07	print(f" 內含報酬率為：{IRR:.2%}。")	# 結果輸出：內含報酬率為：14.49%

程式碼第 3 行宣告變量存放現金流量。第 4 行利用 numpy 中的 poly1d 生成一個多項式。輸入 print(p)，可以看到結果輸出如下：

```
       4       3       2
-300 x  + 150 x  + 120 x  + 90 x  + 30
```

比照一下之前的計算式，

$$0 = -300 + \frac{150}{(1+r)^1} + \frac{120}{(1+r)^2} + \frac{90}{(1+r)^3} + \frac{30}{(1+r)^4}$$

$$0 = -300 \times (1+r)^4 + 150 \times (1+r)^3 + 120 \times (1+r)^2 + 90 \times (1+r)^1 + 30$$

可發現多項式中的 x 相當於 (1 + r)。程式碼第 5 行進行求解。輸入 p.roots，可以看到方程式的解有：

```
array([ 1.14488844+0.j        , -0.13781884+0.46642456j,
       -0.13781884-0.46642456j, -0.36925076+0.j        ])
```

因為該方程式有 4 次項，故有 4 個解。第一個解較為合理。程式碼第 5 行將第一個解取出，

$$1 + IRR = 1.14488844$$

故計算出

$$IRR = 0.14488844$$

結果輸出為：

```
內含報酬率為：14.49%。
```

(二) 用 scipy 實現

我們也可以用 scipy 來計算內含報酬率。程式碼如下：

行	程式碼
01	from scipy import optimize
02	
03	CashFlow =[-300,150,120,90,30]
04	def NPV(r):
05	return sum([CF*(1+r)**-n for n, CF in enumerate(CashFlow)])
06	
07	root = optimize.root(NPV, x0=0.2)
08	print(f" 內含報酬率為：{root.x[0]:.2%}")

其中程式碼第 3 行宣告變量存放現金流量，第 4 行定義所要求解的方程式。由公式和定義，內含報酬率是使投資計畫淨現值爲 0 的折現率。故程式碼第 4 行定義淨現值的函數。然後，在程式碼第 7 行，利用 scipy 來求解，何時淨現值的函數會爲 0。使投資計畫淨現值爲 0 的折現率便是內含報酬率。

輸出結果一樣爲：

內含報酬率爲：14.49%。

三、用 Python 描繪內含報酬率

在財務管理的課本中，我們常看到用來刻劃淨現值曲線和內含報酬率關係的圖。我們可以用本書學到的方法實現該圖。作法和程式碼參考如下：

(一) 淨現值線的描繪

我們先用前面章節學的方法，用 Python 程式碼將該投資計畫的淨現值曲線描繪出來。程式碼實現如下：

行	程式碼
01	CashFlow =[-300,150,120,90,30]
02	def NPV(CashFlow, r):
03	return sum([CF*(1+r)**-n for n, CF in enumerate(CashFlow)])
04	rs = [i/100 for i in range(41)]
05	NPVs = [NPV(CashFlow, r) for r in rs]
06	import matplotlib.pyplot as plt
07	plt.plot(rs, NPVs)
08	plt.axhline(y=0, color ='black', lw=1)
09	plt.xlabel("r")
10	plt.ylabel("NPV")
11	plt.show()

繪製出來的淨現值曲線如下：

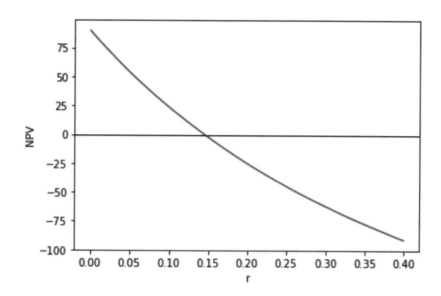

圖 20-1

(二) 內含報酬率的描繪

　　內含報酬率就是使投資計畫淨現值為 0 的折現率。由圖來看就是淨現值曲線和 x 軸的焦點。我們可以修改程式碼，並加標示符號來看更清楚。

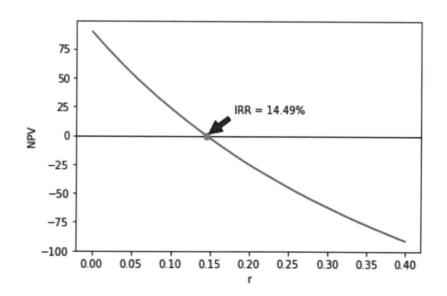

圖 20-2

修改後的程式碼如下：

行	程式碼
01	CashFlow =[-300,150,120,90,30]
02	def NPV(CashFlow, r):
03	return sum([CF*(1+r)**-n for n, CF in enumerate(CashFlow)])
04	rs = [i/50 for i in range(21)]
05	NPVs = [NPV(CashFlow, r) for r in rs]
06	import matplotlib.pyplot as plt
07	plt.plot(rs, NPVs)
08	plt.axhline(y=0, color ='black', lw=1)
09	plt.plot([0.1449], [0], 'o')
10	plt.annotate('IRR = 14.49%', xy = (0.1449, 0), xytext = (0.18, 20),arrowprops = dict(facecolor = 'blue', shrink = 0.1))
11	plt.xlabel("r")
12	plt.ylabel("NPV")
13	plt.show()
14	CashFlow =[-300,150,120,90,30]

四、內含報酬率法的評估原則

　　如前節所述，內含報酬率（Internal Rate of Return, IRR）法是一種用於評估投資計畫的獲利能力的方法。內含報酬率法基於現金流量的時間價值，以評估投資計畫的回報情況。故內含報酬率法的主要評估原則便是正向淨現值（Net Present Value, NPV）。當投資計畫的內含報酬率大於預期的資本成本或最小收益要求時，該投資計畫被認為是可接受的，因為它產生的現金流量的現值超過了投資成本。反之，如果投資計畫的內含報酬率小於預期的資本成本或最小收益要求，則該計畫可能不具有經濟可行性，可能不值得進行投資。

　　在比較多個投資計畫時，投資計畫的內含報酬率越高，表示投資計畫的回報越好，優先考慮那些具有較高內含報酬率的投資計畫。

釋例 2
假定某公司有三個投資計畫，都需投入 300 萬。預期淨現金流量如下：

年度	0	1	2	3	4
X 計畫淨現金流量	-300 萬	150 萬	120 萬	90 萬	30 萬
Y 計畫淨現金流量	-300 萬	30 萬	90 萬	120 萬	150 萬
Z 計畫淨現金流量	-300 萬	120 萬	150 萬	90 萬	30 萬

假定必要報酬率為 10%，則按內含報酬率法來評估，公司該選擇哪一項計畫？

■ 用 Python 實現的程式碼

　　為了讓程式碼重複使用，我們可將內含報酬率的計算定義成函數。Python 程式碼實現如下：

行	程式碼	說明
01	import numpy as np	# 引用 numpy 模組
02		
03	def IRR(CashFlow):	# 定義內含報酬率的函數
04	p = np.poly1d(CashFlow)	# 生成一個多項式
05	return p.roots[0].real-1	# 求解

　　然後可用以下程式碼呼叫 IRR () 函數來計算 X 計畫的內含報酬率：

行	程式碼
06	CashFlowX =[-300, 150, 120, 90, 30]
07	print(f"X 計畫的內含報酬率為 {IRR(CashFlowX):.2%}。")

　　輸出結果如下：

X 計畫的內含報酬率為 14.49%。

用以下程式碼來計算 Y 計畫的內含報酬率：

行	程式碼
01	CashFlowY =[-300, 30, 90, 120, 150]
02	print(f"Y 計畫的內含報酬率為 {IRR(CashFlowY):.2%}。")

輸出結果如下：

Y 計畫的內含報酬率為 9.27%。

Y 計畫的內含報酬率求解得 IRR=9.27%。Y 計畫的內含報酬率低於公司對這一計畫的必要報酬率 10%，表示該投資計畫不可行。在前面章節，我們算過 Y 計畫的淨現值為 −5.74 萬、獲利指數為 0.9809。所以由 NPV、PI、IRR 這兩三種方法的結論是一致的。

用以下程式碼來計算 Z 計畫的內含報酬率：

行	程式碼
01	CashFlowZ =[-300, 120, 150, 90, 30]
02	print(f"Z 計畫的內含報酬率為 {IRR(CashFlowZ):.2%}。")

輸出結果如下：

Z 計畫的內含報酬率為 13.84%。

Z 計畫的內含報酬率求解得 IRR=13.84%。計畫的內含報酬率高於公司對這一計畫的必要報酬率 10%，則該投資計畫可行。

經過計算，我們看到 X 計畫和 Z 計畫的內含報酬率均大於公司的必要報酬率 10%，而 X 計畫具有更高的 IRR。在這種情況下，仍需要先判斷投資計畫的決策屬於獨立型或是互斥型。如果 X 計畫和 Z 計畫屬於互斥型投資計畫，則我們應當投資 IRR 更高的 X 計畫；如果 X 計畫和 Z 計畫屬於獨立型投資計畫，則兩個投資計畫均可接受。

五、內含報酬率法的局限

請注意，內含報酬率法存在一些局限。由於內含報酬率本質上是一元多次方程式求解的問題，在現金流量模式不符合內含報酬率假設的情況下，可能有一解、有多重解或無解。若有多重解，會存在多重內含報酬率；若無解，則內含報酬率不存在。內含報酬率法的局限性使得解釋可能會有所困難。在進行內含報酬率分析時，建議尋求專業人士的建議或進行詳細的財務評估。

(一) 多重解

如果一個投資計畫存在多重內含報酬率，公司將無法採用內含報酬率法做出正確結論。此時，應用 NPV 才能夠解決這個問題。

釋例 3

假定某公司有一個投資成本為 80 萬元的開採計畫。該計畫第一年年末可產生 500 萬元的現金流入，第二年又必須投入 500 萬元以使環境恢復原樣。假定必要報酬率為 10%，則該計畫的內含報酬率為何？

我們來計算 IRR，由淨現值公式，

$$NPV = -80 + \frac{500}{(1+r)} + \frac{(-500)}{(1+r)^2} = 0$$

故

$$80 = \frac{500}{(1+IRR)} + \frac{-500}{(1+IRR)^2}$$

$$80 \cdot (1+IRR)^2 - 500 \cdot (1+IRR) + 500 = 0$$

解得 IRR = 25% 和 IRR = 400%。通過計算得知，該投資計畫存在兩個內含報酬率。

■ 用 Python 實現的程式碼

我們先用前面章節學的方法，用 Python 程式碼將該投資計畫的淨現值線描繪出來。程式碼實現如下：

行	程式碼
01	CashFlow =[-80,500, -500]
02	
03	def NPV(CashFlow, r):
04	return sum([CF*(1+r)**-n for n, CF in enumerate(CashFlow)])
05	
06	rs = [i/100 for i in range(501)]
07	NPVs = [NPV(CashFlow, r) for r in rs]
08	
09	import matplotlib.pyplot as plt
10	
11	plt.plot(rs, NPVs)
12	plt.axhline(y=0, color ='black', lw=1)
13	
14	plt.xlabel("r")
15	plt.ylabel("NPV")
16	plt.show()

繪製出來的淨現值曲線如下：

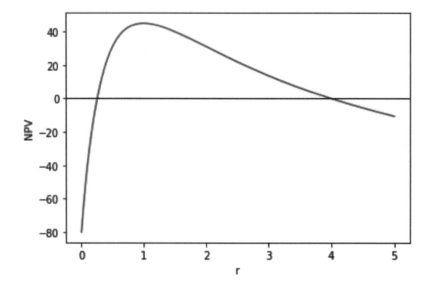

圖 20-3

接著，我們用 numpy 中的多項式來計算內含報酬率。程式碼如下：

行	程式碼
01	import numpy as np
02	CashFlow =[-80, 500, -500]
03	p = np.poly1d(CashFlow)
04	IRRs = list(p.roots.real-1)
05	for i, irr in enumerate(IRRs,1):
06	print(f" 第 {i} 個內含報酬率為：{irr:.2%}")

輸出結果如下：

第 1 個內含報酬率為：400.00%

第 2 個內含報酬率為：25.00%

我們可利用 matplotlib 中的 annotate 方法，標示一下這兩點。在剛才繪製淨現值曲線的程式碼中，加入兩行程式碼：

行	程式碼
01	plt.annotate(f"IRR = {IRRs[0]:.2%}", xy = (IRRs[0], 0), xytext = (3, -50),arrowprops = dict(facecolor = 'blue', shrink = 0.1))
02	plt.annotate(f"IRR = {IRRs[1]:.2%}", xy = (IRRs[1], 0), xytext = (1, -50),arrowprops = dict(facecolor = 'blue', shrink = 0.1))

產生的圖形如下：

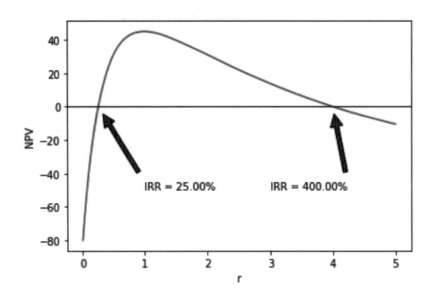

圖 20-4

　　從圖形中我們看到，如果公司的必要報酬率介於 25% 與 400% 之間，則該投資計畫會產生正的淨現值，項目可以接受。

(二) 無解

　　我們再來看以下這種情況。

釋例 4

假定某教授與一家公司簽訂協議，連續 3 年為公司擔任顧問，每年可獲得 20 萬元的現金淨流入。則該協議的內含報酬率為何？

　　該教授擔任公司顧問的 NPV 計算如下：

$$NPV = \frac{20}{(1+r)} + \frac{20}{(1+r)^2} + \frac{20}{(1+r)^3}$$

　　從這個簡單的例子我們可以看出，NPV 肯定大於零，並且不存在使得 NPV 等於零時的 IRR。

■ 用 Python 實現的程式碼

我們可用 Python 程式碼將淨現值線描繪出來。

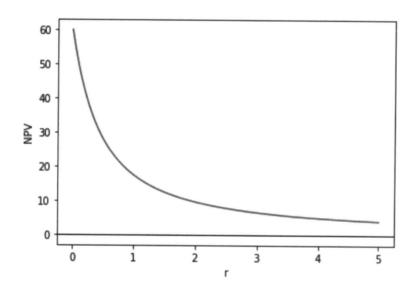

圖 20-5

可以觀察到淨現值線都在 X 軸上，表示 NPV 皆大於零，不存在使得 NPV 等於零時的 IRR。

程式碼實現如下：

行	程式碼
01	CashFlow =[0, 20, 20, 20]
02	
03	def NPV(CashFlow, r):
04	return sum([CF*(1+r)**-n for n, CF in enumerate(CashFlow)])
05	
06	rs = [i/100 for i in range(501)]
07	NPVs = [NPV(CashFlow, r) for r in rs]
08	
09	import matplotlib.pyplot as plt
10	
11	plt.plot(rs, NPVs)

行	程式碼
12	plt.axhline(y=0, color ='black', lw=1)
13	
14	plt.xlabel("r")
15	plt.ylabel("NPV")
16	plt.show()

釋例 5

公司正在考慮一個公益義賣計畫。該計畫一開始要 250 萬元。預期未來 20 年內，計畫進行期間，每年的淨現金流量為 12 萬元。則該計畫的內含報酬率為何？

該計畫的 NPV 計算如下：

$$NPV = 12 \times \frac{1 - \dfrac{1}{(1+r)^{20}}}{r} - 250$$

■ 用 Python 實現的程式碼

我們可用 Python 程式碼將淨現值線描繪出來。程式碼如下：

行	程式碼
01	CashFlow =[-250] + [12]*20
02	
03	def NPV(CashFlow, r):
04	return sum([CF*(1+r)**-n for n, CF in enumerate(CashFlow)])
05	
06	rs = [i/100 for i in range(100)]
07	NPVs = [NPV(CashFlow, r) for r in rs]
08	
09	import matplotlib.pyplot as plt
10	
11	plt.plot(rs, NPVs)
12	plt.axhline(y=0, color ='black', lw=1)
13	
14	plt.xlabel("r")
15	plt.ylabel("NPV")
16	plt.show()

繪製出來的淨現值曲線如下：

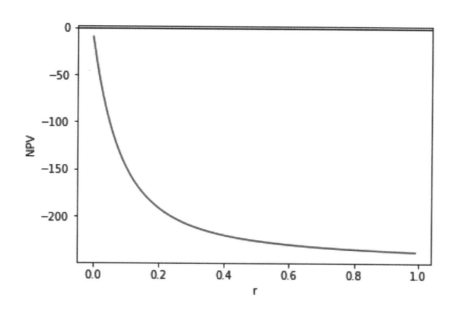

圖 20-6

從圖可以看出，該項目的 NPV 在縱座標軸的下方，NPV 為負。

六、修正後的內含報酬率法

(一) 修正後內含報酬率的定義

為了克服內含報酬率法的缺陷，我們可以採用修正後的內含報酬率法（也稱 MIRR 法）。修正後的內含報酬率是在考慮特定投資項目的現金流量和折現率後，對投資項目的預期回報進行修正。具體而言，在一定的折現率條件下，將投資計畫未來的現金流入量按照預定的折現率計算至最後一年的終值，而將投資計畫的現金流出量，也就是投資成本，折算成現值，並使現金流入量的終值與投資計畫的現金流出量一樣的折現率。由公式來看如下：

$$\sum_{t=0}^{n}\frac{\text{Outflow}_t}{(1+r)^t}=\frac{\sum_{t=0}^{n}\text{Inflow}_t(1+r)^{n-t}}{(1+\text{MIRR})^n}$$

其中，Outflow_t 表示第 t 期的現金流出量，Inflow_t 表示第 t 期的現金流入量，r 為必要報酬率，MIRR 爲修正的內含報酬率。

　　修正後的內含報酬率是通過對現金流量進行詳細的分析和調整計算得出的。它考慮了時間價值、現金流量的大小和時間分布、折現率等因素，能夠提供更精確的預測和評估投資項目的回報。

(二) 修正後內含報酬率的計算範例

釋例 6

某公司有個 300 萬的投資計畫。預期淨現金流量如下：

年度	0	1	2	3	4
淨現金流量	-300 萬	150 萬	120 萬	90 萬	30 萬

假定必要報酬率爲 10%，則該計畫修正後的內含報酬率爲何？

　　我們先將投資計畫未來的現金流入量按照折現率 10%，計算至最後一年的終值。

年度	1	2	3	4
淨現金流量	150 萬	120 萬	90 萬	30 萬
第 4 年的終值	199.65 萬	145.20 萬	99 萬	30 萬

加總起來爲 473.85 萬，即

$$\sum_{t=0}^{n} \text{Inflow}_t (1+r)^{n-t} = 473.85$$

將投資計畫的現金流出量，也就是投資成本，折算成現值，即

$$\sum_{t=0}^{n} \frac{\text{Outflow}_t}{(1+r)^t} = 300$$

修正後的內含報酬率 MIRR 就是使現金流入量的終值與投資計畫的現金流出量一樣的折現率。即

$$300 = \frac{473.85}{(1+\text{MIRR})^n}$$

解得 MIRR = 12.1063%。

(三) 在 Python 中實現修正後內含報酬率的計算

我們逐步用 Python 來實現修正後的內含報酬率法。依照前面章節的做法，我們先宣告變量存放現金流量。程式碼如下：

行	程式碼
01	CashFlow =[-300, 150, 120, 90, 30]

然後可先定義好用以計算複利終值的函數。程式碼如下：

行	程式碼
02	def FV(PV, r, n):
03	return PV*(1+r)**n

接下來，可依照前面章節的做法，輸出表格呈現各年度淨現金流量和他們的終值。程式碼實現如下：

行	程式碼
04	r = 0.1
05	T = 4
06	print('{0}{1:>8}{2:>8}'.format(' 期數 ', ' 現金流 ', ' 終值 '))
07	for n in range(len(CashFlow)):
08	if CashFlow[n] > 0:
09	print(' 第 {0} 期 :{1:>8} {2:>8}'.format(n, CashFlow[n], round(FV(CashFlow[n], r, T-n),2)))

執行後，會產生如下的表格：

期數	現金流	終值
第 1 期 :	150	199.65
第 2 期 :	120	145.2
第 3 期 :	90	99.0
第 4 期 :	30	30.0

結果和我們計算的一樣。然後，我們可以用以下程式碼來計算投資計畫未來的現金流入量至最後一年的終值。

行	程式碼
01	r = 0.1
02	T = 4
03	
04	total = 0
05	for n in range(len(CashFlow)):
06	if CashFlow[n] > 0:
07	total += FV(CashFlow[n], r, T-n)
08	
09	print(f" 現金流入量至最後一年的終值加總起來為 {total:.2f} 萬。")

結果輸出如下：

現金流入量至最後一年的終值加總起來為 473.85 萬。

變量 CashFlow 中的第一筆現金流量，即為初始現金流出量。用以下程式碼取出變量 CashFlow 中的第一個元素，並放在變量 CF0 中。

行	程式碼
01	CF0 = CashFlow[0]

修正後的內含報酬率 MIRR 就是使現金流入量的終值與投資計畫的現金流出量一樣的折現率。即

$$300 = \frac{473.85}{(1+\text{MIRR})^n}$$

$$\text{MIRR} = \sqrt[n]{\frac{473.85}{300}} - 1$$

用以下程式碼計算 MIRR，

行	程式碼
02	MIRR = (FV/CF0)**(1/n)-1
03	print(f" 修正後的內含報酬率為：{MIRR:.4%}")

結果輸出如下：

修正後的內含報酬率為：12.1063%

可以用列表生成式對程式碼進行簡化。以下為完整可計算出該例子 MIRR 的程式碼。

行	程式碼
01	CashFlow =[-300, 150, 120, 90,30]
02	
03	n = len(CashFlow[1:])
04	r = 0.1
05	FV = sum([CF*(1+r)**(n-i) for i, CF in enumerate(CashFlow[1:], 1)])
06	CF0 = abs(CashFlow[0])
07	
08	MIRR = (FV/CF0)**(1/n)-1
09	print(f" 修正後的內含報酬率為：{MIRR:.4%}")

🔔 重點整理

■ 內含報酬率（Internal Rates of Return, IRR）一種用於評估投資項目獲利能力的指標。本身就是能使投資項目的現金流量的淨現值等於零的折現率。

■ 內含報酬率法存在一些局限，可能存在多重內含報酬率，或不存在內含報酬率。為了克服內含報酬率法的缺陷，我們可以採用修正後的內含報酬率法（也稱 MIRR 法）。

■ 在 Python 中可以利用第三方模組 numpy 和 scipy 來計算內含報酬率。

■ 可以用本書學到的方法描繪淨現值曲線和內含報酬率關係。

💻 核心程式碼

■ 內含報酬率

方法	程式碼

使用 numpy	```CashFlow =[-30000,15000,12000,8000,3000]```
	
	```import numpy as np```
	```p = np.poly1d(CashFlow)```
	```IRR = p.roots[0].real-1```
	```print(f" 內含報酬率為：{IRR:.4%}")```

使用 scipy	```CashFlow =[-30000,15000,12000,8000,3000]```
	
	```from scipy import optimize```
	```#NPV 是 r 的函數，參數現金流需定義在函數外```
	```def NPV(r):```
	``` return sum([CF*(1+r)**-n for n, CF in enumerate(CashFlow)])```
	```root = optimize.root(NPV, x0=0.2)```
	```print(f" 內含報酬率為：{root.x[0]:.4%}")```

情境分析

🔔 理解情境分析的含義。

🔔 利用 Python 進行情境分析。

🔔 巧用 pandas 模組製作表格。

一、財務管理中的情境分析

　　情境分析（scenario analysis）是衡量投資計畫風險的一種方法，通過考慮各種可能的結果和影響，幫助決策者做出明智選擇。步驟包括收集資料、確定關鍵變量、建立情境模型、制定多個情境、分析情境，並制定相應策略。情境分析提供全面視角，用於評估風險，應對不確定性和變化。

　　研究一個投資計畫時，通常首要任務是根據投資計畫的預期現金流量來估計淨現值（NPV）。這個最初的步驟稱為**基本情況分析**。然而，這些現金流量預測可能存在錯誤的可能性。在完成基本情況分析之後，為了更全面地評估投資計畫的價值，可進行**情境分析**，考慮不同的情境或假設，並評估其對投資計畫價值的影響。例如：我們可以考慮市場需求的變化，並對投資計畫的銷售量進行不同的假設。通過修改關鍵變量，我們可以預測不同情境下的現金流量和 NPV。這將使我們更加了解投資計畫在不同情境下的風險和機會，這將有助於評估市場增長或縮減對於投資計畫價值的影響。

二、情境分析的步驟

　　我們來舉例說明情境分析的步驟。假設一個 3 年期的投資計畫，投資成本為 12,000 元。設備採用直線法，折舊淨殘值為 0，每年的折舊費用 4,000 元，期末時設備也無變現價值，所得稅稅率 25%。折現率為 5%。

(一) 步驟一：預測不同情境下的市場需求

　　在情境分析中，通常會設定三個情境：

1.「基本」：最有可能出現的情境，通常就是最初預測的情況。
2.「樂觀」：最理想的情境，所有變數處於最佳狀態。
3.「悲觀」：最不利的情境，所有變數處於最不利的狀況。

　　我們考慮多種情境，為了得到最差情境，我們將變數設定為最不利值；反之，為了最好情境，則相反處理。在 Python 中，程式碼實現如下：

行	程式碼
01	import pandas as pd
02	
03	df_info = pd.DataFrame(columns=[' 基本 ', ' 樂觀 ', ' 悲觀 '])
04	df_info.loc[' 概率 '] = [0.4, 0.3, 0.3]
05	df_info.loc[' 銷售量（件）'] = [500, 800, 300]
06	df_info.loc[' 單價 '] = [60, 90, 40]
07	df_info.loc[' 單位變動成本（元 / 件）'] = [20, 15, 25]
08	df_info.loc[' 年固定成本（不含折舊）'] = [6000, 5000, 7500]
09	
10	df_info

執行後，畫面就會出現如圖 21-1 的表格。

	基本	樂觀	悲觀
概率	0.4	0.3	0.3
銷售量（件）	500.0	800.0	300.0
單價	60.0	90.0	40.0
單位變動成本（元/件）	20.0	15.0	25.0
年固定成本（不含折舊）	6000.0	5000.0	7500.0

圖 21-1

　　程式碼第 1 行導入 pandas 模組，別名爲 pd。第 3 行爲設定三個情境的標籤。程式碼第 4 行估計出各種情境出現的概率。程式碼從第 5 行到第 8 行設定不同情境下關鍵變量的數值。程式碼從第 10 行在畫面上輸出表格。

　　如圖 21-1 所示，在「**樂觀**」情境下，所有變數處於理想狀態：銷售量賣最多件、單價賣最高、單位變動成本和固定成本皆最低。而在「**悲觀**」情境下，所有變數處於最不利的狀態：銷售量賣最少件、單價賣最便宜、單位變動成本和固定成本皆最高。在「**基本**」情境下，變數值是最可能出現的數值。

(二) 步驟二：評估不同情境下的財務表現

接著，根據不同情境假設下的關鍵變量數值，評估財務表現。在此例中，我們假設每年的折舊費用 4,000 元，所得稅稅率 25%。程式碼實現如下：

行	程式碼
11	df = pd.DataFrame(columns=[' 基本 ', ' 樂觀 ', ' 悲觀 '])
12	df.loc[' 收入 '] = df_info.loc[' 銷售量（件）'] * df_info.loc[' 單價 ']
13	df.loc[' 變動成本 '] = df_info.loc[' 銷售量（件）'] * df_info.loc[' 單位變動成本（元 / 件）']
14	df.loc[' 固定成本 '] = df_info.loc[' 年固定成本（不含折舊）']
15	df.loc[' 折舊 '] = [4000] *3
16	df.loc[' 稅前利潤 '] = df.loc[' 收入 '] - df.loc[' 變動成本 '] - df.loc[' 固定成本 '] -df.loc[' 折舊 ']
17	df.loc[' 所得稅 '] = df.loc[' 稅前利潤 '] * 0.25
18	df.loc[' 淨利潤 '] = df.loc[' 稅前利潤 '] - df.loc[' 所得稅 ']
19	
20	df

其中，程式碼第 11 行設定三個情境的標籤。程式碼第 12 行計算銷售收入（= 銷售量 × 單價）。程式碼第 13 行計算變動成本（= 銷售量 × 單位變動成本）。

程式碼第 14 行設定每一年的固定成本，第 15 行設定每年的折舊費用 4,000 元。程式碼第 16 行計算稅前利潤。第 17 行設定所得稅稅率 25%，並計算所得稅。第 18 行計算出淨利潤。執行後，畫面就會出現如圖 21-2 的表格。

	基本	樂觀	悲觀
收入	30000.0	72000.0	12000.0
變動成本	10000.0	12000.0	7500.0
固定成本	6000.0	5000.0	7500.0
折舊	4000.0	4000.0	4000.0
稅前利潤	10000.0	51000.0	-7000.0
所得稅	2500.0	12750.0	-1750.0
淨利潤	7500.0	38250.0	-5250.0

圖 21-2

(三) 步驟三：評估不同情境下的現金流量

接著，根據上一步驟所評估的財務報表，預測現金流量，計算淨現值。程式碼實現如下：

行	程式碼
21	df_cashflow = pd.DataFrame(columns=[' 基本 ', ' 樂觀 ', ' 悲觀 '])
22	df_cashflow.loc[' 淨利潤 '] = df.loc[' 淨利潤 ']
23	df_cashflow.loc[' 折舊 '] = df.loc[' 折舊 ']
24	df_cashflow.loc[' 每年增量營業現金淨流量 '] = df_cashflow.loc[' 淨利潤 '] + df_cashflow.loc[' 折舊 ']
25	
26	r = 0.05
27	n = 3
28	PVAF = round((1-(1+r)**-n)/r,4)
29	
30	df_cashflow.loc[' 年金現值係數（5%，3）'] = PVAF
31	df_cashflow.loc[' 現金流入總現值 '] = df_cashflow.loc[' 每年增量營業現金淨流量 ']*PVAF
32	df_cashflow.loc[' 初始現金流量 '] = [12000]*3
33	df_cashflow.loc[' 淨現值 '] = df_cashflow.loc[' 現金流入總現值 '] - df_cashflow.loc[' 初始現金流量 ']
34	
35	df_cashflow

其中，程式碼第 21 行設定三個情境的標籤。第 22 行到第 23 行分別引用上一步驟所評估財務報表中的淨利潤和折舊費用。第 24 行計算現金淨流量。程式碼第 26 行到第 28 行計算年金現值係數。第 30 行呈現年金現值係數的資訊。程式碼第 31 行到第 33 行計算淨現值（NPV）。程式碼從第 35 行在畫面上輸出表格。執行後，畫面就會出現如圖 21-3 的表格。

	基本	樂觀	悲觀
淨利潤	7500.0000	38250.0000	-5250.0000
折舊	4000.0000	4000.0000	4000.0000
每年增量營業現金淨流量	11500.0000	42250.0000	-1250.0000
年金現值係數（5%，3）	2.7232	2.7232	2.7232
現金流入總現值	31316.8000	115055.2000	-3404.0000
初始現金流量	12000.0000	12000.0000	12000.0000
淨現值	19316.8000	103055.2000	-15404.0000

圖 21-3

(四) 步驟四：總結不同情境下的淨現值（NPV）

前三步驟是情境分析計算不同情境下淨現值（NPV）的過程，這讓我們更全面地評估其對投資計畫價值的影響。接下來，我們可以進一步地總結不同情境下的關鍵資訊，幫助決策者做出明智選擇。

程式碼實現如下：

行	程式碼
36	df_NPV = pd.DataFrame(columns=[' 基本 ', ' 樂觀 ', ' 悲觀 '])
37	df_NPV.loc[' 概率 '] = df_info.loc[' 概率 ']
38	df_NPV.loc[' 淨現值 '] = df_cashflow.loc[' 淨現值 ']
39	df_NPV.loc[' 期望淨現值 '] = df_NPV.loc[' 概率 ']*df_NPV.loc[' 淨現值 ']
40	
41	df_NPV

其中，程式碼第 36 行設定三個情境的標籤。第 37 行引用步驟一所評估的概率。第 38 行引用上一步驟計算的淨現值（NPV）。程式碼第 39 行將三個情境的概率和淨現值相乘。程式碼從第 41 行在畫面上輸出表格。

執行後，畫面就會出現如圖 21-4 的表格。

	基本	樂觀	悲觀
概率	0.40	0.30	0.3
淨現值	19316.80	103055.20	-15404.0
期望淨現值	7726.72	30916.56	-4621.2

圖 21-4

我們可進一步計算出期望值。程式碼如下：

行	程式碼
42	expected_NPV = round(df_NPV.loc[' 期望淨現值 '].sum(), 4)
43	print(f" 期望淨現值合計為 {expected_NPV}。")

結果輸出如下：

期望淨現值合計為 34022.08。

🔔 重點整理

■ 情境分析是通過考慮可能發生的結果和事件，幫助決策者做出明智選擇的過程。

■ 進行情境分析時，一般需要設定三個情境：樂觀情境、悲觀情境，以及基本情境。

國家圖書館出版品預行編目(CIP)資料

財務管理與Python實現／黃子倫著．－－初
版．－－臺北市：五南圖書出版股份有限公
司，2023.12
面；　公分
ISBN 978-626-366-862-1(平裝)

1.CST: 財務管理　2.CST: Python(電腦程式
語言)

494.7　　　　　　　　　　112020865

1H3P

財務管理與Python實現

作　　　者 ─ 黃子倫

發 行 人 ─ 楊榮川

總 經 理 ─ 楊士清

總 編 輯 ─ 楊秀麗

主　　　編 ─ 侯家嵐

責任編輯 ─ 吳瑀芳

文字校對 ─ 鐘秀雲

封面設計 ─ 陳亭瑋、封怡彤

出 版 者 ─ 五南圖書出版股份有限公司

地　　　址：106臺北市大安區和平東路二段339號4樓

電　　　話：(02)2705-5066　　傳　　真：(02)2706-6100

網　　　址：https://www.wunan.com.tw

電子郵件：wunan@wunan.com.tw

劃撥帳號：01068953

戶　　　名：五南圖書出版股份有限公司

法律顧問：林勝安律師

出版日期：2023年12月初版一刷

定　　　價：新臺幣550元